Laborpraxis

3 Trennungsmethoden

5., vollständig überarbeitete Auflage 1996

Die Deutsche Bibliothek - CIP-Einheitsaufnahme
Laborpraxis. – Basel : Birkhäuser.
ISBN 3-7643-2528-3 spiralgeh.
ISBN 3-7643-1396-X (gültig für die 1. Aufl.)
ISBN 3-7643-1597-0 (gültig für die 2. Aufl.)
ISBN 3-7643-1835-X (gültig für die 3. Aufl.)
ISBN 3-7643-2528-3 (gültig für die 4. Aufl.)
ISBN 3-7643-5306-6 (gültig für die 5. Aufl.)
3. Trennungsmethoden. – 5., vollst. überarb. Aufl. –1996
ISBN 3-7643-5304-X

Autoren und Verlag übernehmen keine Gewähr dafür, dass die im vorliegenden Werk erwähnten Verfahren und/oder Vorrichtungen frei von Patent- und anderen Schutzansprüchen Dritter sind. Autoren und Verlag haben grosse Mühe darauf verwandt, alle aufgeführten Daten und Gebrauchshinweise dem Wissensstand bei Fertigung des Werkes entsprechend anzugeben. Dennoch sind Leser und Benutzer aufgefordert, diese Angaben in der Originalliteratur zu überprüfen.

Die Wiedergabe von Gebrauchsnamen, Handelsnamen, Warenbezeichnungen usw. in diesem Werk berechtigt auch ohne besondere Kennzeichnung nicht zu der Annahme, dass solche Namen im Sinne der Warenzeichen und Markenschutz-Gestzgebung als frei zu betrachten wären und daher von jedermann benutzt werden dürften.

Dieses Werk ist urheberrechtlich geschützt. Die dadurch begründeten Rechte, insbesondere die der Übersetzung, des Nachdrucks, des Vortrags, der Entnahme von Abbildungen und Tabellen, der Funksendung, der Mikroverfilmung oder der Vervielfältigung auf anderen Wegen und der Speicherung in Datenverarbeitungsanlagen, bleiben, auch bei nur auszugsweiser Verwertung, vorbehalten. Eine Vervielfältigung dieses Werkes oder von Teilen dieses Werkes ist auch im Einzelfall nur in den Grenzen der gesetzlichen Bestimmungen des Urheberrechtsgesetzes in der jeweils geltenden Fassung zulässig. Sie ist grundsätzlich vergütungspflichtig. Zuwiderhandlungen unterliegen den Strafbestimmungen des Urheberrechts.

© 1996 Ciba-Geigy AG, Basel
Gedruckt auf säurefreiem Papier,
hergestellt aus chlorfrei gebleichtem Zellstoff. TCF∞
Umschlaggestaltung: Bruckmann & Partner
Printed in Germany
ISBN 3-7643-5304-X
ISBN 3-7643-5306-6 (Set)

9 8 7 6 5 4 3 2 1

Vorwort zur 5. Auflage

Die vorliegende, überarbeitete und ergänzte fünfte Auflage des Lehrmittels in vier Bänden "Laborpraxis" wurde für die heutigen Anforderungen der Arbeit im chemischen Labor geschaffen. Das Werk stellt für Auszubildende eine Lernhilfe dar, die es ihnen ermöglicht, sich die grundlegenden Arbeitstechniken ihres Berufs anzueignen und später zu vertiefen. Die "Laborpraxis" ist aber auch geeignet als Nachschlagewerk in der Berufspraxis, speziell für Ausbilder und Prüfungsexperten, aber auch für Hochschulabsolventen, die ein Chemiepraktikum durchführen.

Das Werk vermittelt Grundlagen. Spezielle Methoden, wie sie einzelne Fachgebiete erfordern, werden meistens nur gestreift oder bewusst nicht behandelt; wir verweisen diesbezüglich auf die bestehende Fachliteratur.

Erweitert wurde die fünfte Auflage durch die Kapitel: Bewerten von Analysenergebnissen, Hochleistungschromatographie (HPLC), Mitteldruckchromatographie (MPLC) und Kernresonanzspektroskopie (NMR). Bedingt durch die Komplexität wurde das Kapitel NMR, besonders in den theoretischen Grundlagen, relativ umfangreich abgefasst. Ansonsten wurde der Stoffinhalt einerseits den Anforderungen des "Eidgenössischen Reglements über die Ausbildung und die Lehrabschlussprüfung im Beruf Chemielaborant" und den Gegebenheiten der chemischen Industrie im Raum Basel angepasst. Das Lehrmittel wurde aber so gehalten, dass es im gesamten deutschsprachigen Raum angewendet werden kann. Ein zusätzliches Sachwortverzeichnis bietet dem Leser die Möglichkeit einer schnellen Orientierung.

In allen Kapiteln wurden konsequent SI-Einheiten verwendet. Zudem legten wir besondere Bedeutung auf den Umweltschutz und das ökologische Verhalten im chemischen Labor.

Das Lehrmittel wurde 1996 im Auftrag der Werkschule Ciba-Geigy AG erarbeitet von   M. Hübel (Gesamtleitung)   V. Definti
                M. Büchli   R. Müller
                Chr. Dandois   J. Saner
unter Mitwirkung weiterer Mitglieder des Lehrerkollegiums der Werk- und Berufsschule Ciba-Geigy AG, Muttenz. Das Kapitel NMR stammt von M. Bitzer, der auf grosse Unterstützung von Prof. Dr. U. Séquin (Universität Basel) zählen durfte. Ebenfalls haben viele Lehrmeister bei der Vernehmlassung des Werkes aktive Mitarbeit geleistet.

Besonderer Dank gilt Hp. und M. Riser (Firma ez-type, Basel). Sie haben die Gestaltung, Illustration und die Textverarbeitung übernommen, sowie durch wertvolle Anregungen die Entstehung des Lehrmittels unterstützt.

Muttenz, April 1996   Die Autoren

Inhaltsverzeichnis Band 3

Filtrieren 1
Allgemeine Grundlagen, Filter und Filterhilfsmittel, Filtrationsgeräte, Filtration bei Normaldruck, Filtration bei vermindertem Druck, Filtration mit Überdruck, Filtration mit Filterhilfsmitteln, Arbeiten mit Membranfiltern

Trocknen 23
Theoretische Grundlagen, Trockenmittel, Trocknen von Feststoffen, Trocknen von Flüssigkeiten, Trocknen von Gasen, Spezielle Techniken

Extrahieren 45
Allgemeine Grundlagen, Portionenweises Extrahieren von Extraktionsgut–Lösungen, Kontinuierliches Extrahieren von Extraktionsgut–Lösungen, Kontinuierliches Extrahieren von Feststoffgemischen

Umfällen 63
Theoretische Grundlagen, Allgemeine Grundlagen, Umfällen eines Rohprodukts

Chemisch–physikalische Trennungen 75
Allgemeine Grundlagen, Trennen durch Extraktion, Trennen durch Wasserdampfdestillation

Umkristallisieren 87
Physikalische Grundlagen, Allgemeine Grundlagen, Reinigen eines Rohprodukts, Spezielle Methoden

Destillation, Grundlagen 101
Allgemeine Grundlagen, Siedeverhalten von binären Gemischen, Durchführen einer Destillation

Gleichstromdestillation 119
Allgemeine Grundlagen, Destillation von Flüssigkeiten bei Normaldruck, Destillation von Flüssigkeiten bei vermindertem Druck, Destillation von Feststoffen

Gegenstromdestillation 131
Allgemeine Grundlagen, Destillationskolonnen, Rektifikation ohne Kolonnenkopf, Rektifikation mit Kolonnenkopf

Inhaltsverzeichnis Band 3

Destillation azeotroper Gemische 149
Maximumazeotrop–Destillation, Minimumazeotrop–Destillation, Wasserdampfdestillation

Spezielle Gleich- und Gegenstromdestillationen 159
Abdestillieren, Destillation unter Inertgas, Destillation unter Feuchtigkeitsausschluss

Sublimieren 169
Physikalische Grundlagen, Sublimation eines Feststoffgemisches

Ionenaustausch 175
Theoretische Grundlagen, Allgemeine Grundlagen, Wasseraufbereitung, Spezielle Methoden

Zentrifugieren 187
Physikalische Grundlagen, Laborzentrifugen

Chromatographie, Grundlagen 199
Die chromatographische Trennung, Trennung durch Adsorption, Trennung durch Verteilung, Polarität der mobilen Phasen, Stationäre Phasen, Chromatographische Trennverfahren, Peakentstehung, Kenngrössen des Chromatogramms

Dünnschichtchromatographie (DC) 217
Dünnschichtplatten, Eluiermittel, Entwickeln, Auswerten, Spezielle Techniken

Säulen-/Flashchromatographie (SC/LC) 239
Apparaturen, Trennsäule, Eluiermittel, Trennen und Aufarbeiten, Auswerten, Entsorgen des Sorptionsmittels

Hochleistungsflüssigchromatographie (HPLC) 251
Aufbau einer HPLC–Anlage, Trennsäulen, Eluiermittel, Detektion, Vorgehensweise/Auswertung

Mitteldruckchromatographie (MPLC) 263
Aufbau einer MPLC–Anlage, Trennsäulen, Füllen einer Trennsäule, Eluiermittel, Detektion/Fraktionierung, Auswerten

Gaschromatographie (GC) 285

Aufbau eines Gaschromatographen, Trennsäulen, Trennung, Detektion, Vorgehensweise/Auswertung

Filtrieren

Allgemeine Grundlagen   5
    1. Filtrationsmethoden   5
    2. Endpunktkontrolle   5

Filter und Filterhilfsmittel   6
    1. Filterarten   6
    2. Filtermaterialien   6
    3. Filterhilfsmittel   8

Filtrationsgeräte   9
    1. Trichter   9
    2. Büchner–Trichter (Nutschen)   9
    3. Fritten   9
    4. Auffanggefässe für Filtration bei vermindertem Druck   11
    5. Drucknutschen   12

Filtration bei Normaldruck   13
    1. Klärfiltration mit Flüssigkeitstrichter   13

Filtration bei vermindertem Druck   14
    1. Filtration mit Nutschen   14
    2. Klärfiltration mit Eintauchfilter   15

Filtration mit Überdruck   16
    1. Klärfiltration mit Glasdrucknutsche nach Trefzer   16

Filtration mit Filterhilfsmitteln   17
    1. Klärfiltration mit Celite   17

Filtrieren

Arbeiten mit Membranfiltern	**19**
1. Filterwahl	19
2. Klärfiltration bei Unter-/Überdruck	20
3. Filtration für Rückstandsanalysen	21
4. Einmalfilter für Spritzen	21

Filtrieren

Unter Filtrieren versteht man das Trennen von Stoffgemischen aufgrund der unterschiedlichen Teilchengrösse der Komponenten mit Hilfe eines Filters und eines Druckunterschieds. Dabei passieren die Flüssigkeits- oder Gasmoleküle die Poren des Filters, die gröberen Feststoffteilchen werden zurückgehalten.

Beispiele aus dem Alltag:
- Kaffeefilter
- Zigarettenfilter
- Luftfilter in Klimaanlagen, Motoren und Schutzmasken
- Spezialfilter zur Reinigung von Abgasen

Beispiele aus der Chemie:
- Filtration einer Farbstoffsuspension
- Klärfiltration von Flüssigkeiten zum Entfernen von Schmutz, Rost, Schlamm
- Abfiltrieren von entstandenen festen Nebenprodukten
- Entfernen von Schwebstoffen aus Verbrennungsgasen
- Entfernen von Mikroorganismen aus Wasser und Luft

Allgemeine Grundlagen

Ein Filter ist ein durchlässiges Material, das von einer Flüssigkeit oder einem Gas durchströmt wird und Feststoffteilchen an der Oberfläche oder im Inneren des Filtermaterials festhalten kann. Voraussetzung für das Filtrieren ist stets ein Druckunterschied zwischen Zu- und Ablaufseite des Filters.

Dieses Kapitel beschränkt sich auf die Filtration von Feststoff/Flüssigkeits–Gemischen.

1. Filtrationsmethoden

Filtrationen können bei Normaldruck, bei vermindertem Druck oder mit Überdruck durchgeführt werden.

Filtration bei Normaldruck	Filtration bei vermindertem Druck	Filtration mit Überdruck
Die Filtration bei Normaldruck wird angewendet bei gut filtrierbaren Flüssigkeiten mit relativ grobkörnigem Niederschlag.	Grosse Mengen an Flüssigkeit oder schlecht filtrierbare Suspensionen werden bei vermindertem Druck filtriert.	Die Filtration mit Überdruck erlaubt das Arbeiten unter Ausschluss von Luft, indem die zu filtrierende Flüssigkeit z. B. mit einem inerten Gas durch das Filter gedrückt wird.

1.1 Wahl der Filtrationsmethode
Bei den Filtrationsmethoden unterscheidet man zwischen der Klärfiltration, bei der das Filtrat gebraucht wird, und Methoden, bei welchen das Nutschgut oder beides benötigt wird.
Die Wahl der Filtrationsmethode richtet sich nach folgenden Kriterien:

- Filtrationsgeschwindigkeit
- Konzentration der Lösung
- Viskosität und Dichte der Lösung
- chemische Beständigkeit des Filters und des Filtermaterials
- zu filtrierende Menge
- Art des Lösemittels
- Partikelgrösse des Nutschguts
- chemische und physikalische Eigenschaften des Nutschguts

2. Endpunktkontrolle

Das Nachwaschen ist beendet, wenn eine Kontrolle des Auslaufs ergibt, dass zum Beispiel
- der Aspekt stimmt
- der pH–Wert den Anforderungen entspricht
- bestimmte Ionen nicht mehr nachgewiesen werden können

Filtrieren

Filter und Filterhilfsmittel

1. Filterarten

1.1 Tiefenfilter (Filterpapiere)
Tiefenfilter bestehen aus verschiedenen Faserschichten (Cellulose, Glas, Baumwolle), diese halten die Feststoffteilchen an der Oberfläche und im Innern des Filters zurück.

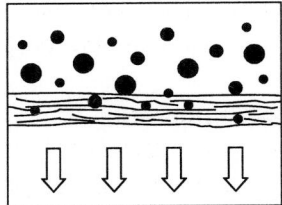

1.2 Oberflächenfilter (Sinterplatten und Membranfilter)
Oberflächenfilter bestehen aus Kunststoffolien oder gesinterten Platten aus Glas, Metall oder Mineralien. Ihre Oberfläche hat Poren mit genau definiertem Grössenbereich; sie halten Feststoffteilchen zurück, die grösser sind als die Poren.
Oberflächenfilter verhalten sich wie Siebe und haben unterschiedliche Porengrössen.

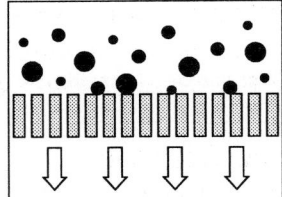

2. Filtermaterialien

Die Wahl des Filtermaterials richtet sich nach
- den physikalischen und chemischen Eigenschaften der zu filtrierenden Flüssigkeit
- der Korngrösse des Niederschlags
- der Filtrierbarkeit der Flüssigkeit
- der Verwendung eines Filterhilfsmittels
- der Chemikalienbeständigkeit
- der Reinheit und dem Aschegehalt (Analytik)

Die Wirksamkeit eines Filterpapiers kann mittels einer Tüpfelprobe geprüft werden. Dazu wird mit einem Glasstab ein Tropfen der zu filtrierenden Suspension auf ein Filterpapier getupft und der Auslauf bewertet.

gut   mässig   schlecht

Filtrieren

Filter und Filterhilfsmittel

2.1 Papier
Papierfilter bestehen aus Cellulosefasern und sind bei Raumtemperatur gegen verdünnte Säuren und Laugen sowie die gebräuchlichsten Lösemittel beständig.
Sie werden im Labor als Rund- oder Faltenfilter und in Bögen verwendet.

Normalpapiere
- Normale Papierfilter bestehen aus chemisch nicht behandelter Cellulose und werden sowohl für präparative Arbeiten als auch für quantitative Analysen eingesetzt.

Hartfilter
- Durch eine chemische Vorbehandlung werden die Filter reissfester und sind beständiger gegen stark saure und alkalische Lösungen. Die Porengrösse ist allgemein geringer als bei unbehandelten Filterpapieren. Hartfilter werden meist für das Abfiltrieren von feinen Niederschlägen verwendet.

Aschefreie Filter
- Der geringe Mineralstoffgehalt des Papiers wird durch Waschen mit Säuren auf ein Minimum reduziert. Aschefreie Filter verbrennen fast ohne Rückstand (0,01 %) und können somit für quantitative Analysen eingesetzt werden. Durch eine vom jeweiligen Hersteller abhängige Farbcodierung werden die Filter aufgrund ihrer Partikeldurchlässigkeit unterteilt.

Hyflo-/Aktivkohlepapier
- Zum Abfiltrieren von sehr feinen Niederschlägen kann mit Hyflo oder Aktivkohle imprägniertes Papier benützt werden.

2.2 Baumwolle
Baumwollfilter bestehen aus Cellulose und sind gegen Laugen gut beständig.
In gewobener Form werden sie als Rundfilter in Nutschen eingesetzt (meist zum Schutz des Papierfilters), in Form von Watte benützt man Baumwolle zum Klärfiltrieren einer Flüssigkeit.

2.3 Kunststoff
Je nach Art des Kunststoffes weisen sich diese Filter durch hohe Reissfestigkeit und gute chemische Beständigkeit aus: Filter aus Teflon sind z. B. sehr gut beständig gegen Oleum oder konzentrierte Schwefelsäure.
Kunststoffilter kommen in Form von Sinterplatten, Geweben oder Membranfilter verschiedener Porengrössen zur Anwendung.

Filter und Filterhilfsmittel

2.4 Glas
Glasfilter werden für präparative und analytische Arbeiten eingesetzt und eignen sich gut zum Filtrieren von starken Säuren.
Glas wird in Form von Glaswolle, Glasgewebe (Rundfilter) oder als Sinterglasplatten mit definierten Porengrössen eingesetzt.

2.5 Metalle
Verschiedene Legierungen werden zu Metallsinterplatten verarbeitet. Diese Filter sind mechanisch sehr belastbar und werden vor allem für Filtrationen bei hohen Drücken und meistens als Einbaufilter eingesetzt (z. B. HPLC).

2.6 Mineralfilter
Mineralfilter bestehen aus verschiedenen Materialien wie Ton, Quarz, Kieselgur, Kohle, Graphit etc. Durch Zugabe von Bindemitteln oder durch Sintern können Platten bestimmter Porengrösse hergestellt werden. Mineralfilter sind auch gegen heisse Säuren gut beständig.

3. Filterhilfsmittel

Beim Abfiltrieren von sehr feinen Niederschlägen bzw. Trübstoffen, die z. T. strukturlos, schleimig oder kolloidal sind, können Filterporen rasch verstopfen und somit das Filtrieren verunmöglichen. Wenn die Niederschläge nicht benötigt werden, können deshalb, an Stelle von Membranfiltern oder Fritten, Celite u. a. Filterhilfsmittel eingesetzt werden.

3.1 Celite
Celite sind feinpulverisierte, reinste Kieselalgen (Kieselgur). Diese entstehen durch Ablagerung der Gerüste von Kieselalgen und bestehen zu 80 % aus amorpher Kieselsäure. Sie besitzen viele feine Rillen und Vertiefungen und dadurch eine sehr grosse Oberfläche (gute Filtrierwirkung). Sie sind gut chemikalienbeständig und ermöglichen hohe Filtrationsgeschwindigkeiten.
Sie eignen sich besonders zur Filtration von feinen Niederschlägen oder feinstverteilten Trübungen. Auch schleimige und kolloidale Niederschläge können mit Celiten filtriert werden.
Im Handel sind Celite in verschiedenen Korngrössen (und unter verschiedenen Handelsnamen, z. B. Hyflo Super Cel) erhältlich, die je nach Filtriergut eine unterschiedliche Durchflussleistung aufweisen.

Filtrieren

Filtrationsgeräte

1. Trichter

Zum Filtrieren bei Normaldruck werden hauptsächlich Trichter eingesetzt. Als Filtermaterial eignen sich Filter aus Papier (Faltenfilter, Spitzfilter), Glaswolle oder Watte.

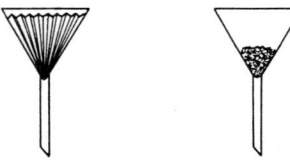

2. Büchner–Trichter (Nutschen)

Nutschen sind aus Glas oder Porzellan gefertigte Trichter mit flachem, gelochtem Boden.
Sie werden zusammen mit einem Rundfilter bei vermindertem Druck eingesetzt.

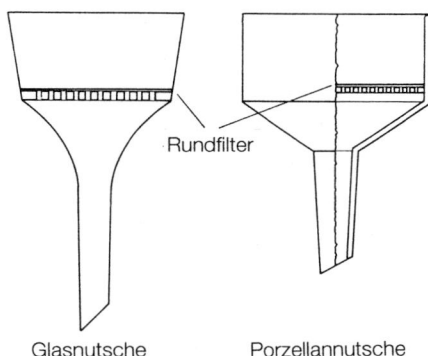

Glasnutsche   Porzellannutsche

3. Fritten

Als Fritten werden Filtrationsgeräte aus Glas oder Porzellan bezeichnet, die mit Sinterplatten mit verschiedenen Porengrössen versehen sind.
Fritten und Glasfilter werden nur beim Filtrieren unter vermindertem Druck eingesetzt. Porzellanfiltertiegel können auch geglüht werden (für Rückstandsanalysen etc.).

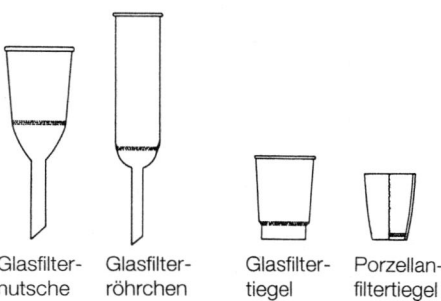

Glasfilter-   Glasfilter-   Glasfilter-   Porzellannutsche   röhrchen   tiegel   filtertiegel

Filtrieren

Filtrationsgeräte

Hyflo, Aktivkohle und andere sehr feine Stoffe, die sich nicht mehr aus der Glassinterplatte herauslösen lassen, verstopfen mit der Zeit die Poren; aus diesem Grund dürfen solche Stoffe nicht über diese Fritten abfiltriert werden!

3.1 Reinigen von Fritten

Gebrauchte Fritten sind durch Rückspülung zu reinigen. Dazu wird die Fritte umgekehrt aufgesetzt und mit der Reinigungsflüssigkeit gespült. Bei verstopften Poren werden am besten organische Lösemittel oder heisse konzentrierte Säuren verwendet.

3.2 Porengrösse von Sinterplatten

Die Porositäten werden entsprechend den Anwendungsgebieten nach ISO–Norm in neun Gruppen eingeteilt.

Porosität ISO		Mittlerer Poren-durchmesser in µm	Hauptsächliche Anwendungsgebiete
00	–	251 bis 500	• Für speziellen Gebrauch
0	POR 250	161 bis 250	• Filterung von sehr groben Niederschlägen
1	POR 160	101 bis 160	• Filterung von groben oder gelatinösen Niederschlägen • Grobfilterung von Gasen • Verteilen und Waschen von Gasen in Flüssigkeiten • Extraktionen bei grobkörnigem Material
2	POR 100	41 bis 100	• Präparatives Arbeiten mit mittelgrossen oder kristallinen Niederschlägen
3	POR 40	17 bis 40	• Präparatives Arbeiten mit feinen Niederschlägen • Analytisches Arbeiten mit mittelfeinen Niederschlägen • Feinverteilung von Gasen in Flüssigkeiten • Extraktionen bei feinkörnigem Material
4	POR 16	11 bis 16	• Präparatives Arbeiten mit sehr feinen Niederschlägen • Analytisches Arbeiten mit feinen Niederschlägen

Filtrieren

Filtrationsgeräte

Porosität ISO		Mittlerer Porendurchmesser in µm	Hauptsächliche Anwendungsgebiete
5	POR 10	4 bis 10	• Präparatives Arbeiten mit extrafeinen Niederschlägen
6	POR 4	1,6 bis 4	• Analytisches Arbeiten mit extrafeinen Niederschlägen
7	POR 1,6	<1,6	• Biologisches Arbeiten

Je nach Hersteller und Glasart ist die Bezeichnung unterschiedlich.
- Die Zahl vor dem Buchstaben symbolisiert die Form und Grösse der Nutsche/Fritte.
- Der Buchstabe bezeichnet die Glassorte: z. B. D = Duran 50, R = Rasotherm, G = Jenaer Geräteglas, P = Pyrex.

4. Auffanggefässe für Filtration bei vermindertem Druck

4.1 Saugflaschen
Saugflaschen aus dickwandigem Glas werden bei Filtrationen unter vermindertem Druck als Auffanggefässe eingesetzt.
Die Nutsche wird dazu in den aufgesetzten Nutschenring aus Gummi gestellt. Die Öffnung des Trichterrohres zeigt gegen den Ansaugstutzen, dies verhindert das Ansaugen von abfliessenden Tropfen.

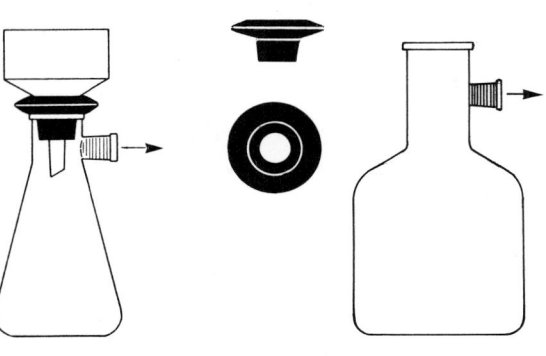

Filtrieren

Filtrationsgeräte

4.2 Rundkolben

Rundkolben werden als Auffanggefässe vor allem dann eingesetzt, wenn das Filtrat nach der Filtration eingedampft werden soll.
Die Filtration kann bei Normaldruck oder unter Einsatz eines Absaugstückes bei vermindertem Druck erfolgen.

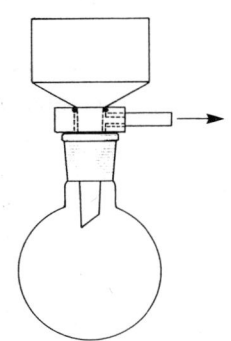

4.3 Saugrohre

Saugrohre dienen als Auffanggefässe bei der Filtration unter vermindertem Druck. Es können nur kleine Mengen filtriert werden.
Die Nutsche oder Fritte wird in einer Gummimanschette festgehalten.

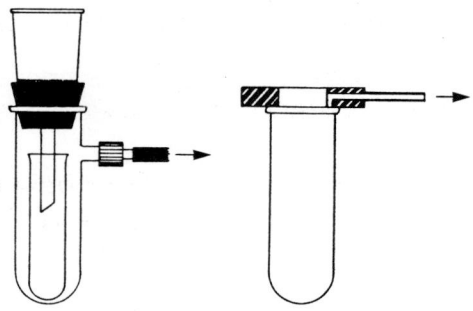

5. Drucknutschen

Drucknutschen sind aus Glas oder Stahl gefertigt; sie sind auch mit Doppelmantel zum Heizen oder Kühlen erhältlich.
Die zu filtrierende Flüssigkeit wird mit Luft oder einem inerten Gas (Stickstoff, Kohlenstoffdioxid) durch das Filter gepresst.
In diesen Filtriergeräten können alle Filtermaterialien verwendet werden.
Drucknutschen werden oft auch in abgeänderter Form als Durchflussfilter für Membranfiltrationen verwendet.

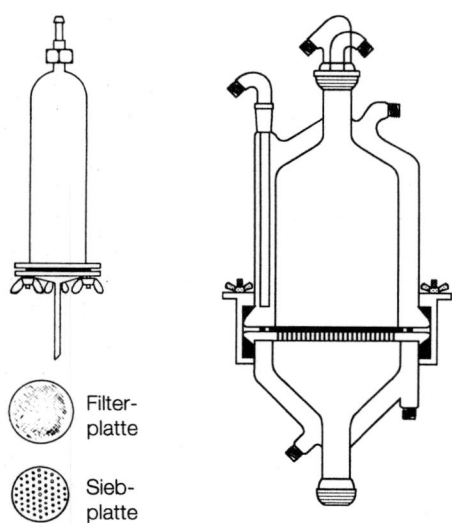

Filterplatte

Siebplatte

Filtrieren

Filtration bei Normaldruck

Bei Normaldruck können alle Flüssigkeiten filtriert werden, die von einem gut filtrierbaren (relativ grobkörnigen) Niederschlag getrennt werden müssen. Meist wird dabei nur das Filtrat benötigt (Klärfiltration). Die Filtration kann heiss oder kalt erfolgen.
In der Analytik wird diese Methode zum Abfiltrieren von Rückständen in der Rückstandsanalytik eingesetzt.

Der zur Filtration benötigte Druckunterschied entsteht durch den hydrostatischen Druck der Flüssigkeit. Er ist abhängig von der Höhe (a) und der Dichte der Flüssigkeit. Zusätzlich erzeugt die Flüssigkeitssäule (b) im Trichterrohr eine Sogwirkung.

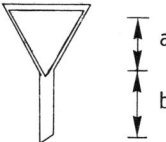

1. Klärfiltration mit Flüssigkeitstrichter

1.1 Vorbereitung
Je nach Filtrationstemperatur kann der Filter vorgewärmt oder mit einem Heizmantel versehen werden.
Der Spitzfilter wird so in den Trichter eingelegt, dass er den Trichterrand nicht überragt. Der Filter wird mit wenig Lösemittel angefeuchtet und an die Trichterwand angepresst, wodurch Luftblasen zwischen Filter und Glas verdrängt werden (bessere Filtriergeschwindigkeit).

1.2 Aufgiessen
Muss nur wenig Feststoff, aber viel Flüssigkeit filtriert werden, lässt man die festen Teilchen absetzen.
Die überstehende Flüssigkeit wird (wenn nötig portionenweise) vorsichtig auf den Filter dekantiert. Danach wird die restliche Flüssigkeit mit dem Bodensatz aufgegossen. Dieses Vorgehen beschleunigt die Filtration.
Im Gefäss zurückbleibende Feststoffteilchen werden mit Filtrat wieder angeschlämmt und ebenfalls filtriert.
Der Filter wird zu höchstens 2/3 mit Flüssigkeit gefüllt, damit der obere Papierrand sauber bleibt (besseres Nachwaschen des Filters).

1.3 Nachwaschen
Ist die Filtration beendet, wird der Rückstand im Filter mit wenig kaltem Lösemittel in kleinen Portionen gewaschen. Der Rückstand darf dabei nicht in Lösung gehen!

Filtrieren

Filtration bei vermindertem Druck

Die Filtration bei vermindertem Druck wird hauptsächlich bei Raumtemperatur ausgeführt, wenn grosse Flüssigkeitsmengen oder schlecht filtrierbare Suspensionen filtriert werden müssen.
Infolge des hydrostatischen Druckes und des Luftdrucks auf das Nutschgut wird die Flüssigkeit durch das Filtermaterial gepresst.

1. Filtration mit Nutschen

Wird mit Nutschen filtriert, richtet sich ihre Grösse nach der Menge des Niederschlags. Die Art des Auffanggefässes (Saugflasche, Rundkolben, Saugrohr) richtet sich nach der Aufarbeitungsmethode und die Grösse des Gefässes nach der Filtratmenge. Je nach dem, ob das Filtrat oder der Rückstand weiterverarbeitet wird, kombiniert man Papier- und Stoffilter nach folgendem Beispiel:

1.1 Weiterverarbeitung des Filtrats   **1.2 Weiterverarbeitung des Rückstands**
und evtl. des Filtrats

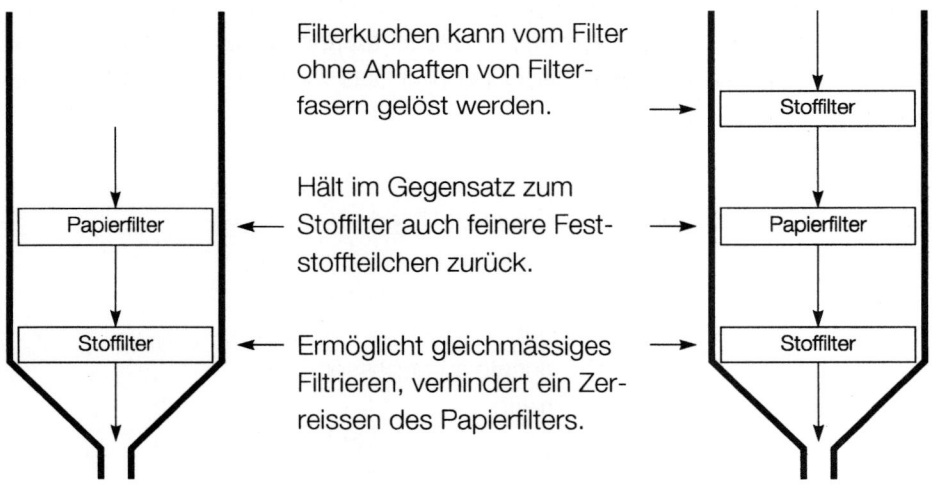

Filterkuchen kann vom Filter ohne Anhaften von Filterfasern gelöst werden.

Hält im Gegensatz zum Stoffilter auch feinere Feststoffteilchen zurück.

Ermöglicht gleichmässiges Filtrieren, verhindert ein Zerreissen des Papierfilters.

Filtrieren

Filtration bei vermindertem Druck

2. Klärfiltration mit Eintauchfilter

Als Eintauchfilter werden Fritten oder Membranfilter eingesetzt. Die Filtration erfolgt bei vermindertem Druck.
Um grössere Flüssigkeitsmengen von Feststoffanteilen zu klären, lässt man den Niederschlag absetzen und saugt die darüberstehende Flüssigkeit durch einen Eintauchfilter.

Bei dieser Methode kann sich kaum ein Filterkuchen an der Sinterglasplatte absetzen, es lassen sich deshalb grosse Filtriergeschwindigkeiten erreichen.

Für enghalsige Gefässe eignet sich die Filterkerze (Glas oder Metall). Sie wird z. B. eingesetzt zum Klärfiltrieren von Lösemitteln für HPLC, wobei die Filterkerze am Ansaugschlauch der Pumpe direkt in die Lösemittelflasche taucht.

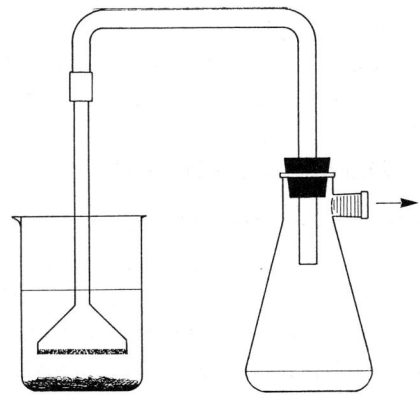

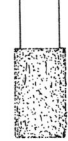

Filtration mit Überdruck

Bei der Filtration mit Überdruck wird die zu filtrierende Flüssigkeit mit einem Gas durch das Filter gedrückt. Auf diese Weise kann durch Ausschluss von Luftsauerstoff, Kohlenstoffdioxid oder Wasser unter inerten Bedingungen filtriert werden. Es werden z. B. Stickstoff oder ähnliche inerte Gase eingesetzt. Die Apparatur muss den Druckbedingungen standhalten und den Sicherheitsvorschriften entsprechend gebaut sein.

Das Filtrieren von tiefsiedenden oder heissen Lösemitteln erfolgt zweckmässig bei Überdruck, um ein Verdunsten von Lösemittel möglichst zu verhindern.

1. Klärfiltration mit Glasdrucknutsche nach Trefzer

Oft werden Drucknutschen zum Klärfiltrieren von sehr feinen Niederschlägen (z. B. Aktivkohle) über Hartfilter oder Hyflopapiere verwendet, weil die Filtrationszeit kürzer ist als bei Normaldruck und weniger Lösemittel verdampft als bei der Filtration bei vermindertem Druck. Die Grösse der Drucknutsche richtet sich nach der Menge des Niederschlags.

Um eine korrekte Filtration zu gewährleisten, sind folgende Punkte zu beachten:
- die Glasteile dürfen keine Defekte aufweisen
- Teflon ummantelte O–Ringdichtungen dürfen nicht zerkratzt sein oder Risse in der Hülle aufweisen
- zwischen den Metallteilen und den Glasteilen ist immer ein Zwischenring einzusetzen
- O–Ringdichtungen müssen genau in die Vertiefung des Bodens passen
- Filterpapiere, die grösser sind als der Dichtungsring, können darüber eingelegt werden
- die Flügelmuttern müssen gleichmässig zugedreht werden (über Kreuz anziehen)
- das Auffanggefäss darf mit der Nutsche nicht dicht verbunden sein
- der maximale Arbeitsdruck muss eingehalten werden.

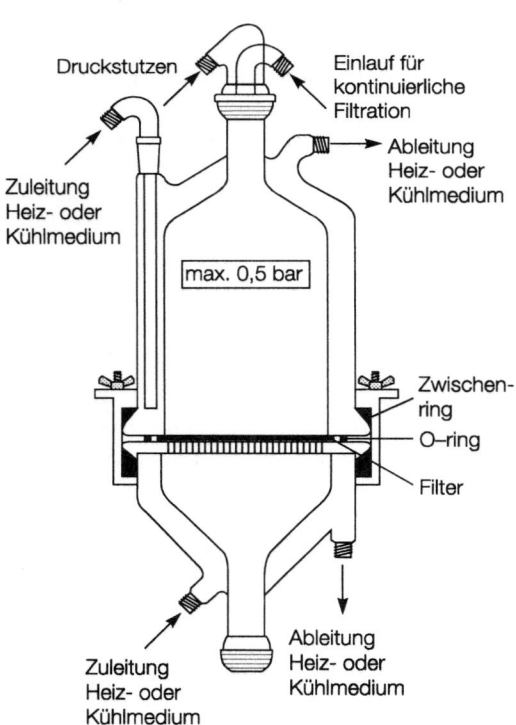

Filtrieren

Filtration mit Filterhilfsmitteln

Sehr feine Niederschläge bzw. Trübstoffe, die z. T. strukturlos, schleimig oder kolloidal sind, lassen sich schlecht filtrieren. Müssen Flüssigkeiten von solchen Teilchen geklärt werden, wird unter vermindertem Druck oder bei Überdruck über einen Filter, der mit Filterhilfsmittel belegt ist, filtriert. Der Rückstand im Filterkuchen kann nach der Filtration nicht mehr verwendet werden.

1. Klärfiltration mit Celite

1.1 Vorbereiten des Hyflo–Filters

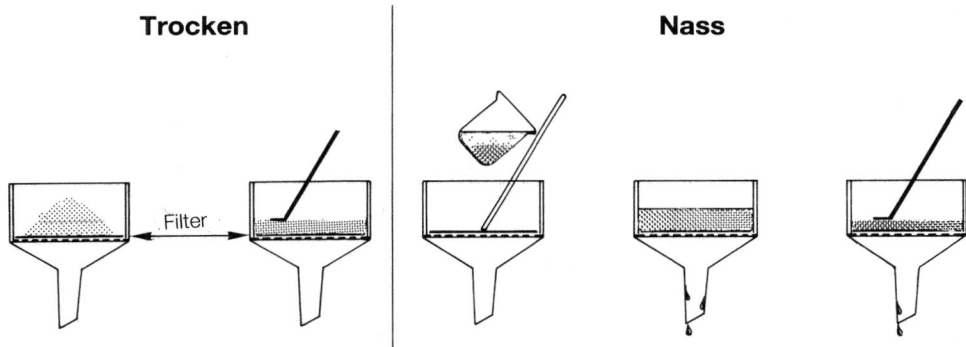

Trocken

Trockenes Hyflo auf Filter geben, evakuieren und mit Spatel glattstreichen

Nass

1) Hyflo–Suspension vorsichtig auf das Filter giessen (Saugflasche leicht evakuiert)
2) absetzen lassen
3) glattstreichen (abpressen) ohne austrocknen zu lassen

Damit feinste Hyfloteilchen herausgewaschen werden, wird mit Lösemittel nachgewaschen. Man verwendet dazu sinnvollerweise das gleiche Lösemittel, das auch bei der nachfolgenden Filtration verwendet wird. Es muss sorgfältig darauf geachtet werden, dass im Hyflo keine Risse entstehen.

Um den Filterkuchen bei schlecht zu filtrierenden Suspensionen porös zu halten, kann der zu filtrierenden Flüssigkeit noch Hyflo zugefügt werden. Durch Erhöhen des Hyflozusatzes kann die Filtriergeschwindigkeit verbessert werden.

Filtration mit Filterhilfsmitteln

1.2 Aufgiessen

Nach dem Wechseln des Auffanggefässes wird die Suspension aufgegossen.
Muss nur wenig Feststoff aber viel Flüssigkeit filtriert werden, lässt man den Niederschlag absetzen und giesst — bei nur schwachem Unterdruck — von der überstehenden Lösung in die Nutsche.
Sobald Feststoff aufgegossen wird, öffnet man in der Regel den Vakuumhahn ganz. Bei schlecht filtrierbaren Suspensionen lässt man einige Zeit stehen, damit sich die Feststoffteilchen setzen können.
Während der Filtration darf nie trockengesaugt werden, damit sich im Hyflo keine Risse bilden.
Die Rückstände im Gefäss werden mit Filtrat angeschlämmt und auf die Nutsche gespült.

1.3 Nachwaschen

Der Nutschenrand und das Nutschgut werden mit wenig Lösemittel in kleinen Portionen gewaschen.

Filtrieren

Arbeiten mit Membranfiltern

Membranfilter werden aus Cellulosederivaten oder andern Polymerstoffen wie z. B. Polytetrafluorethylen gefertigt. Sie verhalten sich wie engmaschige, vielschichtige Siebe, sind absolut faserfrei, zeigen praktisch keine Adsorptionseffekte und werden in verschiedenen Porengrössen zwischen 12 µm und 0,02 µm hergestellt. Membranfilter gelangen als Rundfilter für die Filtration bei vermindertem Druck oder bei Überdruck zur Anwendung. Je nach verwendetem Material haben sie unterschiedliche chemische und thermische Beständigkeiten. Ihre Verwendung erstreckt sich auf praktisch alle Bereiche der Chemie, Physik, Biologie, Medizin und Technik.

Membranfilter werden mit Vorteil dann eingesetzt, wenn geringe Partikelmengen von Flüssigkeiten oder Gasen abzutrennen sind.
Beispiele:
- Klärfiltration von Säuren, Laugen, Infusionslösungen
- Ultrareinigung von Lösemitteln, Fotolacken
- Sterilfiltration von hitzeempfindlichen Arzneimitteln
- Herstellung von partikelfreien und sterilen Gasen
- Gewinnung von keimfreiem Wasser
- Abtrennen von kolloidalen Stoffen

1. Filterwahl

Bei der Wahl eines Membranfilters ist die chemische Beständigkeit und die Porengrösse massgebend. Die eingesetzte Porengrösse ist abhängig von der Grösse der kleinsten zu erfassenden Partikel. Die richtige Wahl des Filters wird meistens durch Vorversuche ermittelt.
Nebst der Porengrösse und der chemischen Beständigkeit sind noch folgende Kriterien von Bedeutung:

1.1 Durchflussleistung
Die Durchflussleistung steigt proportional zur Filterfläche und dem Differenzdruck; sie sinkt umgekehrt proportional zur Viskosität des zu filtrierenden Mediums. Der Filterdurchmesser richtet sich somit nach der gewünschten Durchflussleistung bei einer bestimmten Porengrösse.

1.2 Standzeit
Als Standzeit eines Filters bezeichnet man die Zeit vom Beginn des Filtrierens bis zur Verstopfung des Filters. Sie ist abhängig von der Art des Filtrationsguts und kann durch Verwendung von Vorfiltern erheblich verlängert werden.

Filtrieren

Arbeiten mit Membranfiltern

1.3 Hitzebeständigkeit
Membranfilter sind je nach Material bis max. 200 °C beständig. Bei der Verwendung von Membranfiltern für biologische Arbeiten muss das Filtermaterial den Anforderungen entsprechend vorgängig sterilisierbar sein.

2. Klärfiltration bei Unter-/Überdruck

2.1 Filtration bei vermindertem Druck
Lösungen oder Flüssigkeiten bis zu einem Volumen von ca. 1 Liter, werden bei vermindertem Druck filtriert.

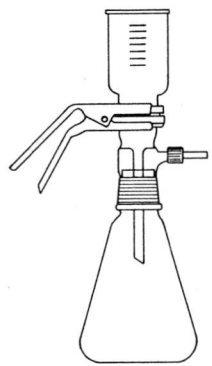

2.2 Druckfiltration
Zum Schäumen neigende Flüssigkeiten und grössere Mengen werden durch ein Druckfiltrationsgerät aus Chromstahl oder Kunststoff bei Überdruck in ein entsprechendes Auffanggefäss filtriert.

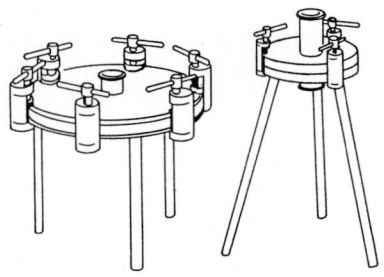 

Für noch grössere Mengen, oder für kontinuierliches Filtrieren, gibt es ausserdem Geräte, die direkt in Leitungen eingebaut werden können. Neben diesen Standardgeräten sind noch Geräte für spezifische Probleme im Handel.

Filtrieren

Arbeiten mit Membranfiltern

3. Filtration für Rückstandsanalysen

Bei der Membranfiltration für Rückstandsanalysen werden die im Filter verbleibenden Partikel benötigt. Für diese Arbeiten werden spezielle Nutschen aus Chromstahl oder Glas für Über- oder Unterdruckfiltration eingesetzt.

Der Filterrückstand wird je nach Problemstellung ausgewertet. Es eignen sich dazu z. B.
- visueller Farbvergleich
- mikroskopische Auswertung
- gewichtsanalytische Bestimmung
- mikrobiologische Auswertung

4. Einmalfilter für Spritzen

Für die Filtration kleiner Flüssigkeitsmengen (ca. 1–10 mL) wird eine Spritze verwendet.
Die Filtration erfolgt entweder beim Aufsaugen oder beim Ausstossen der Flüssigkeit.

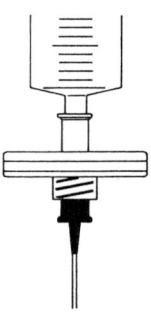

Trocknen

Theoretische Grundlagen — 25
1. Feuchtigkeitsformen — 25

Trockenmittel — 27
1. Regenerierbare Trockenmittel — 28
2. Nichtregenerierbare Trockenmittel — 28
3. Trockenmittel, Übersicht — 29

Trocknen von Feststoffen — 33
1. Trocknungsmethoden, Übersicht — 33
2. Exsikkator — 34
3. Elektro–Exsikkator — 34
4. Vakuumtrockenschrank — 35
5. Trockenpistole — 36
6. Trockenblock — 36
7. Rotationsverdampfer — 36
8. Muffelofen — 37

Trocknen von Flüssigkeiten — 38
1. Organische Flüssigkeiten — 38

Trocknen von Gasen — 39
1. Gaswaschflasche — 39
2. Sicherheitsgaswäscher nach Trefzer — 39

Spezielle Techniken — 40
1. Absolutieren von Lösemitteln — 40
2. Gefriertrocknung — 41
3. Azeotropdestillation — 42
4. Luftfeuchtigkeit in Apparaturen — 43

Trocknen

Das Trocknen ist ein physikalisches Verfahren zur Stofftrennung, bei dem der Feuchtigkeitsgehalt eines Stoffes (fest, flüssig oder gasig) bis zu einer bestimmten Grenze verringert werden kann.
Bei flüssigen Stoffen versteht man unter Feuchtigkeit Wasser, bei gasigen und festen Stoffen kann es sich auch um andere Lösemittel handeln.

Das Trocknen von Stoffen wird z. B. angewendet zur:
- Erhöhung der Reinheit
- Konservierung
- Verringerung des Gewichts
- Verbesserung der Dosierbarkeit von Feststoffen
- Verbesserung bzw. Veränderung der Reaktionsfähigkeit

Trocknen

Theoretische Grundlagen

Vor dem Trocknen eines Stoffes müssen dessen Eigenschaften bekannt sein.

Physikalische Eigenschaften
- Schmelzpunkt
- Siedepunkt
- Dampfdruck
- Flüchtigkeit
- Sublimierbarkeit

Chemische Eigenschaften
- brennbar (explosiv)
- hygroskopisch
- luftempfindlich
- korrodierende Wirkung auf Metalle
- pH–Wert
- zersetzlich
- giftig

1. Feuchtigkeitsformen

1.1 Feuchtigkeitsformen bei Feststoffen

- Oberflächenflüssigkeit
  Bei Feststoffen kann die Feuchtigkeit als Oberflächenflüssigkeit vorliegen. Die Trocknung ist einfach, da sich die Flüssigkeit durch Wärmezufuhr entfernen lässt.

- Quell- oder Kapillarflüssigkeit
  Die Feuchtigkeit kann aber auch als Quell- oder Kapillarflüssigkeit vorhanden sein. Die Trocknung gestaltet sich wesentlich schwieriger, da die Flüssigkeit nur nach Überwinden der Kapillarkräfte (Adhäsion) aus den Kapillaren entfernt werden kann.

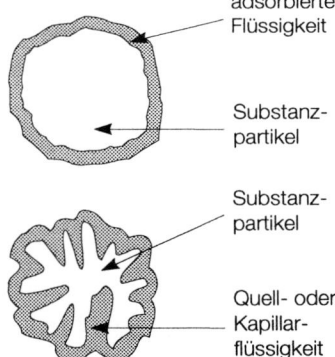

- Kristallwasser
  Lässt man eine Salzlösung, die hydratbildende Ionen enthält, langsam eindunsten, so verdunsten nur die "freien" (nicht zur Hydratation benötigten) Wassermoleküle. Man erhält ein kristallisiertes, wasserhaltiges Salz, in dem Wassermoleküle als sogenanntes Kristallwasser in das Kristallgitter eingelagert sind.

  Beispiele: Kobaltchlorid $CoCl_2 \cdot 6\ H_2O$
  Natriumsulfat $Na_2SO_4 \cdot 10\ H_2O$
  Calciumchlorid $CaCl_2 \cdot 6\ H_2O$

Theoretische Grundlagen

Trocknungsvorgang
Die an Feststoffen anhaftende Feuchtigkeit wird durch Temperaturerhöhung und/oder Druckerniedrigung in die Dampfphase überführt. Der Dampf wird entweder an ein Trockenmittel adsorbiert bzw. absorbiert oder durch die Vakuumpumpe abgeführt.

1.2 Feuchtigkeitsformen bei Flüssigkeiten und Gasen
Bei Flüssigkeiten ist Wasser als Feuchtigkeit entweder in der Flüssigkeit gelöst oder es bildet mit ihr eine Emulsion.
In gasigen Stoffen kann die Feuchtigkeit als Dampf oder Nebel vorliegen.

Trocknungsvorgang
Bei Flüssigkeiten wird das Wasser durch Zusatz eines Trockenmittels adsorbiert oder absorbiert.
In gasigen Stoffen wird die Feuchtigkeit ausgefroren oder durch Einleiten in ein Trockenmitteln entfernt.

Trocknen

Trockenmittel

Trockenmittel sind Substanzen, welche andern Stoffen Wasser entziehen und dieses aufgrund eines chemischen oder physikalischen Vorganges selbst aufnehmen.

Trockenmittel sollen
- mit dem zu trocknenden Stoff (fest, flüssig, gasig) nicht reagieren
- den zu trocknenden Stoff nicht einschliessen bzw. adsorbieren
- im vorhandenen Lösemittel nicht löslich sein
- eine möglichst grosse Kapazität bzw. Intensität aufweisen
- gut vom Lösemittel abtrennbar sein
- regeneriert oder umweltgerecht entsorgt werden können

Trockenmittel, welche bei der Wasseraufnahme an der Oberfläche eine undurchlässige Schicht bilden, sollen gelegentlich umgerührt werden.

Die Trocknungswirkung hängt ab von der
- Trocknungskapazität (Mass für die maximale Wasseraufnahme)
- Trocknungsintensität (Kraft, Stärke, mit der Wasser aufgenommen wird; wird durch den Wasserdampfpartialdruck des Trockenmittels bestimmt)

Die Geschwindigkeit des Trocknungsvorganges wird beeinflusst durch die
- Korngrösse und Oberfläche des Trockenmittels und der zu trocknenden Substanz
- Desaktivierung der Oberfläche während des Trocknungsvorganges
- Temperatur
- Versuchsanordnung

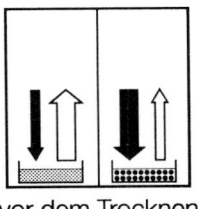
vor dem Trocknen

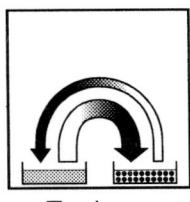
Trocknen

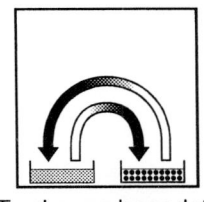
Trocknung beendet, Gleichgewicht erreicht

Wasseraufnahme
Wasserabgabe
Substanz
Trockenmittel

Trockenmittel

---

1. Regenerierbare Trockenmittel

Trockenmittel können z. B. Wasser als Kristallwasser binden, welches durch Erhitzen wieder freigesetzt werden kann.

Beispiele: Calciumchlorid, Natriumsulfat, Magnesiumsulfat

Diese Trockenmittel weisen eine grosse Trocknungskapazität bei einer kleinen Trocknungsintensität auf.

Wasser kann aber auch durch Adsorption an der Oberfläche und in den Poren des Trockenmittels festgehalten und durch Erwärmen oder unter vermindertem Druck wieder entfernt werden.

Beispiele: Kieselgel, Aluminiumoxid, Molekularsieb

2. Nichtregenerierbare Trockenmittel

Trockenmittel können mit Wasser zu einer neuen Verbindung reagieren.

Beispiele: Phosphorpentoxid, Calciumoxid

Diese Trockenmittel weisen eine grosse Trocknungsintensität bei einer kleinen Trocknungskapazität auf.

3. Trockenmittel, Übersicht

Trockenmittel / Anwendung für	Chemisches Verhalten / Intensität	Wasseraufnahme pro 10 g Trockenmittel	Aufnahmefähig bis	Regenerierbar
Natriumsulfat				
Flüssigkeiten	neutral	ca. 12 g	30 °C	bei 200 °C
ungeeignet für niedere Alkohole	klein			
Calciumchlorid				
Feststoffe, Flüssigkeiten, Gase	schwach sauer	ca. 10 g	29 °C	bei 250 °C
ungeeignet für Alkohole, Phenole, Amine	klein			
Calciumsulfat (Sikkon)				
Feststoffe, Flüssigkeiten, Gase	neutral	ca. 1,5 g	100 °C	bei 190 °C – 230 °C
	mittel			
Schwefelsäure (Sicacide)				
Feststoffe, Gase	sauer	ca. 3 g	100 °C	nein
ungeeignet für Basen	mittel			
Natronkalk				
Gase	basisch	ca. 1,5 g	100 °C	nein
ungeeignet für saure Gase	klein			
Phosphorpentoxid (Sicapent)				
Feststoffe, Flüssigkeiten	sauer	ca. 10 g	100 °C	nein
ungeeignet für Alkohole, Ester, Amine, Ketone, Aldehyde	gross			
Calciumoxid				
Flüssigkeiten, Gase	basisch	ca. 3 g	100 °C	bei 240 °C und vermindertem Druck
ungeeignet für Phenole, Säuren	klein			
Aluminiumoxid	neutral, sauer, basisch			bei 170 °C – 250 °C nur, wenn frei von Peroxid!
Flüssigkeiten		je nach Aktivitätsstufe	100 °C	
ungeeignet für sehr polare und leicht oxidierbare Substanzen	mittel			
Kieselgel (Blaugel)				
Feststoffe, Gase	neutral	ca. 4 g	20 °C – 25 °C	bei 120 °C – 170 °C
	mittel			
Molekularsieb				
Flüssigkeiten, Gase	neutral	je nach Sorte verschieden	100 °C	bei 300 °C und vermindertem Druck
	mittel bis gross			

Trockenmittel

3.1 Ergänzungen zur Trockenmitteltabelle

Schwefelsäure (Sicacide)
Zum Trocknen von Feststoffen in Exsikkatoren wird anstelle von konzentrierter Schwefelsäure sog. Sicacide verwendet. Dies ist ein Granulat, bestehend aus Schwefelsäure, welche an ein Trägermaterial adsorbiert ist, und einem Indikator. In wasserfreiem Zustand ist das Granulat rot–violett, bei einem Wassergehalt von 33 % blass–gelb bis farblos.

Phosphorpentoxid (Sicapent)
Phosphorpentoxid zerfliesst unter der Einwirkung von Wasser. Dabei bildet sich schnell eine dickflüssige Schicht von Polymetaphosphorsäure über unverbrauchtem Phosphorpentoxidpulver. Durch diese Schicht wird der Trocknungsvorgang verlangsamt.
Durch die Verwendung von Sicapent (mit oder ohne Indikator) kann man dies umgehen. Sicapent enthält 25 % Trägermaterial und bleibt dadurch rieselfähig. Die Farbe des Indikators gibt den Grad der Wasseraufnahme an. In wasserfreiem Zustand ist das Sicapent farblos, bei einem Wassergehalt von >33 % blau.

Kieselgel (Blaugel)
Kieselgel (Blaugel) ist ein grobkörniges Silikat mit Kobalt–II–chlorid als Indikator; es ist in wasserfreiem Zustand blau, bei einem Wassergehalt von >27 % rosa.

Molekularsiebe
Molekularsiebe sind kristalline, hydratisierte, feldspatähnliche Aluminiumsilikate.
Beispiel: Zeolith A $\quad Na_{12}[(AlO_2)_2(SiO_2)_{12}] \cdot 27\ H_2O$

Ihre Kristallgitter bilden Strukturen mit Poren von genau definiertem Durchmesser. Die im Handel erhältlichen Molekularsiebe besitzen Porenöffnungen von 0,3–1,0 nm (3–10 Å). Bei einem Wassergehalt von ca. 20 % ist die Aufnahmekapazität erreicht.
Beispiele:

Zeolith A

Porenöffnung
4,1 Å = 0,41 nm

Zeolith Y

Porenöffnung
7,4 Å = 0,74 nm

Wird durch Erhitzen das in den Hohlräumen und Poren enthaltene Wasser entfernt, erhält man äussert aktive Adsorbentien, die sich zum Trocknen von organischen Lösemitteln eignen.

Trocknen

Trockenmittel

Folgende Faktoren beeinflussen die Trocknung mit Molekularsieben:
- Molekülgrösse/Porendurchmesser
  Da die Hohlräume, in denen die Adsorption stattfindet, nur durch genau dimensionierte Poren zugänglich sind, können nur Moleküle adsorbiert werden, deren Durchmesser kleiner als der Porendurchmesser ist.
  So besitzt z. B. Ethanol eine Molekülgrösse von 0,44 nm während Wasser einen solchen von 0,26 nm hat. Bei Verwendung eines Molekularsiebes von 0,30 nm Porengrösse kann das Wasser eindringen, während dies für Ethanol nicht möglich ist. Auf diese Art lässt sich Ethanol von Wasser befreien.
  Für diese Trennungsart eines Stoffgemisches ist somit die Molekülgrösse massgebend.

Beispiele:			
Wasserstoff	0,24 nm	Ammoniak	0,38 nm
Wasser	0,26 nm	Ethanol	0,44 nm
Kohlenstoffdioxid	0,28 nm	Cyclohexan	0,61 nm

- Polarität
  Polare Moleküle werden stärker adsorbiert als unpolare, wobei Moleküle mit vergleichbarem Durchmesser in der Reihenfolge zunehmender Polarität adsorbiert werden.
- Bindungscharakter
  Ungesättigte Verbindungen können eher adsorbiert werden als gesättigte Verbindungen.
- Molare Masse
  Innerhalb einer homologen Reihe werden Verbindungen mit höherer Molarer Masse etwas bevorzugt adsorbiert.

Die Trocknungsmethode mit Molekularsieben, vorzugsweise mit den Typen 3 Å und 4 Å, ist einfach, zeitsparend und sehr leistungsfähig. Je nach Temperatur, Aktivität des Molekularsiebs und Wassergehalt der zu trocknenden Flüssigkeit kann der Restwassergehalt bis auf $1 \cdot 10^{-5}$ % reduziert werden.
Die nutzbare Kapazität der Molekularsiebe ist je nach zu trocknender Substanz sehr unterschiedlich. Sie beträgt z. B. für Diethylether ca. 14 %, für Essigsäureethylester ca. 6 % und für Dioxan ca. 4 %.

Ein gleichzeitiges Entfernen von Peroxiden und anderen organischen Verunreinigungen lässt sich durch kombinierte Trocknung mit Molekularsieben und aktiven Aluminiumoxiden erzielen.

Trockenmittel

Regenerierung von Molekularsieb

Molekularsiebe können, ohne wesentliche Verminderung ihrer Adsorptionskapazität, fast beliebig oft regeneriert werden.

Vor der Regenerierung wird das gebrauchte Molekularsieb in einer grösseren Menge Wasser geschüttelt, um mitadsorbiertes Lösemittel zu verdrängen. Diese Massnahme ist besonders bei brennbaren Lösemitteln unerlässlich.

Das lösemittelfreie Molekularsieb wird bei 200 °C bis 250 °C im Trockenschrank vorgetrocknet. Verbleibendes Wasser (3–5 %) wird anschliessend im Muffelofen bei ca. 300 °C unter vermindertem Druck entfernt.

Wegen der raschen Wasseraufnahme muss das regenerierte und aktivierte Molekularsieb schnell abgefüllt und möglichst unter Feuchtigkeitsausschluss aufbewahrt werden.

Das im Handel erhältliche Molekularsieb enthält noch 1–2 % Wasser, was im allgemeinen nicht als störend empfunden wird. Bei höheren Anforderungen bzw. schwieriger zu trocknenden Lösemitteln (polarere Lösemittel) empfiehlt es sich, das Molekularsieb auch vor dem ersten Gebrauch zu aktivieren.

Trocknen von Feststoffen

1. Trocknungsmethoden, Übersicht

Je nach den chemischen und physikalischen Eigenschaften der zu trocknenden Substanz wird eine der folgenden Methoden gewählt.

Eigenschaften der zu trocknenden Substanz	Hinweis/Erkennung	Trocknungsmethode/Geräte
• tiefschmelzend • leichtflüchtig • mit Wasserdampf flüchtig • thermisch unbeständig	Oftmals starker Eigengeruch. Bei der Schmelzpunktbestimmung Sublimatbildung, Verfärbung oder Zersetzung.	• Exsikkator mit Trockenmittel • Tonteller (zum Vortrocknen kleinerer Mengen) • Gefriertrocknung bei wasserfeuchten Substanzen • Trockenpistole
• schwer flüchtig • thermisch stabil • höher schmelzend		• Elektro–Exsikkator • Trockenschrank • Trockenpistole
• explosiv	Oftmals erkennbar aufgrund der chemischen Struktur (z. B. Nitroverbindungen), Literaturhinweis.	Nur nach Abklärung mit der Sicherheitsprüfstelle trocknen!
• leicht oxidierbar	Verfärbung an der Oberfläche bei Kontakt mit der Luft.	Je nach Feuchtigkeit oder Schmelzpunkt: • Exsikkator mit Trockenmittel • Elektro–Exsikkator (Inertgasstrom)
• klebrig/hygroskopisch	Kristalle haften aneinander, Klumpenbildung.	• In einem Lösemittel lösen, mit Trockenmittel versetzen, filtrieren und Lösemittel abdampfen; Rückstand wenn nötig nachtrocknen.

Neben den erwähnten Eigenschaften sind noch folgende Punkte zu beachten:
- wässrige Suspensionen sind vor dem Trocknen zu filtrieren oder zu lyophilisieren
- grobkörnige Substanzen sind zu pulverisieren und möglichst grossflächig in einer Trockenschale zu verteilen
- die Trocknungstemperatur ist so zu wählen, dass sie etwa dem Siedepunkt des zu entfernenden Lösemittels entspricht, jedoch unterhalb des Schmelzpunkts der feuchten Substanz liegt und ein Sublimieren verhindert wird
- der Endpunkt einer Trocknung ist mit der Gewichtskonstanz erreicht

Trocknen

Trocknen von Feststoffen

2. Exsikkator

Die Trocknung im Exsikkator erfolgt bei Raumtemperatur über einem Trockenmittel.
Diese Methode eignet sich besonders zur Trocknung von temperaturempfindlichen, flüchtigen oder tiefschmelzenden Substanzen.
Der Exsikkator eignet sich auch zum Aufbewahren von hygroskopischen Stoffen über einem Trockenmittel.

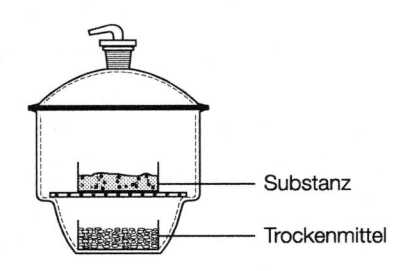

Die Trocknung kann bei Normaldruck oder bei vermindertem Druck erfolgen:
- nur solche Substanzen gleichzeitig trocknen, die nicht miteinander reagieren können
- Substanz in einer Schale gut verteilen und mit einem Stoffilter abdecken
- der Planschliff des Deckels ist zu fetten oder wenn nötig mit einem Gummiring abzudichten
- bei Bedarf Exsikkator evakuieren, Hahn schliessen und Pumpe abstellen
- den evakuierten Exsikkator nicht herumtragen oder schieben (Implosionsgefahr)
- nach beendeter Trocknung Exsikkator nur langsam belüften, um ein Herumwirbeln der Substanz zu vermeiden

3. Elektro–Exsikkator

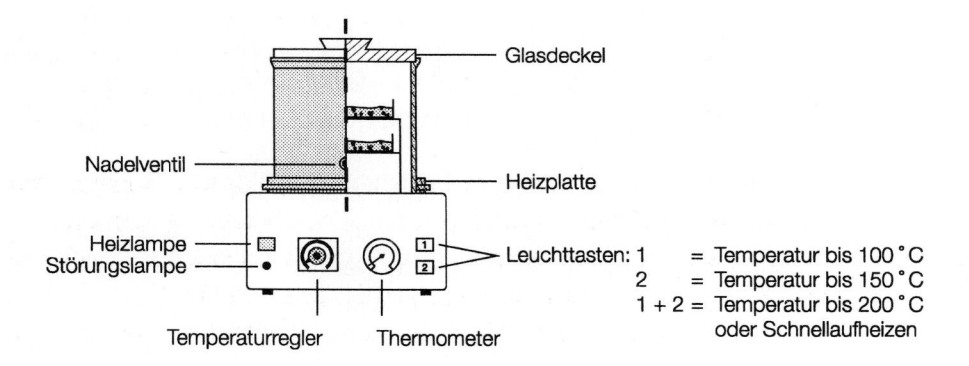

Leuchttasten: 1 = Temperatur bis 100 °C
2 = Temperatur bis 150 °C
1 + 2 = Temperatur bis 200 °C oder Schnellaufheizen

Die Trocknung im Elektro–Exsikkator erfolgt in der Regel ohne Trockenmittel, meistens unter vermindertem Druck und bei erhöhter Temperatur.

Trocknen

Trocknen von Feststoffen

Diese Methode eignet sich besonders zur Trocknung von wärmeunempfindlichen, höherschmelzenden oder schwerflüchtigen Stoffen:
- nur solche Substanzen gleichzeitig trocknen, die nicht miteinander reagieren können
- Substanz in einer Schale gut verteilen und mit einem Stoffilter abgedecken
- der Elektro–Exsikkator kann bis zu einem verminderten Druck von $1 \cdot 10^{-2}$ mbar eingesetzt werden
- das Durchsaugen eines schwachen Luftstroms beschleunigt den Trocknungsvorgang und verhindert die Bildung von Kondensat am Glasdeckel; bei oxidationsempfindlichen Substanzen wird ein Inertgas durchgesogen
- die Vakuumpumpe bleibt während der Trocknung dauernd in Betrieb
- in speziellen Fällen kann der Elektro–Exsikkator auch als heizbarer Exsikkator unter Verwendung eines Trockenmittels benützt werden

4. Vakuumtrockenschrank

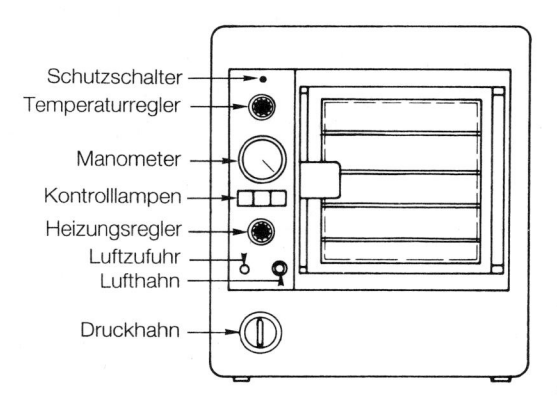

Beschriftungen: Schutzschalter, Temperaturregler, Manometer, Kontrolllampen, Heizungsregler, Luftzufuhr, Lufthahn, Druckhahn

Kontrollampen: grün = Temperatur
rot = Sicherheitskreis
weiss = Heizung

Der Vakuumtrockenschrank eignet sich zum Trocknen von grösseren Substanzmengen unter vermindertem Druck bei Raumtemperatur oder erhöhter Temperatur. Diese Methode eignet sich besonders zur Trocknung von wasserfeuchten, wärmeunempfindlichen, höherschmelzenden oder schwerflüchtigen Stoffen:
- nur solche Substanzen gleichzeitig trocknen, die nicht miteinander reagieren können
- das Durchsaugen eines schwachen Luftstroms beschleunigt den Trocknungsvorgang und verhindert die Bildung von Kondensat an der Glastür; bei oxidationsempfindlichen Substanzen wird ein Inertgas durchgesogen
- Beim Trocknen muss die Tür des Trockenschranks entriegelt sein.

Trocknen von Feststoffen

5. Trockenpistole

Die Trockenpistole eignet sich zum Trocknen von kleinen Feststoffmengen (z. B. Analysenmuster) im Fein- und Hochvakuumbereich und zum Trocknen von Feststoffen bei einer ganz bestimmten Temperatur, die nicht überschritten werden darf. Je nach Modell kann auch elektrisch beheizt werden.

Kühler
Innenrohr (Substanz)
Vorlage (evtl. mit Trockenmittel gefüllt)
Siedekolben mit Lösemittel einer bestimmten Temperatur als Heizmedium

6. Trockenblock

Der heizbare Trockenblock eignet sich zum Trocknen von Mustern. Der Block wird von der Platte eines Magnetrührwerks beheizt. Durch Einsatz im Feinvakuumbereich wird eine vollständige Trocknung erreicht.

7. Rotationsverdampfer

Am Rotationsverdampfer lassen sich feuchte Substanzen unter vermindertem Druck rasch trocknen.
Beim Trocknen von Suspensionen soll das Lösemittel zuerst abdestilliert werden.

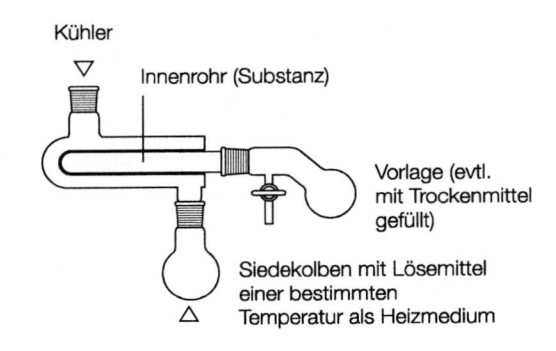

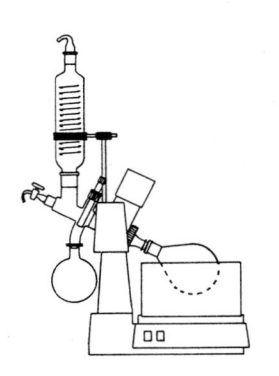

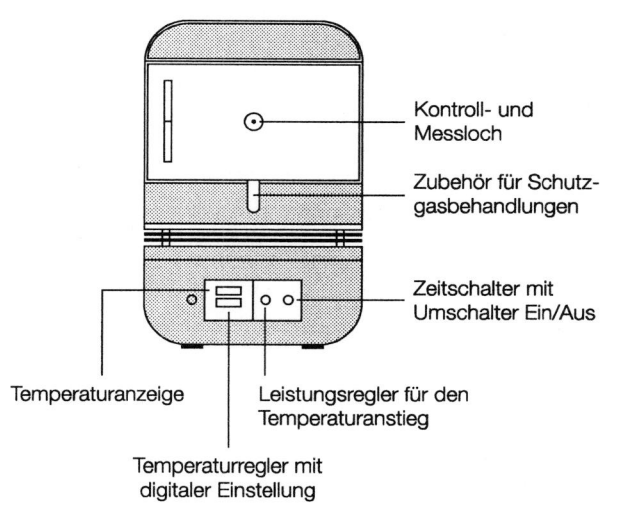

Trocknen

Trocknen von Feststoffen

8. Muffelofen

Der Muffelofen dient zum Glühen, Veraschen, Schmelzen und für andere Arbeiten bei Temperaturen bis 1100 °C. Der Ofen besitzt einen Temperaturregler und je nach Gerätetyp einen Anschluss für eine Vakuumpumpe.
Abhängig vom Fabrikat und der eingestellten Heizleistung muss eine bestimmte Wartezeit bis zum Erreichen der Solltemperatur berücksichtigt werden.
Als Überhitzungsschutz ist eine Schmelzsicherung eingebaut, welche die Heizung des Ofens bei 1200 °C unterbricht.

Beschriftungen:
- Kontroll- und Messloch
- Zubehör für Schutzgasbehandlungen
- Zeitschalter mit Umschalter Ein/Aus
- Temperaturanzeige
- Leistungsregler für den Temperaturanstieg
- Temperaturregler mit digitaler Einstellung

Trocknen von Flüssigkeiten

Entsprechend ihrer Eigenschaften können Flüssigkeiten direkt durch Zugabe von Trockenmitteln im Rund- oder Erlenmeyerkolben getrocknet werden. Nach erfolgter Trocknung wird das Trockenmittel abfiltriert.

Liegt vor dem Trocknen ein zweiphasiges, wässriges Gemisch vor, wird das Wasser vorgängig im Scheidetrichter abgetrennt.

Wasserfeuchte Substanzen können — in einem leichtflüchtigen Lösemittel gelöst — schneller und wirkungsvoller getrocknet werden.

1. Organische Flüssigkeiten

- In die zu trocknende organische Flüssigkeit Trockenmittel portionenweise zugeben bis dieses nicht mehr zusammenklebt und körnig schwebt.
- Zur vollständigen Trocknung wird unter gelegentlichem Schütteln verschlossen stehen gelassen.
- Trockenmittel abfiltrieren; bei Lösungen mit dem gleichen, wasserfreien Lösemittel nachwaschen.

Trocknen

Trocknen von Gasen

Gase werden zum Trocknen mit möglichst geringer Strömungsgeschwindigkeit durch ein festes grobkörniges oder durch ein flüssiges Trockenmittel geleitet.
Das Trockenmittel muss sich dem Gas gegenüber inert verhalten und darf dieses nicht oder nur sehr wenig lösen.
Zur Wahl des Trockenmittels stehen die Gaskenndaten (Band 1) zur Verfügung.

1. Gaswaschflasche

Gaswaschflaschen können mit festem grobkörnigem oder mit flüssigem Trockenmittel gefüllt werden.
Gaswaschflaschen mit Glasfritte verteilen das durchströmende Gas, der Trocknungsvorgang wird dadurch verbessert.

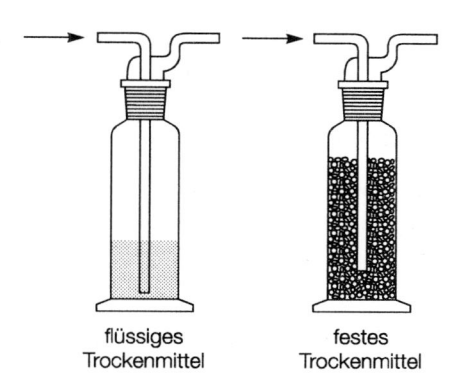

flüssiges Trockenmittel festes Trockenmittel

2. Sicherheitsgaswäscher nach Trefzer

Der Sicherheitsgaswäscher nach Trefzer eignet sich zum Trocknen von Gasen und ist einfach in der Anwendung. Er enthält ein Sicherheitsgefäss mit einer Öffnung für Über- und Unterdruck.
Die eingebaute Glasfritte verteilt das durchströmende Gas sehr fein und erlaubt eine intensive Trocknung.
Zum Trocknen können nur flüssige Trockenmittel verwendet werden.

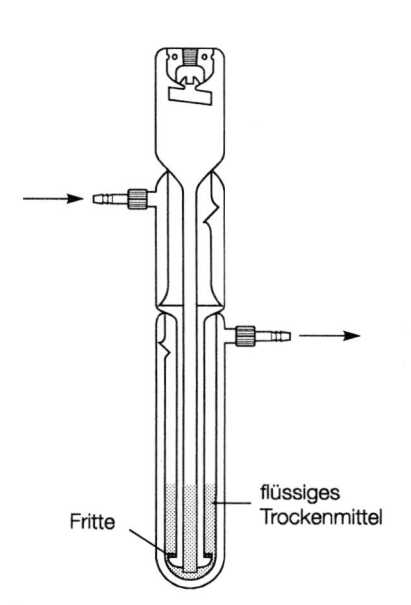

Fritte flüssiges Trockenmittel

Trocknen

Spezielle Techniken

1. Absolutieren von Lösemitteln

Viele organische Lösemittel enthalten Wasser oder nehmen dieses auf, wenn sie hygroskopisch sind.

Absolutieren bedeutet das nahezu restlose Entfernen von Wasser aus einem vorgetrockneten Lösemittel. Wasser kann den Ablauf vieler Reaktionen in unerwünschter Weise beeinflussen, das Absolutieren von Lösemitteln ist deshalb oft notwendig. Verunreinigte Lösemittel müssen vor dem Absolutieren durch Ausschütteln, Destillieren etc. gereinigt (regeneriert) werden.

Überprüfen des Wassergehalts
- Gaschromatographie
- Wasserbestimmung nach Karl Fischer
- Spektroskopie

1.1 Trocknen mit Molekularsieben

Das Trocknen von organischen Lösemitteln mit Molekularsieben kann auf zwei Arten erfolgen: durch statische oder dynamische Trocknung.

Die dynamische Trocknung ist der statischen vorzuziehen, da sie wirksamer und insgesamt zeitsparender ist. Infolge der raschen Aufnahme von Luftfeuchtigkeit durch Molekularsiebe ist schnelles Arbeiten erforderlich.

Statische Trocknung

Das zu trocknende Lösemittel wird etwa 24 Stunden über Molekularsieb aufbewahrt und dabei gelegentlich geschüttelt oder man siedet das Lösemittel unter Rückfluss. Im allgemeinen sind für 1 Liter Lösemittel mit einem Wassergehalt von ca. 1 % 100 g Molekularsieb erforderlich.

Dynamische Trocknung

Das feuchte Lösemittel lässt man durch eine mit Molekularsieb gefüllte Säule tropfen. Es empfiehlt sich, Säulen von ca. 25 mm Durchmesser und 60 cm Länge mit rund 250 g Molekularsieb zu füllen (absolutierbare Lösemittelmenge siehe nachstehende Tabelle).

Vorteilhafte Durchflussgeschwindigkeit 2–3 Liter pro Stunde. Die getrockneten Lösemittel werden über Molekularsieb aufbewahrt (pro Liter ca. 10 g).

Trocknen

Spezielle Techniken

Lösemittel		Anfangs-wassergehalt Massenanteil in %	Restwasser-gehalt Massenanteil in %	Molekular-sieb (250 g) Å	Lösemittel-menge in Liter
Diethylether	handelsüblich	0,12	0,001	4	10
Diethylether	wassergesättigt	1,20	0,004	4	3
1,4–Dioxan	handelsüblich	0,08–0,28	0,002	4	3–10
Tetrahydrofuran	handelsüblich	0,04–0,2	0,002	4	7–10
Toluol	wassergesättigt	0,05	0,003	4	10
Xylol	wassergesättigt	0,045	0,002	4	10
Cyclohexan	wassergesättigt	0,009	0,002	4	10
Dichlormethan	wassergesättigt	0,17	0,002	4	10
Essigsäureethylester	handelsüblich	0,015–0,21	0,004	4	8–10
Methanol		0,04	0,005	3	10
Ethanol		0,04	0,003	3	10

1.2 Trocknen mit Aluminiumoxid

Beim Absolutieren mit Aluminiumoxid wird das Lösemittel durch eine mit dem entsprechenden Alox (siehe Tabelle) gefüllte Säule filtriert. Das Alox wird als Pulver oder als Suspension eingefüllt. Die Säule darf nie trockenlaufen.
Der Vorlauf kann wieder oben auf die Säule gegeben werden.
Über Alox getrocknete Ether sind peroxidfrei.

Lösemittel wassergesättigt	Anfangs-wassergehalt Massenanteil in %	Filtration über Alox, Aktivitätsstufe I			Restwas-sergehalt Massen-anteil in %	Vorlauf in mL	Maximal-menge in mL
		g	Art	Säule ∅ in mm			
Essigsäureethylester	3,25	250	neutral	37	0,01	150	200
Diethylether	1,20	100	basisch	22	0,01	200	400

2. Gefriertrocknung

Die Gefriertrocknung (Lyophilisation) ist eine schonende Methode, wärmeempfindlichen Stoffen Feuchtigkeit zu entziehen. Durch diese Trocknungsart wird verhindert, dass diese Stoffe strukturelle, bzw. chemische Veränderungen erfahren.
Es werden z. B. Blutseren, Antibiotika, Fruchtsäfte, Milch, Kaffee etc. nach dieser Methode getrocknet. Dadurch werden sie in eine stabilere Form übergeführt (konserviert) und können durch Lösemittelzusatz wieder in den ursprünglichen Zustand gebracht werden.

Trocknen

Spezielle Techniken

Lösungen oder Suspensionen werden eingefroren; anschliessend wird das Lösemittel im Feinvakuum sublimiert. Die angeschlossene Pumpe dient zum Erzeugen der geeigneten Sublimationsbedingungen und nicht zum Absaugen des Dampfes: den Entzug des Lösemittels übernimmt der Kondensor! Je niedriger der Arbeitsdruck ist, desto tiefer muss die Temperatur des Kondensors gehalten werden.

- Kühlfallen der Pumpe und Kondensor mit Kühlmittel füllen
- Kühlbad zum Einfrieren der Proben vorbereiten
- Tarierter Birnenkolben max. zu einem Viertel mit Flüssigkeit füllen
- Gefüllte Kolben möglichst schräg in das Kühlbad halten und die Flüssigkeit unter ständigem Drehen des Kolbens an der Kolbenwand festfrieren lassen
- Kolben rasch an die Apparatur anschliessen und diese sofort evakuieren

Endpunkt
An der Kolbenaussenwand bildet sich kein Eis mehr, die Substanz ist flockig und löst sich von der Kolbenwand ab. Die Anlage vorsichtig belüften, Lyophilisat sofort abfüllen, trocken und verschlossen aufbewahren.

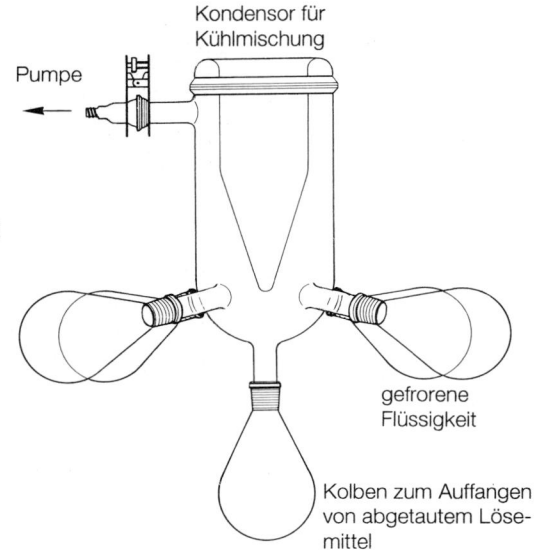

3. Azeotropdestillation

Mit dem Wasserabscheider kann Wasser nach Zusatz eines Schleppmittels aus einem Reaktionsgemisch abdestilliert werden. Das Schleppmittel, ein Lösemittel, welches mit Wasser ein Azeotrop bildet (oft Dichlormethan, Toluol oder ähnliche), darf sich mit Wasser nicht mischen, damit dieses gut abgetrennt werden kann.

Trocknen

Spezielle Techniken

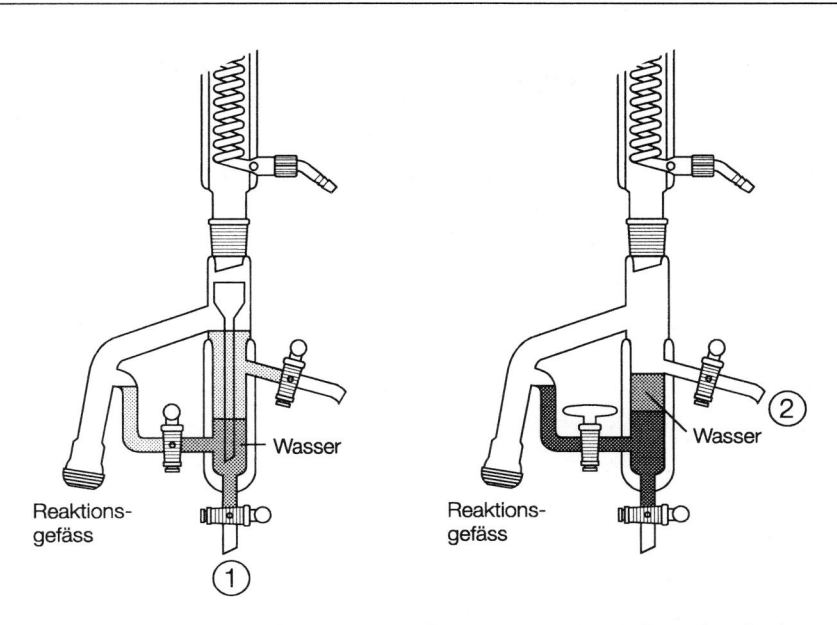

Ist das Wasser spezifisch schwerer als das Schleppmittel, wird es durch den unteren Hahn ① abgelassen; ist es spezifisch leichter, wird es durch den oberen Hahn ② entfernt.

Die Kühlung des Wasserabscheiders verbessert die Phasentrennung.

Endpunkt
Die Azeotropdestillation ist beendet, wenn sich kein Wasser mehr abscheidet bzw. der Siedepunkt des reinen Schleppmittels erreicht ist.

4. Luftfeuchtigkeit in Apparaturen

Um Luftfeuchtigkeit aus Apparaturen auszutreiben, kann die leere Apparatur mit einer Gasflamme oder dem Heissluftgebläse getrocknet werden. Dazu wird das Heizgerät langsam vom Kolbenboden bis hinauf zum leeren Kühler geführt.
Eine weitere Methode ist das Verdrängen der feuchten Luft mittels Durchleiten von trockenem Stickstoff.
Nach dem Trocknen der Apparatur wird sofort ein Trockenrohr oder ein Blasenzähler aufgesetzt, um das Eindringen von feuchter Luft zu verhindern.

Trocknen

Spezielle Techniken

4.1 Trockenrohr
Das Trockenrohr wird verwendet, wenn bei Reaktions- oder Destillationsapparaturen Feuchtigkeit auszuschliessen ist.
Es eignen sich nur grobkörnige, feste Trockenmittel. Die Glaswatte und das Trockenmittel sollen so eingefüllt sein, dass ein rascher Druckausgleich möglich ist.

- Glaswatte
- Trockenmittel
- Deckel oder Glaswatte

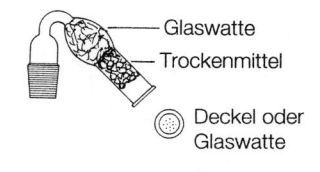

4.2 Blasenzähler
Der Blasenzähler verhindert den Zutritt von Luftfeuchtigkeit zur Reaktionsapparatur und gewährleistet einen Druckausgleich.

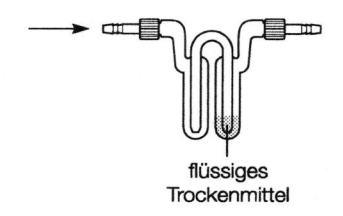

flüssiges Trockenmittel

Extrahieren

Allgemeine Grundlagen — 47
    1. Extraktionsmittel — 47
    2. Löslichkeit — 48
    3. Verteilungsprinzip — 48
    4. Extraktionsmethoden — 51
    5. Endpunktkontrolle — 53

Portionenweises Extrahieren von Extraktionsgut–Lösungen — 54
    1. Handhabung des Scheidetrichters — 54
    2. Extrahieren mit spezifisch schwereren Extraktionsmitteln — 55
    3. Extrahieren mit spezifisch leichteren Extraktionsmitteln — 55
    4. Extrahieren mit spezifisch leichteren Extraktionsmitteln nach dem 3–Scheidetrichter–Verfahren — 56
    5. Extrahieren mit spezifisch schwereren Extraktionsmitteln nach dem 3–Scheidetrichter–Verfahren — 58

Kontinuierliches Extrahieren von Extraktionsgut–Lösungen — 59
    1. Extrahieren mit spezifisch leichteren Extraktionsmitteln — 59
    2. Extrahieren mit spezifisch schwereren Extraktionsmitteln — 60

Kontinuierliches Extrahieren von Feststoffgemischen — 61
    1. Extrahieren mit niedersiedenden Extraktionsmitteln — 61
    2. Extrahieren mit niedersiedenden oder hochsiedenden Extraktionsmitteln — 62

Extrahieren

In der Chemie versteht man unter Extrahieren das Herauslösen einzelner Stoffe aus dem Extraktionsgut (flüssiges oder festes Gemisch) mit Hilfe eines geeigneten Extraktionsmittels (Lösemittel).

Das Extrahieren eines Stoffes ermöglicht
- in der pharmazeutischen Forschung das Isolieren von Wirkstoffen aus Naturprodukten, wie z. B. Insulin aus der Bauchspeicheldrüse oder Penicillin aus Schimmelpilzen etc.
- in der Analytik das Isolieren der gesuchten Bestandteile aus Proben, wie z. B. Schadstoffe in Bodenproben oder Lebensmitteln, Wirkstoffe in Tabletten etc.
- in der Synthese das Trennen des gewünschten Produkts vom Reaktionsgemisch etc.

Häufig werden im Labor Feststoffe extrahiert, ohne dass dieser Vorgang als Extraktion bezeichnet wird. Dies z. B. beim
- Auswaschen eines Nutschguts mit einer Waschflüssigkeit
- Anschlämmen einer Substanz in einem Lösemittel vor der Filtration

Extrahieren

Allgemeine Grundlagen

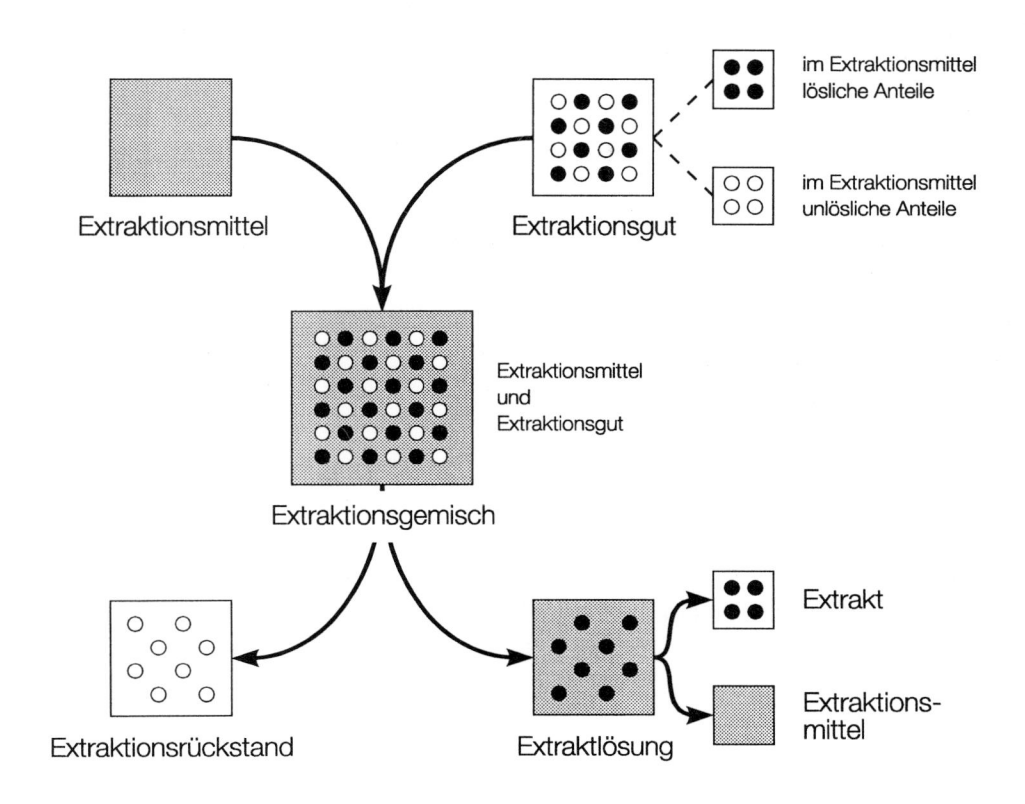

- Extraktionsmittel
- Extraktionsgut
- im Extraktionsmittel lösliche Anteile
- im Extraktionsmittel unlösliche Anteile
- Extraktionsmittel und Extraktionsgut
- Extraktionsgemisch
- Extraktionsrückstand
- Extraktlösung
- Extrakt
- Extraktionsmittel

1. Extraktionsmittel

Muss ein Stoff aus einer Lösung herausextrahiert werden, darf sich das Extraktionsmittel mit dem Lösemittel des Extraktionsguts nicht mischen und das Extraktionsmittel muss sich inert verhalten.
Zwischen dem Extraktionsmittel und dem Extraktionsgut muss ein Dichteunterschied vorhanden sein, um die beiden Phasen voneinander abtrennen zu können.

Der Erfolg (der Wirkungsgrad) einer Extraktion ist abhängig von:
- der Löslichkeit der zu extrahierenden Anteile im gewählten Extraktionsmittel
- der Durchmischung des Extraktionsguts mit dem Extraktionsmittel
- der Grösse und der Anzahl der Extraktionsmittelportionen.

Extrahieren

Allgemeine Grundlagen

2. Löslichkeit

Für die Löslichkeit der zu extrahierenden Stoffe im Extraktionsmittel sind die ähnlichen Polaritäten des Extraktionsmittels und der zu lösenden Stoffe sowie die Temperatur massgebend.

Die Geschwindigkeit einer Extraktion ist abhängig von der Teilchengrösse des zu extrahierenden Feststoffes, der Durchmischung von Extraktionsgut und Extraktionsmittel und der Temperatur.

Während des Extraktionsvorgangs nimmt die Konzentration an löslichen Anteilen im Extraktionsgut laufend ab.
Wiederholt man diesen Vorgang mehrmals, so verringert sich die Extraktmenge soweit, dass in der Praxis ein weiteres Extrahieren nicht mehr sinnvoll ist.

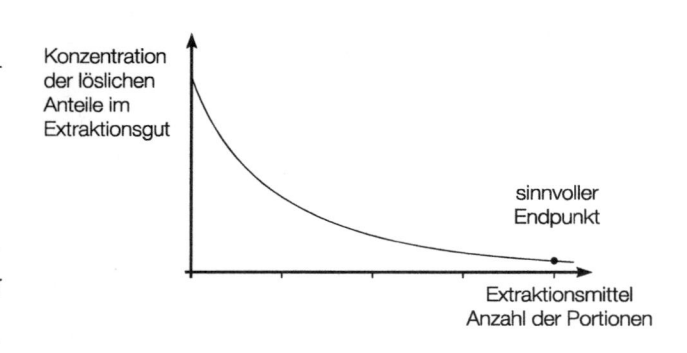

Die zur Extraktion bis zum Endpunkt benötigte Extraktionsmittelmenge ist abhängig von der Menge des zu extrahierenden Stoffes und dessen Löslichkeit.

3. Verteilungsprinzip

Beim Extrahieren von gelösten Stoffen entsteht aufgrund der Löslichkeit des Stoffes in den beiden miteinander nicht mischbaren flüssigen Phasen eine Verteilung.
Bei gleichen Volumina des Extraktionsgutes und des Extraktionsmittels ergibt sich ein bestimmter, konstanter Verteilungskoeffizient (K).
Ein Verteilungskoeffizient von K = 1,0 bedeutet, dass sich der Stoff gleich gut im Extraktionsmittel wie im Extraktionsgut löst. Wird das Mengenverhältnis der beiden Phasen verändert, verschiebt sich auch der Verteilungskoeffizient im entsprechenden Mass.

$$K = \frac{c \text{ im Extraktionsmittel}}{c \text{ im Extraktionsgut}}$$

c = molare Konzentration (mol/L) des Stoffes in der Lösung, bei gleichbleibender Temperatur.

Extrahieren

Allgemeine Grundlagen

3.1 Praktisches Beispiel

10 Gramm eines Stoffes sind in 1000 mL Extraktionsgut gelöst und werden mit einem Extraktionsmittel extrahiert, welches bei gleichen Volumina die Substanz neunmal mehr löst als das Extraktionsgut. Es ergibt sich bei gleichen Volumina ein Verteilungsverhältnis von 1:9.

Im 1. Versuch wird mit 1000 mL Extraktionsmittel in einer Portion extrahiert, während im 2. Versuch 4 Portionen à 250 mL Extraktionsmittel eingesetzt werden.

Versuch 1
Einmalige Extraktion mit 1000 mL Extraktionsmittel
Verteilungsverhältnis = 1:9

Gelöste Substanzmenge im Extraktionsgut		Extrahierte Substanzmenge	Wirkungsgrad (η) Total	
10 g				
1 g	1. Portion	9 g	9 g	$\eta = 0{,}9$

Extrahieren

Allgemeine Grundlagen

Versuch 2
Viermalige Extraktion mit je 250 mL Extraktionsmittel
Verteilungsverhältnis bei gleichen Volumina = 1:9
Das heisst: in 250 mL Extraktionsmittel sind 9 Teile,
  in 250 mL Extraktionsgut ist 1 Teil Stoff gelöst;
  in 1000 mL Extraktionsgut sind also 4 Teile Stoff gelöst.

Bei diesen Volumenverhältnissen ergibt sich pro Portion ein Verteilungsverhältnis von 4:9, gesamthaft (gleiche Volumina) jedoch 4:36 (1:9).
Mit einer Portion Extraktionsmittel werden also 9/13 des Stoffes herausgelöst, 4/13 bleiben im Extraktionsgut.

Gelöste Substanzmenge im Extraktionsgut		Extrahierte Substanzmenge	Wirkungsgrad (η) Total
10 g			
3,08 g	1. Portion	6,92 g	6,92 g $\eta = 0,692$
0,95 g	2. Portion	2,13 g	9,05 g $\eta = 0,905$
0,30 g	3. Portion	0,65 g	9,70 g $\eta = 0,970$
0,09 g	4. Portion	0,21 g	9,91 g $\eta = 0,991$

Der Vergleich dieser beiden Versuche zeigt, dass beim portionenweisen Extrahieren eine bessere Extraktionswirkung erzielt wird. Der sinnvolle Endpunkt im Versuch 2 ist nach 3 Portionen erreicht.

Solche Berechnungen gelten nur bei stark verdünnten Lösungen, da sonst eine Sättigung der einen Phase eintreten kann und sich somit die Verhältnisse verschieben.

4. Extraktionsmethoden

4.1 Extraktion mit einem Scheidetrichter
Löst sich das Extraktionsmittel nicht im Extraktionsgut, so kann man mit nur einem Scheidetrichter ein den Anforderungen erwünschtes Resultat erreichen. Entsprechend dem Verteilungsverhältnis müssen eine oder mehrere Extraktionsmittelportionen eingesetzt werden.

4.2 3–Scheidetrichter–Verfahren
Viele Extraktionsmittel lösen sich teilweise in der wässrigen Phase, wie sich auch Wasser teilweise im Extraktionsmittel lösen kann.
Muss ein Stoff aus einem wässrigen Zweikomponentengemisch quantitativ herausgelöst werden, ergibt auch mehrmaliges Ausschütteln in nur einem Scheidetrichter keine gute Ausbeute; aus diesem Grund kann nur durch das Zurückwaschen nach dem 3–Scheidetrichter–Verfahren eine fast quantitative Trennung erreicht werden.

4.3 Kontinuierliche Extraktion
Die kontinuierliche Extraktion ist eine Weiterführung der portionenweisen Extraktion. Dabei wird Extraktionsmittel eingespart, indem dieses aus der Extraktlösung verdampft, kondensiert und dem Extraktionsgut erneut zugeführt wird. Dieser Vorgang wird bis zum sinnvollen Endpunkt wiederholt.

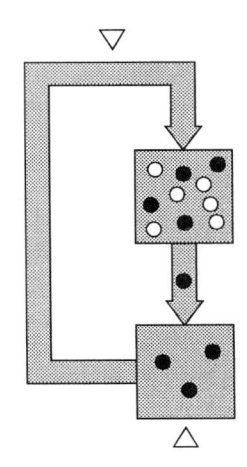

Die kontinuierliche Extraktion gelangt vor allem dort zur Anwendung, wo der zu extrahierende Stoff im Extraktionsmittel nur schlecht löslich ist.

Extrahieren

Allgemeine Grundlagen

4.4 Übersicht über die Extraktionsmethoden

Beim Extrahieren liegen je nach Aufgabe verschiedene Ausgangssituationen vor. Zur Durchführung der Extraktion wählt man die geeignete Methode:

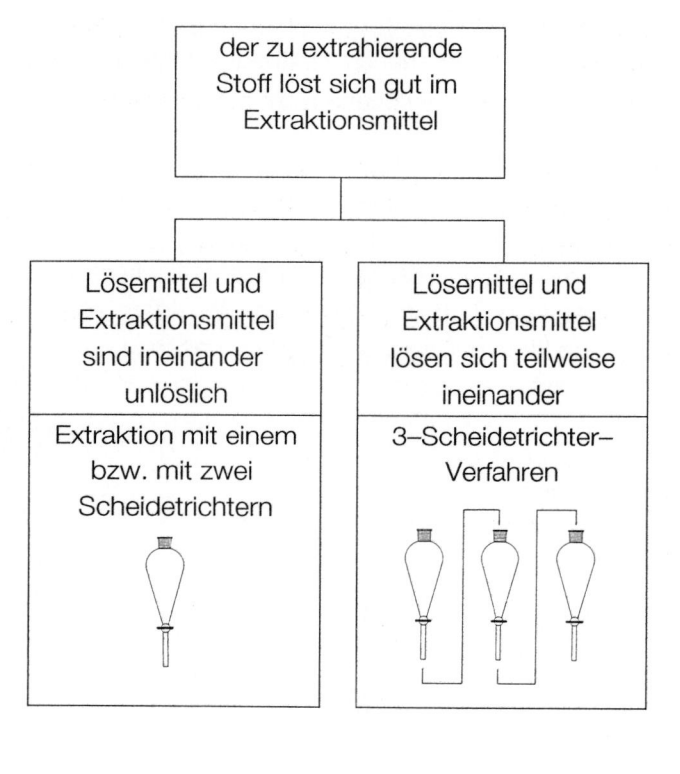

- der zu extrahierende Stoff löst sich gut im Extraktionsmittel
  - Lösemittel und Extraktionsmittel sind ineinander unlöslich
    - Extraktion mit einem bzw. mit zwei Scheidetrichtern
  - Lösemittel und Extraktionsmittel lösen sich teilweise ineinander
    - 3-Scheidetrichter-Verfahren
- der zu extrahierende Stoff löst sich relativ schlecht im Extraktionsmittel
  - Kontinuierliche Extraktion
    - bei Flüssigkeiten im Gerät nach
      - Kutscher-Steudel
      - Keberle
    - bei Feststoffen im Gerät nach
      - Soxhlet
      - Siegrist

5. Endpunktkontrolle

Der sinnvolle Endpunkt einer Extraktion kann z. B. durch folgende Methoden ermittelt werden:
- Rückstandskontrolle einer Probe der z. B. abfliessenden Extraktlösung nach dem Trocknen und Eindampfen (→ Uhrglastest)
- Extrahieren, bis sich der Brechungsindex der Extraktlösung nicht mehr verändert (→ Refraktometer)
- pH–Wert Kontrolle der wässrigen Extraktlösung (→ pH–Indikator, pH–Meter)
- spezifische chemische Kontrolle der abfliessenden Extraktlösung auf Anwesenheit resp. Abwesenheit des extrahierten Stoffes durch anfärben mit Reagenzien und evtl. betrachten unter UV–Licht
- Vergleich verschiedener Proben der Extraktlösungen mittels Dünnschichtchromatographie (→ oder DC–Tüpfelprobe) oder Gaschromatographie

Extrahieren

Portionenweises Extrahieren von Extraktionsgut–Lösungen

Das portionenweise Extrahieren von Extraktionsgut–Lösungen wird angewendet zum Herauslösen eines Stoffes aus einer wässrigen Lösung mit einem spezifisch leichteren oder spezifisch schwereren Extraktionsmittel. Voraussetzung dabei ist eine sehr gute Löslichkeit des zu extrahierenden Stoffes im Extraktionsmittel.
Das Lösemittel Wasser und die in der Lösung vorhandenen Verunreinigungen sollen im Extraktionsmittel möglichst unlöslich sein.
Mit dieser Methode wird bei dreimaligem Ausschütteln im Scheidetrichter eine gute Ausbeute erreicht.

1. Handhabung des Scheidetrichters

Beim Schütteln des Scheidetrichters Stopfen und Hahn festhalten.
Je nach Dampfdruck des organischen Lösemittels (Extraktionsgut oder Extraktionsmittel) entsteht beim Schütteln zusammen mit der Luft im Scheidetrichter ein mehr oder weniger grosser Überdruck. Während des Ausschüttelns wird der Scheidetrichter deshalb mehrmals "entlastet". Dazu wird das Ablaufrohr nach oben gehalten und der Hahn vorsichtig geöffnet. Die Lösemitteldämpfe werden in den Abzug abgelassen.
Entstehen beim Ausschütteln durch eine chemische Reaktion Gase (z. B. Kohlenstoffdioxid beim Waschen einer sauren Extraktlösung mit Natriumcarbonatlösung), darf bis zur beendeten Gasentwicklung nur im offenen Scheidetrichter gemischt werden.

1.1 Massnahmen bei schlechter Phasentrennung

Oft trennen sich die beiden Phasen auch nach längerem Stehenlassen nur schlecht ab. Die Ursache dafür ist ein zu kleiner Dichteunterschied zwischen dem Extraktionsmittel und der Extraktlösung.

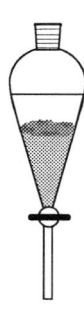

Durch folgende Massnahmen kann der Dichteunterschied vergrössert werden:
- Ist die wässrige Phase oben, kann sie zum Vergrössern des Dichteunterschieds mit Wasser verdünnt werden, oder die Extraktion wird mit einem spezifisch noch schwereren Extraktionsmittel ausgeführt.
- Ist die organische Phase oben, kann sie mit Extraktionsmittel verdünnt werden, oder die untere wässrige Phase wird durch Zugabe von festem oder gelöstem Natriumchlorid spezifisch schwerer gemacht.

Extrahieren

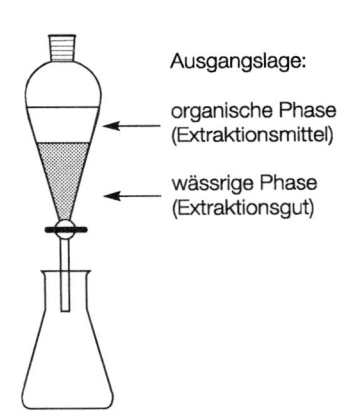

Portionenweises Extrahieren von Extraktionsgut–Lösungen

1.2 Massnahmen bei schlecht erkennbarer Phasentrennung
Oft lässt sich die Grenze zwischen den beiden Phasen nur schlecht erkennen. Die Ursache dafür sind durch Schwebstoffe getrübte oder stark dunkel gefärbte Phasen.
- Entstehen Konzentrationsfällungen, können diese durch Zugabe eines geeigneten Lösemittels gelöst werden.
- Die Trennlinie zwischen zwei stark dunkel gefärbten Phasen lässt sich evtl. im Durchlicht besser erkennen.
- Durch Schwebstoffe getrübte Phasen werden vor dem Abtrennen durch eine Filtration geklärt; dazu eignen sich z. B. Hyflofilter oder Glasfritten.

2. Extrahieren mit spezifisch schwereren Extraktionsmitteln

Die wässrige Lösung und das Extraktionsmittel werden in einem Scheidetrichter gut geschüttelt. Nach dem Stehenlassen (zur Phasentrennung) wird die untere Extraktlösung in ein Auffanggefäss abgelassen.

Dieser Vorgang kann so oft wie nötig mit frischem Extraktionsmittel wiederholt werden.
Zum Schluss werden die vereinigten organischen Phasen getrocknet und eingedampft.

Ausgangslage:

wässrige Phase (Extraktionsgut)

organische Phase (Extraktionsmittel)

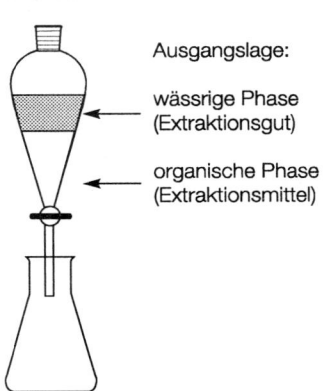

3. Extrahieren mit spezifisch leichteren Extraktionsmitteln

Die wässrige Lösung und das Extraktionsmittel werden in einem ersten Scheidetrichter gut geschüttelt. Nach dem Stehenlassen (zur Phasentrennung) wird die untere wässrige Phase in einen weiteren Scheidetrichter überführt und die Extraktlösung in das Auffanggefäss abgelassen. Nach erneuter Extraktion mit frischem Extraktionsmittel kann die wässrige Phase wieder in den zuerst benützten Scheidetrichter abgelassen und darin mit frischem Extraktionsmittel weiter extrahiert werden.
Zum Schluss werden die vereinigten organischen Phasen getrocknet und eingedampft.

Ausgangslage:

organische Phase (Extraktionsmittel)

wässrige Phase (Extraktionsgut)

Extrahieren

Portionenweises Extrahieren von Extraktionsgut–Lösungen

4. Extrahieren mit spezifisch leichteren Extraktionsmitteln nach dem 3–Scheidetrichter–Verfahren

4.1 Extrahieren

Die wässrige Phase wird im ersten Scheidetrichter mit dem Extraktionsmittel gut geschüttelt.

1. Scheidetrichter
Ausgangslage:
← Extraktionsmittel
← wässrige Phase

Nach der Phasentrennung wird die untere wässrige Phase in den zweiten Scheidetrichter, in dem bereits frisches Extraktionsmittel vorliegt, abgelassen.

2. Scheidetrichter

vorgelegtes Extraktionsmittel

Nach erneutem Ausschütteln und der Phasentrennung wird die wässrige Phase in den dritten Scheidetrichter, in dem ebenfalls frisches Extraktionsmittel vorliegt, abgetrennt.

3. Scheidetrichter

vorgelegtes Extraktionsmittel

Nun wird nochmals ausgeschüttelt und die wässrige Phase in ein Auffanggefäss abgelassen.

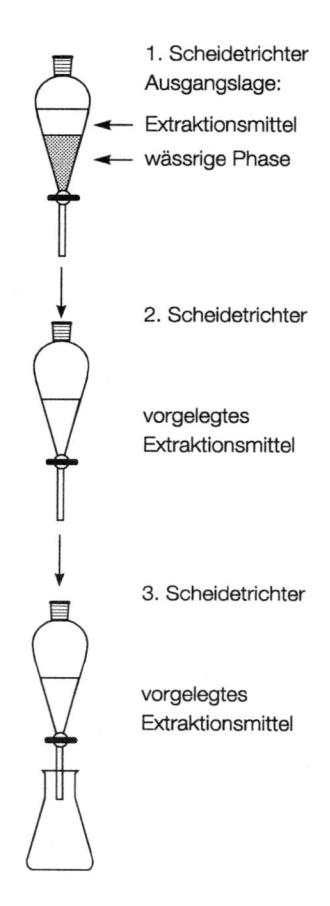

Die organischen Extraktlösungen verbleiben jeweils im Scheidetrichter und werden nicht zusammengegeben.

Extrahieren

Portionenweises Extrahieren von Extraktionsgut–Lösungen

4.2 Rückwaschen der organischen Phasen

Die organischen Extraktlösungen werden mit einer wässrigen Waschflüssigkeit der Reihe nach ausgeschüttelt.

1. Scheidetrichter
Ausgangslage:
← Extraktlösung 1
← Waschflüssigkeit

Nach dem Ausschütteln im ersten Scheidetrichter wird die Waschflüssigkeit in die Extraktlösung 2 im zweiten Scheidetrichter abgelassen.

2. Scheidetrichter

Extraktlösung 2

Ist auch diese Extraktlösung gewaschen, wiederholt man den Vorgang mit der Extraktlösung 3 im dritten Scheidetrichter.

3. Scheidetrichter

Extraktlösung 3

Zum Schluss wird die Waschflüssigkeit in ein Auffanggefäss abgelassen.
Die gewaschenen organischen Extraktlösungen (1, 2 und 3) werden vereinigt, getrocknet und eingedampft.

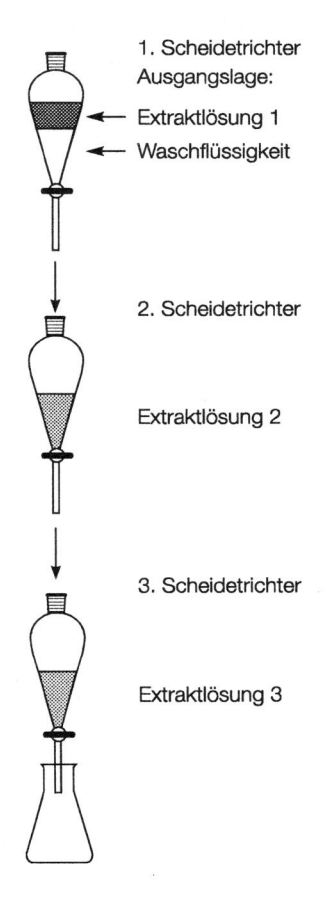

Wenn nötig (→ Endpunktkontrolle), muss der Waschvorgang mit mehreren Portionen und evtl. unterschiedlichen Waschflüssigkeiten wiederholt werden.

Extrahieren

Portionenweises Extrahieren von Extraktionsgut–Lösungen

5. Extrahieren mit spezifisch schwereren Extraktionsmitteln nach dem 3–Scheidetrichter–Verfahren

5.1 Extrahieren und Rückwaschen

Die wässrige Lösung wird in einem ersten Scheidetrichter mit dem organischen Extraktionsmittel geschüttelt.

Nach der Phasentrennung wird die untere organische Extraktlösung in einen zweiten Scheidetrichter, in dem bereits die wässrige Waschflüssigkeit vorliegt, abgelassen.

Nach dem Ausschütteln mit der Waschflüssigkeit wird die untere Phase in einen dritten Scheidetrichter, in dem eine frische Portion Waschflüssigkeit vorliegt, abgelassen.

Nach dem Ausschütteln wird die organische Phase abgetrennt und gesammelt.

Wenn nötig (→ Endpunktkontrolle) muss die Extraktlösung in einem vierten Scheidetrichter nochmals mit Waschflüssigkeit geschüttelt werden.

1. Scheidetrichter
Ausgangslage:
← wässrige Phase
← Extraktionsmittel

2. Scheidetrichter

vorgelegte Waschflüssigkeit

3. Scheidetrichter

vorgelegte Waschflüssigkeit

Der Extraktions- und Waschvorgang wird nun mit zwei bis drei weiteren, frischen Portionen an organischem Extraktionsmittel wiederholt (→ Endpunktkontrolle).
Zum Schluss werden die im Auffanggefäss vereinigten organischen Extraktlösungen getrocknet und eingedampft.

Extrahieren

Kontinuierliches Extrahieren von Extraktionsgut–Lösungen

Mit Hilfe von kontinuierlich arbeitenden Extraktionsgeräten (sog. Perforatoren) können Extraktionsgut–Lösungen mit sehr geringen Mengen an Extraktionsmitteln "ausgeschüttelt" werden. Das Extraktionsmittel wird dabei in einem Kolben ständig verdampft und in einem Rückflusskühler kondensiert. Das Kondensat durchströmt fein verteilt die zu extrahierende Lösung und fliesst durch einen Überlauf in den Kolben zurück. Auf diese Weise lassen sich auch Stoffe extrahieren, die einen kleinen Verteilungskoeffizienten aufweisen.

1. Extrahieren mit spezifisch leichteren Extraktionsmitteln

Die wässrige Phase kann, sofern sie nach der Extraktion nicht mehr benötigt wird, mit Natriumchlorid gesättigt werden; dadurch wird die Extraktion beschleunigt.

Die wässrige Extraktionsgut–Lösung wird in den Extraktor nach Kutscher–Steudel eingefüllt. Dann wird das Extraktionsmittel vorsichtig zugegeben.
Die Menge Extraktionsmittel wird so gewählt, dass während der Extraktion genügend im Kolben verbleibt. Das Niveau des Heizbades soll unterhalb des Niveaus im Kolben sein; die Temperatur des Heizmediums muss hoch genug gewählt sein, damit immer starker Rückfluss herrscht und die Extraktion rasch beendet ist.

Zur Beschleunigung der Extraktion wird das Extraktionsgemisch mit einem Magnetrührer gerührt.

Zur Kontrolle der Extraktion wird der seitliche Stutzen geöffnet und mit einer Pipette eine Probe der überstehenden Extraktlösung entnommen.
Nach beendeter Extraktion wird die abgekühlte Extraktlösung getrocknet und eingedampft.
Ist der Extrakt auskristallisiert, wird dieser über eine Nutsche abfiltriert und anschliessend getrocknet. Das Filtrat wird getrocknet und eingedampft.

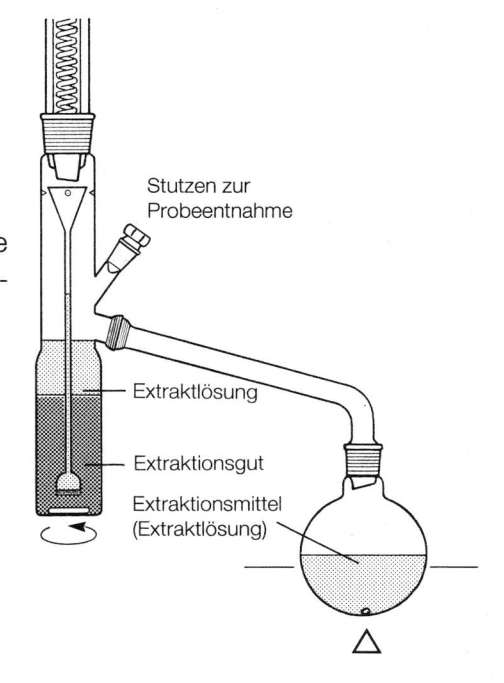

Extrahieren

Kontinuierliches Extrahieren von Extraktionsgut–Lösungen

2. Extrahieren mit spezifisch schwereren Extraktionsmitteln

Zuerst wird das Extraktionsmittel im Extraktor nach Keberle vorgelegt, dann wird mit der wässrigen Extraktionsgut–Lösung vorsichtig überschichtet. Dabei fliesst Extraktionsmittel teilweise in den Kolben.

Die Menge Extraktionsmittel wird so gewählt, dass während der Extraktion genügend im Kolben verbleibt. Das Niveau des Heizbades soll unterhalb des Niveaus im Kolben sein; die Temperatur des Heizmediums muss hoch genug gewählt sein, damit immer starker Rückfluss herrscht und die Extraktion rasch beendet ist.

Zur Kontrolle der Extraktion wird der seitliche Hahn geöffnet und eine Probe der Extraktlösung entnommen.

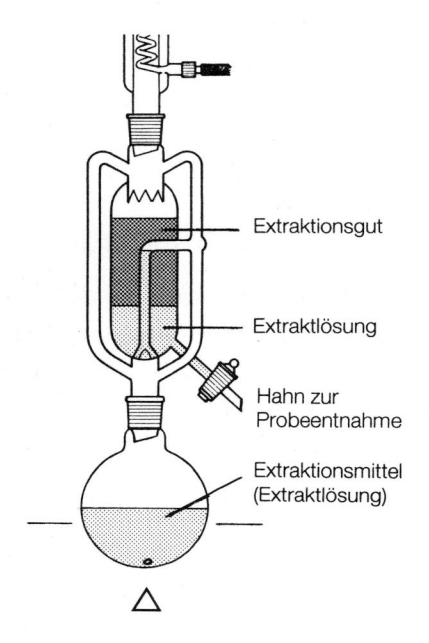

— Extraktionsgut
— Extraktlösung
— Hahn zur Probeentnahme
— Extraktionsmittel (Extraktlösung)

Nach beendeter Extraktion wird die abgekühlte Extraktlösung getrocknet und eingedampft.
Ist der Extrakt auskristallisiert, wird dieser über eine Nutsche abfiltriert und anschliessend getrocknet. Das Filtrat wird getrocknet und eingedampft.

Extrahieren

Kontinuierliches Extrahieren von Feststoffgemischen

Müssen Feststoffgemische kontinuierlich extrahiert werden, verwendet man dazu Geräte, die aus einem Kolben, einem Extraktionsaufsatz und einem Rückflusskühler bestehen. Das Extraktionsmittel im Kolben wird teilweise verdampft. Das Kondensat tropft auf das Feststoffgemisch, welches sich in einer Extraktionshülse aus Papier oder Glasfasern befindet, und wird anschliessend in den Siedekolben zurückgeführt.

1. Extrahieren mit niedersiedenden Extraktionsmitteln

Anwendungsbereich bis Sdp. ca. 110 °C

Bei der Extraktion im Gerät nach Soxhlet wird das Feststoffgemisch in die tarierte Papierhülse eingewogen (bei aggressiven Substanzen Glasfaserhülse verwenden). Die Hülse wird zu max. 3/4 gefüllt und der Inhalt z. B. mit Glaswatte oder einem Papierfilter abgedeckt. Die gefüllte Hülse wird so in den Aufsatz gestellt, dass sie den Überlauf im Dampfrohr überragt (evtl. Raschigringe unterlegen).

Das Extraktionsmittel wird in den Kolben gegeben; die Menge muss so gewählt werden, dass während der Extraktion genügend im Kolben verbleibt.

Auf den Rückflusskühler wird ein Trocknungsrohr montiert, um den Zutritt von Luftfeuchtigkeit zu verhindern.

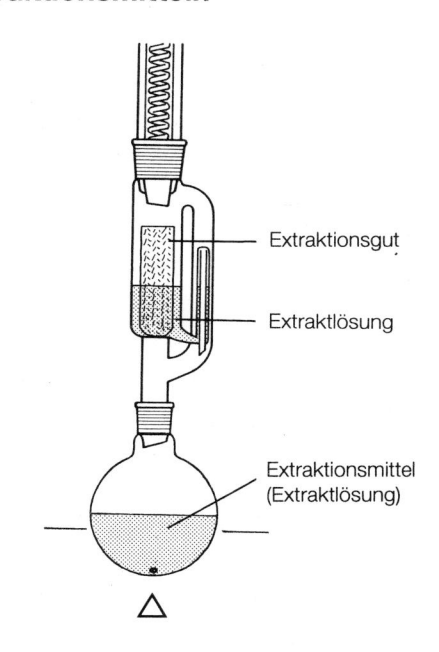

Das Niveau des Heizbades soll unterhalb des Niveaus im Kolben sein; die Temperatur des Heizmediums muss hoch genug gewählt sein, damit immer starker Rückfluss herrscht und die Extraktion rasch beendet ist.

Zur Kontrolle der Extraktion wird das Gerät geöffnet und eine Probe der im Extraktor befindlichen Extraktlösung entnommen.

Nach beendeter Extraktion wird die abgekühlte Extraktlösung getrocknet und eingedampft.
Ist der Extrakt auskristallisiert, wird die Suspension eingedampft oder, wenn nötig, der Feststoff über eine Nutsche filtriert und getrocknet. Das Filtrat wird getrocknet und eingedampft.

Extrahieren

Kontinuierliches Extrahieren von Feststoffgemischen

2. Extrahieren mit niedersiedenden oder hochsiedenden Extraktionsmitteln

Anwendungsbereich Sdp. ca. 80 °C bis ca. 200 °C

Bei der Extraktion im Gerät nach Siegrist wird das Feststoffgemisch in die tarierte Papierhülse eingewogen (bei aggressiven Substanzen, oder bei Extraktion mit hochsiedenden Extraktionsmitteln, Glasfaserhülse verwenden). Die Hülse wird zu max. 3/4 gefüllt und der Inhalt z. B. mit Glaswatte oder einem Papierfilter abgedeckt. Die gefüllte Hülse wird in den Einsatz gestellt.
Das Extraktionsmittel wird in den Kolben gegeben; die Menge muss so gewählt werden, dass während der Extraktion genügend im Kolben verbleibt und die Hülse nicht eintaucht. Auf den Rückflusskühler wird ein Trocknungsrohr montiert, um den Zutritt von Luftfeuchtigkeit zu verhindern.

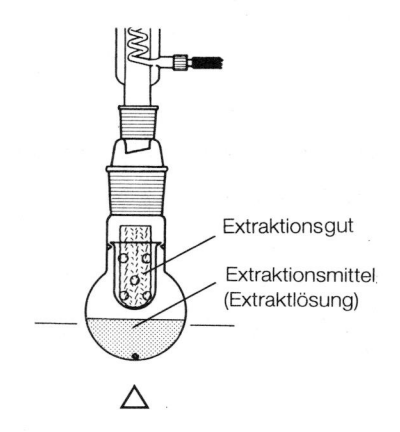

Das Niveau des Heizbades soll unterhalb des Niveaus im Kolben sein; die Temperatur des Heizmediums muss hoch genug gewählt sein, damit immer starker Rückfluss herrscht und die Extraktion rasch beendet ist.

Zur Kontrolle der Extraktion wird das Gerät geöffnet und eine Probe der zurückfliessenden Extraktlösung entnommen.

Nach beendeter Extraktion wird die abgekühlte Extraktlösung getrocknet und eingedampft.
Ist der Extrakt auskristallisiert, wird die Suspension eingedampft oder, wenn nötig, der Feststoff über eine Nutsche filtriert und getrocknet. Das Filtrat wird getrocknet und eingedampft.

Wurde mit einem hochsiedenden Extraktionsmittel extrahiert, empfiehlt es sich, die Extraktlösung zu kühlen und den ausgefallenen Extrakt vor dem Trocknen mit einem inerten und tiefsiedenden Lösemittel auszuwaschen.

Umfällen

Theoretische Grundlagen	**65**
1. Löslichkeit	65
2. Salzbildung	65
3. Fällung	67
Allgemeine Grundlagen	**69**
1. Wahl des Löse-/Fällungsreagenz	69
2. Schema einer Umfällung	70
Umfällen eines Rohprodukts	**71**
1. Vorprobe	71
2. Lösen	72
3. Fällen	72
4. Isolieren des Produkts	73

Umfällen

Umfällen ist eine Reinigungsmethode für in Wasser schwerlösliche feste Säuren oder Basen. Dazu gehören z. B. aromatische (Ar)

Carbonsäuren	Ar–COOH
Sulfonsäuren	Ar–SO$_3$H
Phenole	Ar–OH
Amine	Ar–NH$_2$

und deren Derivate.

Als Reinigungsmethode wird das Umfällen angewendet zum Isolieren von sauren oder basischen organischen Feststoffen aus Reaktionsgemischen oder aus Rohprodukten.
Die verunreinigten Feststoffe werden in ein wasserlösliches Salz überführt und üblicherweise durch Filtration von den unlöslichen Verunreinigungen getrennt.
Anschliessend wird aus der Salzlösung durch Zugabe von Säure oder Base die schwerlösliche Verbindung wieder ausgefällt und isoliert. Die wasserlöslichen Verunreinigungen bleiben dabei gelöst in der Mutterlauge zurück.

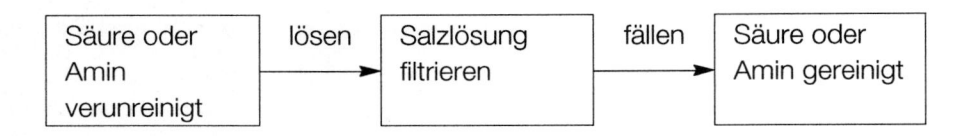

```
┌──────────────┐   lösen    ┌──────────────┐   fällen   ┌──────────────┐
│ Säure oder   │ ─────────► │ Salzlösung   │ ─────────► │ Säure oder   │
│ Amin         │            │ filtrieren   │            │ Amin gereinigt│
│ verunreinigt │            │              │            │              │
└──────────────┘            └──────────────┘            └──────────────┘
```

Umfällen

Theoretische Grundlagen

1. Löslichkeit

Die funktionellen Gruppen von Carbonsäuren, Sulfonsäuren, Phenolen und Aminen sind polar. Solche organischen Verbindungen, welche diese Gruppen tragen und einen geringen Kohlenstoffanteil im Molekül aufweisen, sind gut wasserlöslich und deshalb durch Umfällen in Wasser nicht zu reinigen.

Sind im Molekül aber mehr als sechs Kohlenstoffatome enthalten, nimmt die Wasserlöslichkeit mit zunehmender Anzahl Kohlenstoffatome stark ab. Solche in Wasser unlösliche Stoffe sind zum Umfällen gut geeignet.

2. Salzbildung

2.1 Säuren

Carbonsäuren, Sulfonsäuren und Phenole bilden mit Basen wasserlösliche Salze.

schwerlösliche Carbonsäure			lösliches Salz	
$R-COOH$ + OH^-	$\xrightarrow{H_2O}$		$R-COO^-$ + H_2O	

Beispiel:

C_6H_5-COOH + $NaOH$ $\longrightarrow$ $C_6H_5-COO^- Na^+$ + H_2O

Benzencarbonsäure
Löslichkeit = 0,34 g/100 g Wasser bei 25 °C

Natriumbenzoat
Löslichkeit = 56,3 g/100 g Wasser bei 25 °C

schwerlösliche Sulfonsäure			lösliches Salz	
$R-SO_3H$ + OH^-	$\xrightarrow{H_2O}$		$R-SO_3^-$ + H_2O	

Beispiel:

3,5-Dinitrobenzolsulfonsäure (O_2N, O_2N-substituiertes $C_6H_3-SO_3H$) + $NaOH$ $\longrightarrow$ 3,5-Dinitrobenzolnatriumsulfonat (O_2N, O_2N-substituiertes $C_6H_3-SO_3^- Na^+$) + H_2O

3,5–Dinitrobezolsulfonsäure
unlöslich in Wasser

3,5–Dinitrobezolnatriumsulfonat
löslich in Wasser

65

Umfällen

Theoretische Grundlagen

schwerlösliches Phenol   **lösliches Salz**

$$R-OH + OH^- \xrightarrow{H_2O} R-O^- + H_2O$$

Beispiel:

$$Br-C_6H_3(Br)-OH + NaOH \longrightarrow Br-C_6H_3(Br)-O^-Na^+ + H_2O$$

2,4-Dibromphenol   2,4-Dibromnatriumphenolat
Löslichkeit = 0,19 g/100 g Wasser bei 15 °C   löslich in Wasser

2.2 Basen

Primäre, sekundäre oder tertiäre Amine bilden mit Säuren wasserlösliche Salze.

schwerlösliches primäres Amin   **lösliches Salz**

$$R-NH_2 + H_3O^+ \xrightarrow{H_2O} R-NH_3^+ + H_2O$$

Beispiel:

$$H_3C-C_6H_4-NH_2 + HCl \longrightarrow H_3C-C_6H_4-NH_3^+Cl^-$$

p-Toluidin   p-Toluidinhydrochlorid
Löslichkeit = 0,65 g/100 g Wasser bei 15 °C   löslich in Wasser

schwerlösliches sekundäres Amin   **lösliches Salz**

$$R_2-NH + H_3O^+ \xrightarrow{H_2O} R_2-NH_2^+ + H_2O$$

Beispiel:

$$(C_6H_5)_2NH + HCl \longrightarrow (C_6H_5)_2NH_2^+Cl^-$$

Diphenylamin   Diphenylaminhydrochlorid
schwerlöslich in Wasser   löslich in Wasser

Umfällen

Theoretische Grundlagen

schwerlösliches tertiäres Amin				lösliches Salz		
R_3-N	+	H_3O^+	$\xrightarrow{H_2O}$	R_3-NH^+	+	H_2O

Beispiel:

Ph$_3$N + HCl ⟶ Ph$_3$NH$^+$Cl$^-$

Triphenylamin
unlöslich in Wasser

Triphenylaminhydrochlorid
löslich in Wasser

3. Fällung

Aus der Salzlösung lassen sich die anfänglich eingesetzten Substanzen durch Ansäuern mit starken Säuren bzw. durch Alkalisch–stellen mit starken Basen wieder ausfällen.

Beispiele:

Ph–COO$^-$Na$^+$ + HCl ⟶ Ph–COOH↓ + H_2O + NaCl

gelöstes
Natriumbenzoat

schwerlösliche
Benzencarbonsäure

H_3C–Ph–NH_3^+Cl$^-$ + NaOH ⟶ H_3C–Ph–NH_2↓ + H_2O + NaCl

gelöstes
p–Toluidinhydrochlorid

schwerlösliches
p–Toluidin

Die Reaktion erfolgt nur dann mit guter Ausbeute, wenn die zur Fällung verwendete Säure stärker protolysiert als die zu fällende Carbonsäure resp. die Sulfonsäure oder das Phenol. Die zur Fällung eines Amins verwendete Base muss ebenfalls stärker protolysieren als das Amin.

Salzbildung und Fällung verlaufen nur quantitativ in die gewünschte Richtung, wenn das Lösereagenz oder das Fällungsreagenz im Überschuss zugegeben wird.

Theoretische Grundlagen

3.1 Substanzen mit sauren und basischen Eigenschaften
In der Chemie kennt man Substanzen, die sowohl saure, wie auch basische funktionelle Gruppen enthalten. Dazu gehören z. B.

    Amino–Sulfonsäure $H_2N-Ar-SO_3H$
    Amino–Phenol $H_2N-Ar-OH$
    Amino–Carbonsäure $H_2N-R-COOH$

Das Lösen und Fällen solcher Substanzen kann Probleme bieten, je nach dem, welche Eigenschaft überwiegt.

Umfällen von Aminosäuren
Aminosäuren mit der allgemeinen Formel $H_2N-CHR-COOH$ besitzen sowohl basische, wie auch saure Eigenschaften. In wässriger Lösung bilden sie sowohl mit Mineralsäuren als auch mit Basen Salze.

$$H_2N-\underset{R}{\overset{H}{C}}-COO^- \underset{OH^-}{\overset{H_3O^+}{\rightleftarrows}} {}^+H_3N-\underset{R}{\overset{H}{C}}-COO^- \underset{OH^-}{\overset{H_3O^+}{\rightleftarrows}} {}^+H_3N-\underset{R}{\overset{H}{C}}-COOH$$

    stark basisch   Zwitterion   stark sauer

In Wasser kommen Aminosäuren als inneres Salz resp. Zwitterion vor.

Für jede Aminosäure gibt es einen bestimmten pH–Wert, bei welchem die Carboxylgruppe und die Aminogruppe gleich stark protolysiert sind. Dieser Punkt ist der isoelektrische Punkt (pH_i), bei dem eine Aminosäure ein Minimum an Wasserlöslichkeit zeigt.

Beim Umfällen einer Aminosäure wird deshalb die Zugabe des Fällungsreagenz genau beim Erreichen des isoelektrischen Punkts beendet. Der betreffende pH–Wert kann der Literatur entnommen werden.

Umfällen

Allgemeine Grundlagen

Vor einer Umfällung müssen die folgenden Eigenschaften der Substanz abgeklärt werden:
- Aspekt
- chemische Eigenschaften
- Schmelzpunkt, Sublimationspunkt, Wasserdampfflüchtigkeit etc.
- Löslichkeit der Substanz in Wasser
  evtl. Löslichkeit der Verunreinigungen in Wasser
- Löslichkeit des Salzes in Wasser

1. Wahl des Löse-/Fällungsreagenz

Die Wahl des geeigneten Löse- und Fällungsreagenz richtet sich nach den chemischen Eigenschaften der Substanz, der Löslichkeit der Substanz und, wenn möglich, nach der Löslichkeit der Verunreinigungen. Ungewünschte Nebenreaktionen (z. B. Verseifung) dürfen nicht stattfinden.

1.1 Chemische Eigenschaften der Substanz
Die chemischen Eigenschaften der Substanz, welche die Wahl des Löse- oder Fällungsreagenz beeinflussen, werden bestimmt durch die funktionellen Gruppen im Molekül.

1.2 Löslichkeit der Substanz
Die zu reinigende Substanz soll in Wasser möglichst wenig löslich sein. Für die meisten Substanzen können Angaben über die Löslichkeit der Literatur entnommen werden.
Die Löse- und Fällungsreagenzien sollen möglichst konzentriert sein, damit der wasserlösliche Anteil der ungefällten Substanz möglichst klein ist.

1.3 Löslichkeit der Verunreinigungen
Unlösliche Verunreinigungen können durch Filtration entfernt werden. Lösliche Verunreinigungen sollen während der Umfällung in Lösung bleiben; sie befinden sich zuletzt in der Mutterlauge.
Verunreinigungen können auch an Aktivkohle adsorbiert und anschliessend filtriert werden.

Allgemeine Grundlagen

2. Schema einer Umfällung

Organische Säure	**Amin**
Vorprobe	**Vorprobe**
Lösen pulverisieren, suspendieren, Zugabe von Base, pH–Kontrolle	**Lösen** pulverisieren, suspendieren, Zugabe von Säure, pH–Kontrolle
Klären/Entfärben Filtrierhilfsmittel/ Entfärbungsmittel	**Klären/Entfärben** Filtrierhilfsmittel/ Entfärbungsmittel
Fällen Zugabe von Säure, Temperaturkontrolle, pH–Kontrolle	**Fällen** Zugabe von Base, Temperaturkontrolle, pH–Kontrolle
Isolieren abnutschen, trocknen oder extrahieren, trocknen	**Isolieren** abnutschen, trocknen oder extrahieren, trocknen
Ausbeute/Reinheit wägen, bestimmen der physikalischen Konstanten, Dünnschichtchromatographie, Spektroskopie	**Ausbeute/Reinheit** wägen, bestimmen der physikalischen Konstanten, Dünnschichtchromatographie, Spektroskopie

Umfällen eines Rohprodukts

1. Vorprobe

Die Vorprobe soll Klarheit schaffen, ob eine Umfällung im vorgesehenen Fall die richtige Reinigungsmethode darstellt. Sie soll Aufschluss geben über die Bedingungen zur Durchführung der Umfällung, über die quantitativen Verhältnisse und über die erzielte Reinheit der Substanz.

1.1 Vorgehen

- Eine kleine Menge des Rohproduktes mit wenig Wasser anschlämmen und tropfenweise mit der berechneten Menge Säure oder Base versetzen. Entstehen Konzentrationsfällungen, so kann durch weitere Zugabe von Wasser das Salz vollständig in Lösung gebracht werden. Die benötigte Menge Lösereagenz und den pH–Wert der Lösung notieren.

- Evtl. gelöste farbige Verunreinigungen an Aktivkohle adsorbieren und zusammen mit allfällig vorhandenen ungelösten Verunreinigungen abfiltrieren.

- Die klare, oder die durch Filtration gereinigte, Lösung tropfenweise mit dem Fällungsreagenz versetzen; den notwendigen Überschuss durch pH–Kontrolle ermitteln.

- Ausgefallenes Produkt bei Raumtemperatur isolieren; Ausbeute bestimmen und Reinheit prüfen.

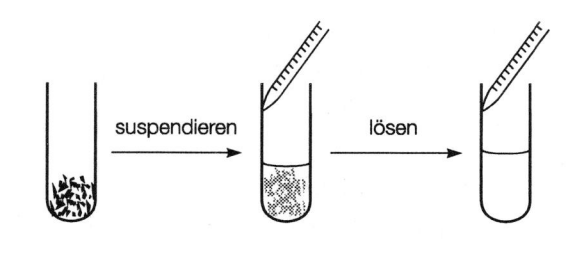

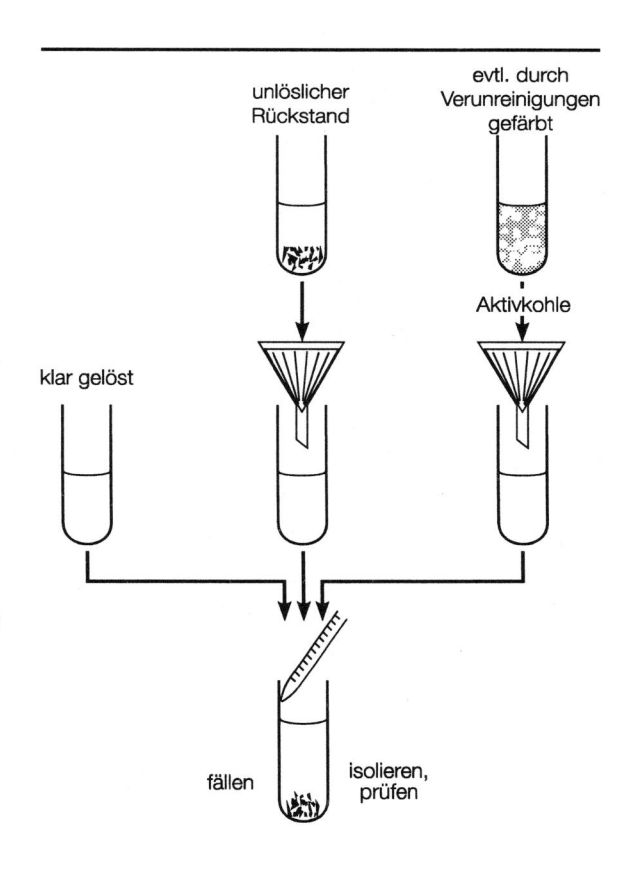

Umfällen eines Rohprodukts

Nach einer erfolgreichen Reinheitskontrolle wird die gesamte Menge des festen Rohstoffes zur Umfällung eingesetzt.

2. Lösen

Die gesamte Menge des pulverisierten Rohmaterials in einer geeigneten Rührapparatur in der ermittelten Menge Wasser suspendieren.

Unter gutem Rühren die berechnete Menge Säure oder Base bei Raumtemperatur zutropfen (Lösereagenz im Überschuss).

Wenn alles gelöst ist, den pH–Wert der Lösung mit Indikatorpapier oder mit dem pH–Meter kontrollieren.
Heterogene Gemische 10 Minuten nachrühren und nochmals pH–Wert kontrollieren.

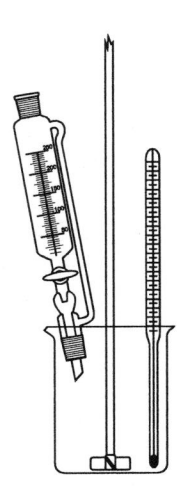

2.1 Klären/Entfärben

Wenn die entstandene Lösung klar ist, muss nicht filtriert werden.
Trübe Lösungen oder ungelöste Verunreinigungen müssen abfiltriert werden; gefärbte Lösungen können evtl. durch Zusatz eines Adsorptionsmittels und Klärfiltration gereinigt werden. Die Lösung soll beim Nachspülen von Glasgefäss und Filter möglichst wenig verdünnt werden.

3. Fällen

Zur gereinigten Lösung wird unter gutem Rühren das Fällungsreagenz bis zur vollständigen Fällung zugetropft; die Fällungsreagenzmenge kann durch Berechnen anhand des verbrauchten Lösereagenz etwa ermittelt werden. Um die Reaktion bei Raumtemperatur zu halten, muss eventuell gekühlt werden.
Beim Fällen ist eine gleichzeitige Kontrolle des pH–Wertes notwendig.
Nach dem Fällen wird noch einige Zeit ausgerührt; der pH–Wert der Lösung soll sich nicht mehr verändern.

4. Isolieren des Produkts

Die ausgefällte Substanz kann durch Abnutschen oder durch Extraktion im Scheidetrichter isoliert werden.

Beim Abnutschen wird das Nutschgut mit einem geeigneten Waschmittel portionenweise nachgewaschen, bis das ablaufende Filtrat kein Fällungsreagenz und keine gelösten Salze mehr enthält: pH–Kontrolle und Ionennachweis.
Anschliessend wird das gewaschene Nutschgut getrocknet.

Oft wird die ausgefällte Substanz in einem organischen Lösemittel gelöst und im Scheidetrichter durch Waschen mit Wasser vom restlichen Fällungsreagenz und Salz befreit. Nach dem Waschen wird die organische Phase getrocknet und zur Trockene eingedampft.

4.1 Ausbeute/Reinheit
Die erhaltene Ausbeute wird durch Wägen bestimmt.
Die Reinheit der Substanz wird durch Bestimmen der physikalischen Konstanten, durch ein Dünnschichtchromatogramm und evtl. durch spektroskopische Methoden geprüft.

Chemisch–physikalische Trennungen

Allgemeine Grundlagen   **76**

    1. Löslichkeit und Wasserdampfflüchtigkeit   76

    2. Lösereagenzien   76

    3. Säure- oder Basenstärke   77

Trennen durch Extraktion   **78**

    1. Übersicht: Trennen durch Extraktion   78

    2. Extrahieren der organischen Säure   79

    3. Freisetzen und isolieren der organischen Säure   79

    4. Extrahieren der organischen Base   80

    5. Freisetzen und isolieren der organischen Base   80

    6. Isolieren des Neutralteils   80

    7. Isolieren von schlecht zu fällenden organischen Säuren und Basen   80

    8. Beispiel einer Trennung durch Extraktion   81

Trennen durch Wasserdampfdestillation   **83**

    1. Wasserdampfflüchtigkeit   83

    2. Übersicht: Trennen durch Wasserdampfdestillation   84

    3. Beispiel einer Trennung durch Wasserdampfdestillation   85

Chemisch–physikalische Trennungen

Allgemeine Grundlagen

Unter einer chemisch–physikalischen Trennung versteht man ein Verfahren, bei dem eine chemische Umsetzung mit einem physikalischen Verfahren kombiniert ist. Als physikalische Methoden eignen sich z. B. die Extraktion oder die Wasserdampfdestillation.

Häufig fallen bei chemischen Reaktionen Gemische an, die nicht in einem Arbeitsgang isoliert und gereinigt werden können. Diese Gemische können aus neutralen Anteilen oder solchen mit unterschiedlicher Säure- oder Basenstärke bestehen. Der neutrale Teil kann das bei der Reaktion verwendete Lösemittel sein.

Bevor eine chemisch–physikalische Trennung durchgeführt wird, müssen die für die Trennung wichtigen chemischen und physikalischen Eigenschaften der einzelnen Komponenten bekannt sein z. B.
- Löslichkeit
- Schmelzpunkt, Siedepunkt
- Wasserdampfflüchtigkeit
- Säure- resp. Basenstärke
- isoelektrischer Punkt bei Aminosäuren

1. Löslichkeit und Wasserdampfflüchtigkeit

Substanzen, die saure oder basische funktionelle Gruppen enthalten, lassen sich in ihre wasserlöslichen Salze überführen. In Gemischen welche saure oder basische Komponenten enthalten, wird durch Neutralisation von nur einer Komponente ein grosser Unterschied in deren Wasserlöslichkeit und Wasserdampfflüchtigkeit geschaffen. Die durch Neutralisation gebildeten Salze sind nicht wasserdampfflüchtig.

2. Lösereagenzien

Sowohl für die Trennung der Komponenten mittels Extraktion, wie auch durch eine Wasserdampfdestillation, muss ein Teil der Komponenten mit einer anorganischen Säure oder Base in wasserlösliche Salze umgesetzt werden.
Zum Lösen der organischen Säuren werden alkalisch reagierende Reagenzien, wie Natronlauge, Natriumcarbonat- oder Natriumhydrogencarbonatlösungen eingesetzt, während die organischen Basen mit Salzsäure gelöst werden.
Das Lösereagenz soll ausschliesslich zur gewünschten Salzbildung führen und keine Nebenreaktionen eingehen (Verseifung, Halogenabspaltung etc.).

Üblicherweise werden zur Extraktion von sauren oder basischen Komponenten starke Basen resp. Säuren verwendet (z. B. NaOH, HCl).
Liegen im Gemisch mehrere Basen oder Säuren unterschiedlicher Stärke nebeneinander vor und sollen durch Extraktion getrennt werden, wird das Extraktionsmittel gezielt ermittelt. Eine starke Säure wird dann z. B. zuerst mit einer schwachen Base extrahiert, die zurückbleibende schwache Säure anschliessend mit einer starken Base.

3. Säure- oder Basenstärke

Die Einteilung organischer Säuren und Basen nach ihrer Säure- oder Basenstärke kann nach den pKs– resp. den pKb–Werten vorgenommen werden.

Säurestärke		Beispiel	
pKs < 1	sehr starke Säuren	Trichloressigsäure	pKs 0,70
pKs 1 – 4	starke Säuren	2–Chlorbenzoesäure	pKs 2,92
pKs 4 – 8	mittelstarke Säuren	Benzoesäure	pKs 4,19
pKs 8 – 13	schwache Säuren	Benzylamin	pKs 9,33
pKs > 13	sehr schwache Säuren	2–Hydroxibenzoesäure	pKs 13,4

Basenstärke		Beispiel	
pKb > 13	sehr schwache Basen	N–Diphenylamin	pKb 13,2
pKb 13 – 10	schwache Basen	4–Nitroanilin	pKb 13,0
pKb 10 – 6	mittelstarke Basen	Anilin	pKb 9,37
pKb 6 – 1	starke Basen	n–Butylamin	pKb 3,23

Chemisch–physikalische Trennungen

Trennen durch Extraktion

Ein organisches Substanzgemisch, bestehend aus Säure, Base und Neutralteil, wird in einem organischen Lösemittel gelöst oder suspendiert. Diese organische Phase wird nach dem 3–Scheidetrichter–Verfahren mit wässriger anorganischer Base oder Säure extrahiert.

1. Übersicht: Trennen durch Extraktion

Liegt ein Gemisch aus einer organischen Säure, einer organischen Base und einem Neutralteil vor, können die Komponenten nach folgendem Schema getrennt werden:

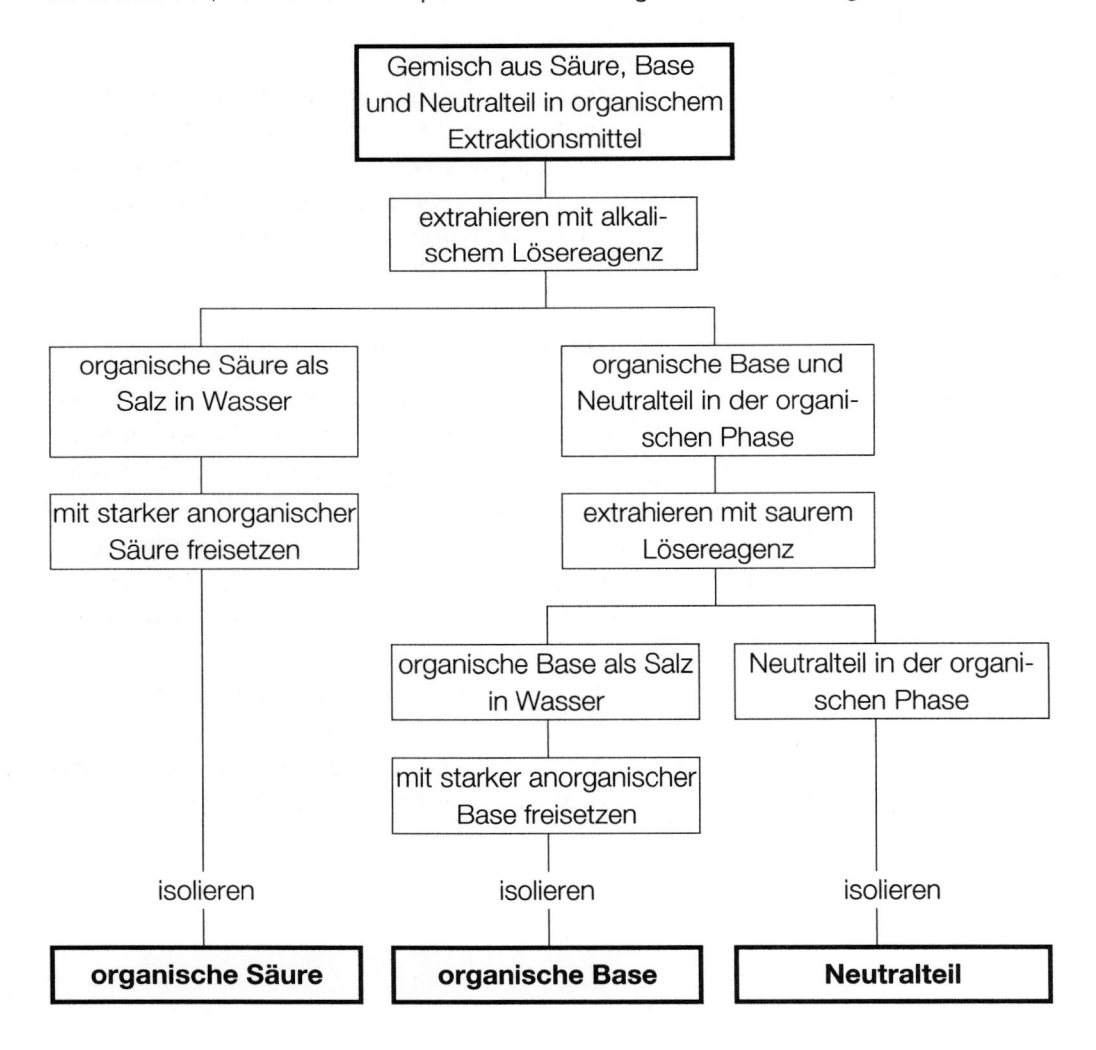

```
          Gemisch aus Säure, Base
        und Neutralteil in organischem
               Extraktionsmittel
                      |
              extrahieren mit alkali-
                schem Lösereagenz
                _____|_____
               |                 |
     organische Säure als   organische Base und
       Salz in Wasser       Neutralteil in der organi-
               |                  schen Phase
     mit starker anorganischer         |
       Säure freisetzen        extrahieren mit saurem
               |                    Lösereagenz
               |              _____|_____
               |             |                 |
               |      organische Base als Salz   Neutralteil in der organi-
               |           in Wasser                  schen Phase
               |             |                        |
               |    mit starker anorganischer         |
               |       Base freisetzen                |
               |             |                        |
           isolieren      isolieren               isolieren
               |             |                        |
        **organische Säure**  **organische Base**    **Neutralteil**
```

78

Chemisch–physikalische Trennungen

Trennen durch Extraktion

2. Extrahieren der organischen Säure

Ist im Gemisch nur eine organische Säure vorhanden, und ist das chemische Verhalten gegenüber dem Lösereagenz inert, verwendet man zum Lösen meist Natronlauge w = ca. 0,1.
Sollen mehrere organische Säuren mit unterschiedlichen Säurestärken getrennt werden, geschieht dies durch gezieltes Lösen in unterschiedlich starken Basen: starke Carbonsäuren werden in Natriumhydrogencarbonatlösung w = ca. 0,05 gelöst, schwache Carbonsäuren oder Sulfonsäuren in Natriumcarbonatlösung w = ca. 0,1 und Phenole in Natronlauge w = ca. 0,1.

Zum Gemisch wird soviel anorganische Base gegeben, dass die zu extrahierende Säure nach dem Schütteln im Scheidetrichter vollständig in ihr Salz umgesetzt ist (pH–Kontrolle). Bei carbonathaltigen Lösereagenzien entsteht Kohlenstoffdioxidgas (Überdruckbildung). Die organische Phase wird mit einer bis zwei weiteren Portionen anorganischer Base nachextrahiert. Die einzelnen wässrigen Phasen werden zurückgewaschen und vereinigt.

3. Freisetzen und isolieren der organischen Säure

Die organische Säure (als Natriumsalz in Wasser gelöst) wird unter Rühren und Kühlen mit konzentrierter chemisch reiner Salzsäure stark sauer gestellt (pH–Kontrolle). Bei carbonathaltigen Salzlösungen entsteht Kohlenstoffdioxidgas (Schaumbildung). Ist die freie Säure sehr wenig löslich, kann sie direkt abfiltriert und mit kaltem Wasser chloridfrei gewaschen werden. Ist sie wasserlöslich, wird sie mit einem geeigneten organischen Extraktionsmittel nach dem Prinzip des 3–Scheidetrichter–Verfahrens extrahiert und gewaschen. Die danach vereinigten organischen Phasen werden getrocknet, filtriert und eingedampft.
Nach der Extraktion der Säure enthalten die organischen Phasen in den drei Scheidetrichtern die gelöste organische Base und den Neutralteil.
Aus diesen Lösungen wird nun die organische Base mit Salzsäure w = ca. 0,1 nach dem Prinzip des 3–Scheidetrichter–Verfahrens extrahiert und gewaschen.

Trennen durch Extraktion

4. Extrahieren der organischen Base

Zur Lösung wird soviel Salzsäure w = ca. 0,1 gegeben, dass die zu extrahierende Base nach dem Schütteln im Scheidetrichter vollständig als Hydrochlorid umgesetzt wird (pH–Kontrolle). Die organische Phase wird mit einer bis zwei weiteren Portionen Salzsäure nachextrahiert. Die einzelnen wässrigen Phasen werden zurückgewaschen und vereinigt.

5. Freisetzen und isolieren der organischen Base

Die als Hydrochlorid in Wasser gelöste Base wird unter Rühren und Kühlen mit Natronlauge w = ca. 0,3 stark alkalisch gestellt. Die freie Base wird anschliessend mit einem geeigneten organischen Extraktionsmittel nach dem Prinzip des 3–Scheidetrichter–Verfahrens extrahiert und gewaschen. Bei wasserlöslichen Basen wird mit Vorteil mit gesättigter Natriumchloridlösung gewaschen. Ist die freie Base sehr wenig löslich, kann sie direkt abfiltriert und mit Wasser chloridfrei gewaschen werden. Die nach dem Extrahieren vereinigten organischen Phasen werden getrocknet, filtriert und eingedampft.
Nach der Extraktion der Base verbleibt in der organischen Phase nur noch der Neutralteil. In diesen Lösungen wird der Neutralteil nach dem Prinzip des 3–Scheidetrichter–Verfahrens mit Wasser oder gesättigter Natriumchloridlösung gewaschen.

6. Isolieren des Neutralteils

Die in den Scheidetrichtern verbleibenden organischen Phasen werden mit Wasser neutral gewaschen (pH–Kontrolle).
Ist der Neutralteil wasserlöslich, wird mit Vorteil mit gesättigter Natriumchloridlösung gewaschen. Die gewaschenen organischen Phasen werden vereinigt, getrocknet und filtriert. Aus dem getrockneten Filtrat wird anschliessend das organische Extraktionsmittel abdestilliert.

7. Isolieren von schlecht zu fällenden organischen Säuren und Basen

Wenn die zu isolierenden Säuren oder Basen teilweise wasserlöslich sind und sich dadurch nur unvollständig fällen lassen, oder sich von der Wasserphase ölig trennen (Emulsion), werden sie mit einem geeigneten organischen Lösemittel nach dem Prinzip des 3–Scheidetrichter–Verfahrens extrahiert.
Die organischen Extrakte werden gewaschen, getrocknet, filtriert und eingedampft.

Chemisch–physikalische Trennungen

Trennen durch Extraktion

8. Beispiel einer Trennung durch Extraktion

In der nebenstehenden Sandmeyer-Reaktion wurde das Edukt nicht vollständig umgesetzt, ausserdem ist ein Nebenprodukt entstanden.

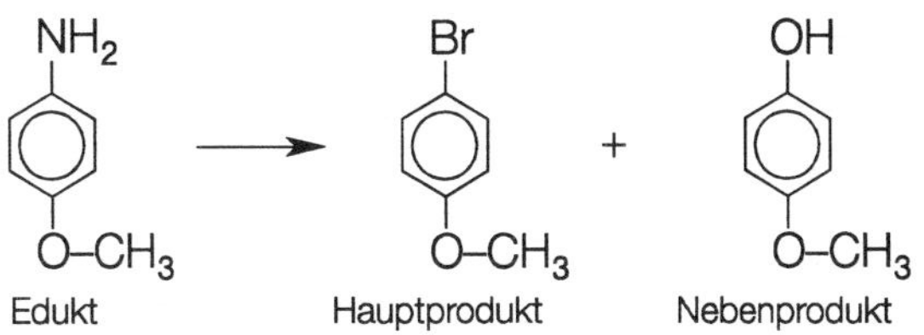

Das Gemisch wird in einem geeigneten organischen Lösemittel gelöst oder suspendiert (Vorprobe).	

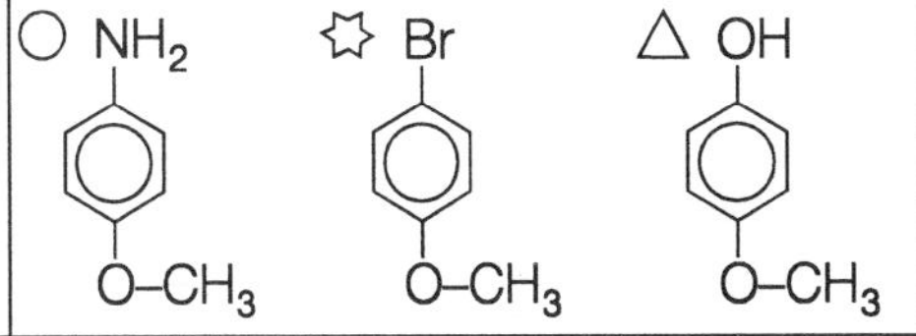

8.1 Extrahieren der organischen Säure

Die organische Säure wird portionenweise mit Natronlauge $w = 0,1$ vollständig in das wasserlösliche Salz überführt (Endpunktkontrolle mittels pH–Messung). Die aus dem 1. Scheidetrichter abgetrennten wässrigen Phasen werden in den beiden folgenden mit dem organischen Lösemittel zurückgewaschen. Die organische Base und der Neutralteil bleiben in der organischen Phase zurück.

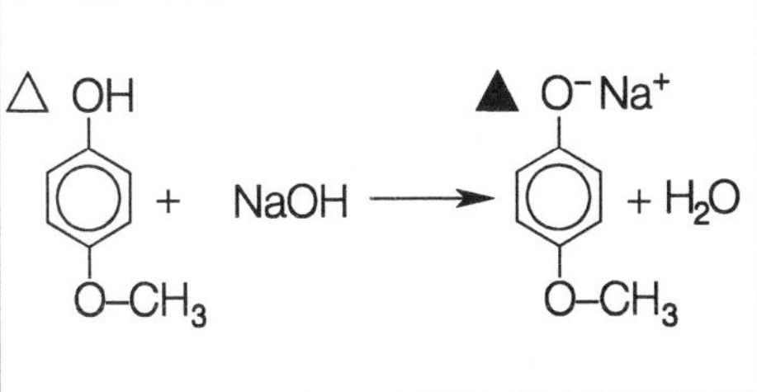

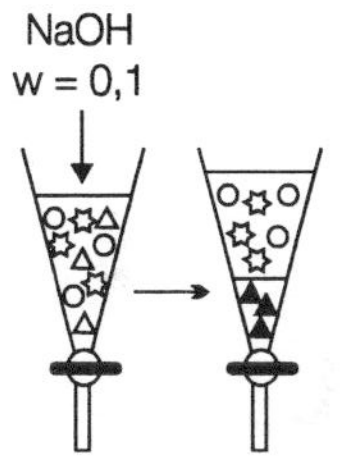

8.2 Extrahieren der organischen Base

Die organische Base wird portionenweise mit Salzsäure $w = 0,1$ vollständig in das wasserlösliche Salz überführt (Endpunktkontrolle mittels pH–Messung). Die aus dem 1. Scheidetrichter abgetrennten wässrigen Phasen werden in den beiden folgenden mit dem organischen Lösemittel zurückgewaschen. Der Neutralteil bleibt in der organischen Phase zurück.

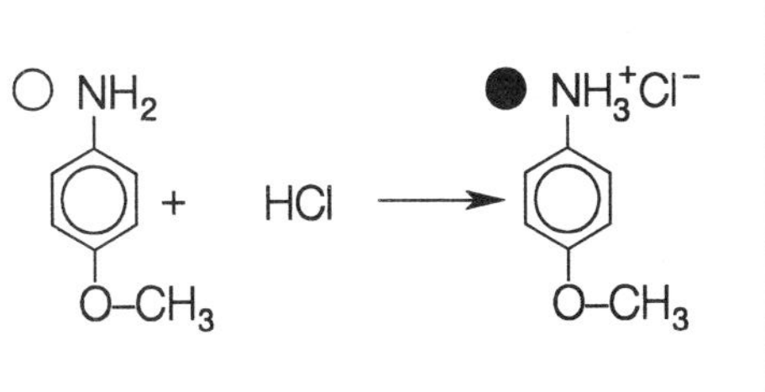

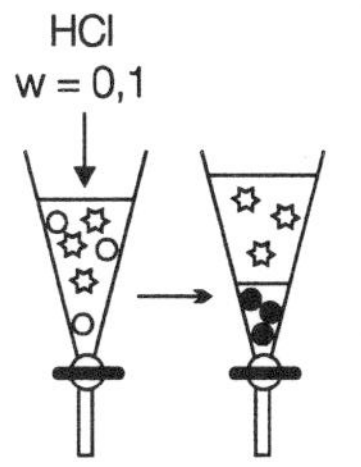

Chemisch–physikalische Trennungen

Trennen durch Extraktion

8.3 Waschen des Neutralteils

Die in den Scheidetrichtern zurückbleibenden organischen Phasen werden mit Wasser neutral gewaschen (pH-Kontrolle), vereinigt und getrocknet.

[Scheidetrichter mit Br–C₆H₄–O–CH₃]

8.4 Isolieren der organischen Säure

Die organische Säure wird durch Ansäuern mit Salzsäure $w = 0{,}32$ freigesetzt. Die ausgeschiedenen Kristalle werden abfiltriert, chloridfrei gewaschen und getrocknet.

▲ Na⁺⁻O–C₆H₄–O–CH₃ + HCl $\longrightarrow$ △ HO–C₆H₄–O–CH₃ + NaCl

8.5 Isolieren der organischen Base

Die organische Base wird durch Alkalischstellen mit Natronlauge $w = 0{,}30$ freigesetzt. Die ausgeschiedenen Kristalle werden abfiltriert, chloridfrei gewaschen und getrocknet.

● Cl⁻H₃N⁺–C₆H₄–O–CH₃ + NaOH $\longrightarrow$ ○ H₂N–C₆H₄–O–CH₃ + NaCl + H₂O

8.6 Isolieren des Neutralteils

Die gewaschenen und getrockneten organischen Phasen mit dem Neutralteil werden bei vermindertem Druck vom Lösemittel befreit.

☆ Br–C₆H₄–O–CH₃

Chemisch–physikalische Trennungen

Trennen durch Wasserdampfdestillation

Diese Methode gelangt vor allem dann zur Anwendung, wenn bei Synthesen das Gemisch nebst Säure, Base und Neutralteil noch Stoffe enthält, die beim Trennen durch Extraktion mit der entsprechenden Lauge oder Säure störende Fällungen bilden, wie z. B. Zinkhydroxid nach einer Reduktion mit Zink, Kupferhydroxid nach einer Sandmeyer–Reaktion oder Eisenhydroxid nach einer Béchamp–Reduktion mit Eisen.

Mit Wasserdampf können Produkte auch aus Suspensionen abdestilliert werden.

1. Wasserdampfflüchtigkeit

Wasserdampfflüchtige Anteile destillieren als azeotropes Gemisch.
Die Wasserdampfflüchtigkeit von organischen Säuren und Basen kann durch Überführen in die Salze verändert werden.

Beispiele:

wasserdampfflüchtig		nicht wasserdampfflüchtig
$CH_3-O-C_6H_4-NH_2$	$\xrightarrow{HCl}$	$CH_3-O-C_6H_4-NH_3^+Cl^-$
$CH_3-O-C_6H_4-OH$	$\xrightarrow{NaOH}$	$CH_3-O-C_6H_4-O^-Na^+$

2. Übersicht: Trennen durch Wasserdampfdestillation

Liegt ein Gemisch aus einer organischen Säure, einer organischen Base und einem Neutralteil vor, können die Komponenten — sofern sie wasserdampfflüchtig sind — nach folgendem Schema getrennt werden:

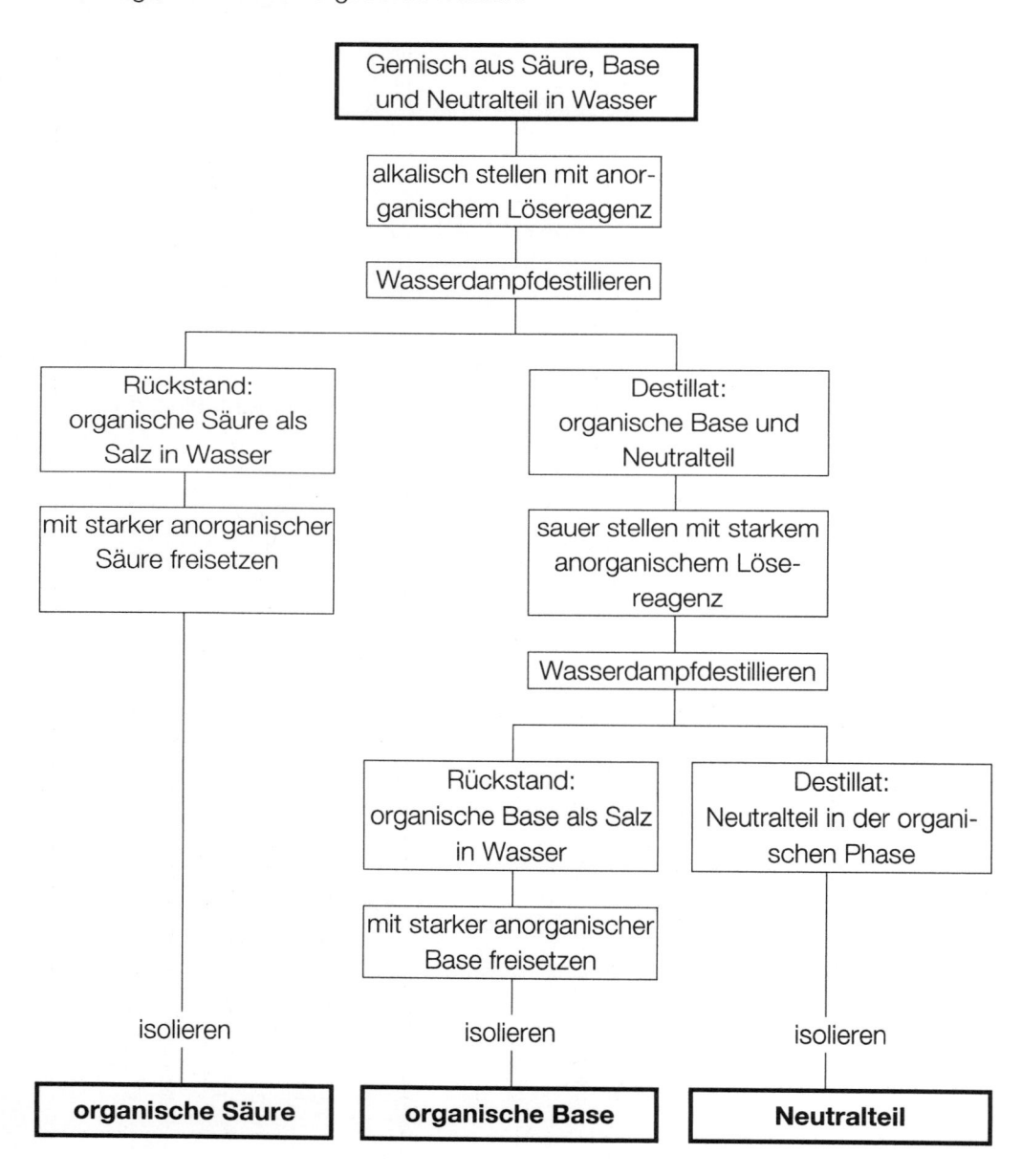

```
                  ┌─────────────────────────────┐
                  │ Gemisch aus Säure, Base     │
                  │ und Neutralteil in Wasser   │
                  └──────────────┬──────────────┘
                                 │
                  ┌──────────────┴──────────────┐
                  │ alkalisch stellen mit anor- │
                  │ ganischem Lösereagenz       │
                  └──────────────┬──────────────┘
                                 │
                  ┌──────────────┴──────────────┐
                  │ Wasserdampfdestillieren     │
                  └──────────────┬──────────────┘
                  ┌──────────────┴──────────────┐
                  │                             │
      ┌───────────┴──────────┐      ┌───────────┴──────────┐
      │ Rückstand:           │      │ Destillat:           │
      │ organische Säure als │      │ organische Base und  │
      │ Salz in Wasser       │      │ Neutralteil          │
      └───────────┬──────────┘      └───────────┬──────────┘
                  │                             │
      ┌───────────┴──────────┐      ┌───────────┴──────────┐
      │ mit starker anorga-  │      │ sauer stellen mit    │
      │ nischer Säure frei-  │      │ starkem anorganischem│
      │ setzen               │      │ Lösereagenz          │
      └───────────┬──────────┘      └───────────┬──────────┘
                  │                             │
                  │                 ┌───────────┴──────────┐
                  │                 │ Wasserdampfdestil-   │
                  │                 │ lieren               │
                  │                 └───────────┬──────────┘
                  │                 ┌───────────┴──────────┐
                  │                 │                      │
                  │     ┌───────────┴──────────┐  ┌────────┴─────────┐
                  │     │ Rückstand:           │  │ Destillat:       │
                  │     │ organische Base als  │  │ Neutralteil in   │
                  │     │ Salz in Wasser       │  │ der organischen  │
                  │     │                      │  │ Phase            │
                  │     └───────────┬──────────┘  └────────┬─────────┘
                  │                 │                      │
                  │     ┌───────────┴──────────┐           │
                  │     │ mit starker anorga-  │           │
                  │     │ nischer Base frei-   │           │
                  │     │ setzen               │           │
                  │     └───────────┬──────────┘           │
                  │                 │                      │
              isolieren         isolieren              isolieren
                  │                 │                      │
        ┌─────────┴────────┐ ┌──────┴────────┐  ┌──────────┴───────┐
        │ organische Säure │ │organische Base│  │   Neutralteil    │
        └──────────────────┘ └───────────────┘  └──────────────────┘
```

Chemisch–physikalische Trennungen

Trennen durch Wasserdampfdestillation

3. Beispiel einer Trennung durch Wasserdampfdestillation

Ein Substanzgemisch, z. B. bestehend aus einer organischen Säure, einem wasserdampfflüchtigen Amin und einem wasserdampfflüchtigen Neutralteil kann auch durch Destillation mit Wasserdampf getrennt werden.

3.1 Isolieren der organischen Säure

Ausgangsgemisch		Produkte
Cl-C₆H₄-NH₂ C₆H₅-NO₂ C₆H₄(COOH)₂	$+\ 2\ NaOH \longrightarrow$	Cl-C₆H₄-NH₂ C₆H₅-NO₂ (im Destillat) C₆H₄(COO⁻Na⁺)₂ $+\ 2\ H_2O$ (im Rückstand)
C₆H₄(COO⁻Na⁺)₂	$+\ 2\ HCl \longrightarrow$	C₆H₄(COOH)₂ $+\ 2\ NaCl$

Das organische Gemisch wird im Destillierkolben mit wenig deionisiertem Wasser suspendiert und mit Natronlauge w = 0,3 stark alkalisch gestellt. Durch Einleiten von Wasserdampf wird die organische Base und der Neutralteil abdestilliert.

Der Destillationsrückstand wird unter Eiskühlung mit Salzsäure w = 0,32 auf pH 1–2 gestellt und auf 5 °C gekühlt. Die ausgeschiedenen Kristalle werden abfiltriert, chloridfrei gewaschen und getrocknet.

Chemisch–physikalische Trennungen

Trennen durch Wasserdampfdestillation

3.2 Isolieren der organischen Base

Das wässrige Destillat mit der organischen Base und dem Neutralteil wird im Destillierkolben mit Salzsäure w = 0,32 auf pH 1–2 gestellt. Durch Einleiten von Wasserdampf wird der Neutralteil abdestilliert.

[Reaktion: Chloranilin + Nitrobenzol + HCl → Chloranilin-Hydrochlorid (im Rückstand) + Nitrobenzol (im Destillat)]

Der Destillationsrückstand wird unter Eiskühlung mit Natronlauge w = 0,30 auf pH 13–14 gestellt. Im Scheidetrichter wird portionenweise mit einem geeigneten Lösemittel extrahiert. Die organischen Phasen werden getrocknet, filtriert und bei vermindertem Druck vom Lösemittel befreit.

[Reaktion: Chloranilin-Hydrochlorid + NaOH → Chloranilin + NaCl + H_2O]

3.3 Isolieren des Neutralteils

Das wässrige Destillat mit dem Neutralteil wird im Scheidetrichter portionenweise mit einem geeigneten Lösemittel extrahiert. Die organischen Phasen werden getrocknet, filtriert und bei vermindertem Druck vom Lösemittel befreit.

[Struktur: Nitrobenzol]

Umkristallisieren

Physikalische Grundlagen — 89
   1. Fester Aggregatzustand — 89
   2. Aufbau von Kristallen — 89
   3. Solvate, Hydrate — 91
   4. Einschlüsse — 91
   5. Mischkristalle — 91

Allgemeine Grundlagen — 92
   1. Umkristallisieren — 92
   2. Lösemittelwahl — 92

Reinigen eines Rohprodukts — 95
   1. Vorbereitungen — 95
   2. Lösen — 97
   3. Kristallisieren aus der Lösung — 98
   4. Isolieren der Kristalle — 99

Spezielle Methoden — 100
   1. Kristallisieren aus verdünnten Lösungen — 100
   2. Kristallisieren aus Lösemittelgemischen — 100
   3. Kristallisieren durch Verdrängen — 100

Umkristallisieren

Feste Stoffe sind meist kristallin aufgebaut.
Die Umkristallisation ist eine Methode, um kristalline Feststoffe zu reinigen. Dabei wird der Feststoff in einem Lösemittel gelöst und anschliessend kristallisiert.

In diesem Kapitel wird eine Standard-Methode genauer beschrieben sowie drei weitere spezielle Methoden erwähnt. Es gibt gerade bei dieser Reinigungsmethode eine ganze Reihe weiterer Varianten, die den Bedürfnissen angepasst werden sollen.

Umkristallisieren

Physikalische Grundlagen

1. Fester Aggregatzustand

1.1 Amorph
Stoffe, deren Teilchen im festen Aggregatzustand ungeordnet vorliegen, nennt man amorph (gestaltlos). Man kann diese Stoffe auch als erstarrte Flüssigkeiten betrachten.
Beispiele: Glas, Plexiglas

Amorphe Stoffe können in den kristallinen Zustand übergehen; beim Glas wird dieser Übergang Entglasung genannt.

1.2 Kristallin
Bei den meisten Feststoffen sind die kleinsten Teilchen zu einem Kristallgitter geordnet, die Lage jedes Teilchens ist genau definiert.
Beispiele: Eis, Quarz, Kochsalz, Benzoesäure, Harnstoff, Naphthalin, Zucker

2. Aufbau von Kristallen

2.1 Kristallform
Die äussere Erscheinung eines Kristalls, also seine aus ebenen Flächen und geraden Kanten zusammengesetzte Gestalt, wird Kristallform genannt. Diese wird ohne Rücksicht auf den inneren Bau des Kristalls nach dem optischen Eindruck benannt.
Beispiele: Stäbchen, Kuben, Nadeln, Blättchen

2.2 Kristallsystem
Stoffe, die sehr verschiedene äussere Formen haben, können dem gleichen Kristallsystem angehören. Das Kristallsystem ist also nicht ohne weiteres erkennbar.
Einige Bezeichnungen für verschiedene Kristallsysteme sind z. B. kubisch, tetragonal, rhombisch, triklin.

Beispiele für das kubische Kristallsystem:

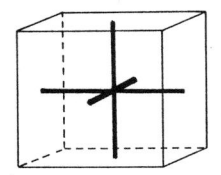

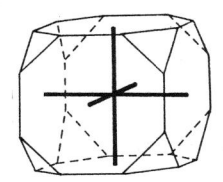

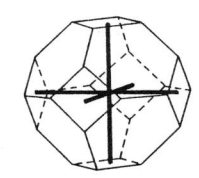

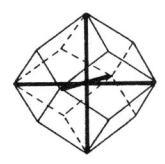

| NaCl, PbS, FeS$_2$ | PbS, Alaun | KCl, CaF$_2$, PbS | K$_2$SO$_4$, FeS | Granat |

Umkristallisieren

Physikalische Grundlagen

2.3 Kristallstruktur

Beim Aufbau eines Kristalls nehmen die kleinsten Teilchen eines Stoffes (Atome, Ionen oder Moleküle) eine bestimmte, für den jeweiligen Stoff charakteristische Stellung untereinander ein. Dies geschieht in Form eines Kristallgitters.

Beispiel: Natriumchlorid

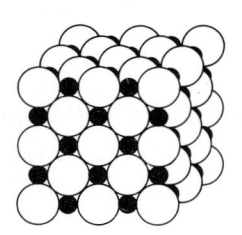

⊖ Chlorid–Ion

⊕ Natrium–Ion

Die Kristallstruktur beschreibt die Anordnung der Teilchen im Kristallgitter. Die einfachste Kombination der am Aufbau des Gitters beteiligten Teilchen wird Elementarzelle genannt.

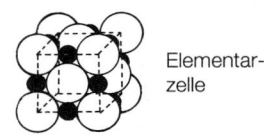

Elementarzelle

Die Kantenlänge einer solchen Natriumchlorid–Elementarzelle beträgt 0,56 Nanometer. Unzählige zusammengefügte Elementarzellen bilden schliesslich den grossen, sichtbaren Kristall.

Werden Kristalle pulverisiert, wird zwar ihre äussere Form verändert, sie behalten jedoch ihre kristalline Struktur bei. Das feinste Kristallstaubpartikel besteht immer noch aus einer Ansammlung von Millionen von Elementarzellen.
Das Kristallgitter einer Elementarzelle kann durch mechanische Zerkleinerungsmethoden nicht zerstört werden; dies ist nur durch Schmelzen oder Lösen möglich.

Kristalle, die einzeln und in ausgeprägter Kristallform vorliegen, werden Einkristalle genannt.
Beispiele: Bergkristall, Diamant

Oft liegen Kristalle in einer Vielzahl miteinander verwachsener Einkristalle als polykristallines Material vor.
Beispiel: Metalle

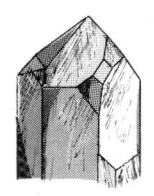

Umkristallisieren

Physikalische Grundlagen

3. Solvate, Hydrate

Moleküle oder Ionen, die sehr hohe Anziehungskräfte besitzen, können beim Aufbau eines Kristallgitters Lösemittel- resp. Wassermoleküle in das Gitter einbauen. Es entstehen Solvate oder im Falle von Wasser Hydrate.
Beispiel: Gipskristalle enthalten im Kristallgitter zwei Moleküle Wasser auf jedes Calciumsulfat–Ionenpaar.

Wird ein solcher Kristall genügend aufgeheizt, gibt er das eingebaute Lösemittel resp. Wasser wieder ab. Dabei zerfällt das Kristallgitter und wird nun ohne Lösemittel resp. Wasser in einer andern Form wieder aufgebaut. Dieser Vorgang ist meist umkehrbar.

4. Einschlüsse

Durch Erschütterungen oder zu rasches Abkühlen während der Kristallisation können Fremdstoffe (auch Lösemittel) zwischen den einzelnen Kristallschichten (Elementarzellen) eingeschlossen werden.

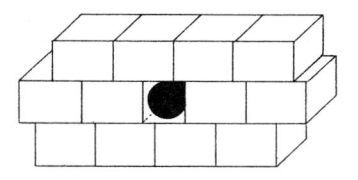

5. Mischkristalle

Ein Kristallgitter kann auch unter Beteiligung unterschiedlicher Substanzen aufgebaut werden. In diesem sog. Mischkristall werden einige Gitterplätze von Fremdteilchen besetzt.

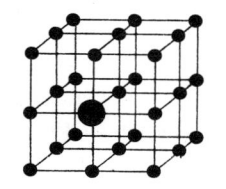

Es können jedoch auch vom Kristallsystem her verwandte Elementarzellen in den Kristall eingebaut sein.

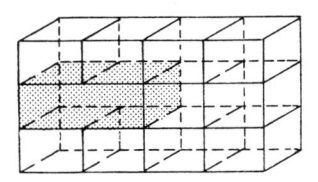

Allgemeine Grundlagen

1. Umkristallisieren

Unter Umkristallisieren wird das Zerstören des Kristallgitters beim Lösungsvorgang und der anschliessende Wiederaufbau des Gitters beim Auskristallisieren verstanden.

Um möglichst reine Kristalle zu erhalten wird meist fraktioniert kristallisiert. Die erste Kristallfraktion entsteht in der Regel beim Abkühlen der Lösung auf Raumtemperatur. Weitere Fraktionen werden durch weiteres Abkühlen oder teilweises Eindampfen der Lösung gewonnen. Dabei kann bereits Verunreinigung mit dem Produkt auskristallisieren.

Für eine erfolgreiche Umkristallisation muss über die zu reinigende Substanz (und evtl. über die enthaltenen Verunreinigungen) bekannt sein:
- chemische Eigenschaften
- Polarität
- Löslichkeit
- Schmelzpunkt resp. Zersetzungspunkt

2. Lösemittelwahl

Die Wahl des geeigneten Lösemittels richtet sich im wesentlichen nach den chemischen Eigenschaften, der Löslichkeit und dem Schmelzpunkt der Substanz.
Stehen mehrere Lösemittel zur Auswahl, müssen die Brennbarkeit, die Giftigkeit und die Möglichkeiten des Regenerierens berücksichtigt werden.

2.1 Chemische Eigenschaften
Das zum Lösen der Substanz benötigte Lösemittel muss sich inert verhalten, d. h., es darf beim Lösen keine chemische Reaktion erfolgen.

2.2 Löslichkeit der Substanz
Die Substanz ist am besten in einem Lösemittel ähnlicher Polarität zu lösen.
Die Löslichkeit der Substanz in einem bestimmten Lösemittel ist von der Temperatur abhängig.

Umkristallisieren

Allgemeine Grundlagen

Bei einer Umkristallisation spielt der Verlauf der temperaturabhängigen Löslichkeit eine grosse Rolle.

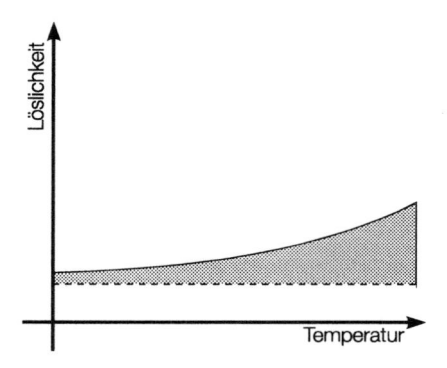

Ist die Löslichkeitsdifferenz zwischen heissem und kaltem Lösemittel gering, kristallisiert beim Abkühlen der Lösung nur wenig Substanz aus und es bleibt viel in Lösung.

Mit folgenden Methoden kann die Menge an kristallisierter Substanz erhöht werden:
- abdestillieren des Lösemittels bis eine Trübung sichtbar ist
- sättigen der Lösung mit einem anderen Stoff (aussalzen)
- mischen mit einem anderen Lösemittel, welches die Löslichkeit der Substanz herabsetzt (verändern der Polarität)

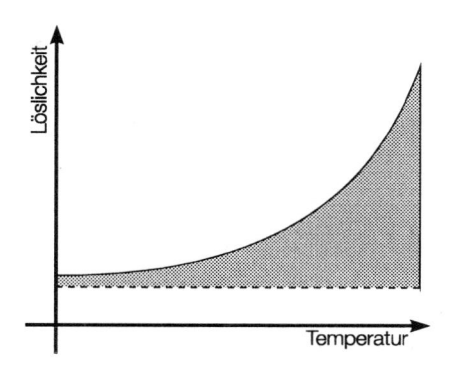

Ist die Löslichkeitsdifferenz zwischen heissem und kaltem Lösemittel gross, kristallisiert beim Abkühlen der Lösung viel Substanz aus und es bleibt wenig in Lösung.

Diese Methode wird hauptsächlich bei der Umkristallisation mit heissem Lösemittel angewendet.

Allgemeine Grundlagen

2.3 Löslichkeit der Verunreinigung
Die durch Umkristallisieren zu entfernenden chemischen Verunreinigungen müssen gegenüber der zu reinigenden Substanz eine unterschiedliche Löslichkeit aufweisen. Dabei sind zwei Varianten möglich:
- Die Verunreinigung ist in heissem Lösemittel unlöslich und kann durch Klärfiltration von der Lösung abgetrennt werden.
- Die Verunreinigung ist in kaltem Lösemittel löslich. Beim Abkühlen der Lösung kristallisiert nur die reine Substanz aus, die Verunreinigung bleibt in Lösung.

2.4 Schmelzpunkt der Substanz
Um das Lösungsvermögen eines Lösemittels möglichst vollständig auszunützen, wird dieses meist bis zum Siedepunkt erhitzt. Der Siedepunkt des Lösemittels muss unterhalb des Schmelzpunkts resp. Zersetzungspunkts der Substanz liegen.

2.5 Siedepunkt des Lösemittels
Liegt der Siedepunkt des Lösemittels über dem Schmelzpunkt der Substanz, schmilzt die Substanz, bevor sie sich löst. Sie fällt beim Abkühlen der Lösung als Schmelze an und erstarrt, anstatt aus der Lösung zu kristallisieren.
In diesem Fall wird bei einer Temperatur gelöst, die tiefer ist als die Schmelztemperatur. Zum Lösen der gleichen Menge Substanz wird mehr Lösemittel benötigt — und beim Abkühlen kristallisiert weniger Substanz aus: es entstehen Verluste.

Um eine Umkristallisation heiss durchzuführen, eignen sich Lösemittel mit tiefen Siedepunkten, wie z. B. Diethylether und Dichlormethan, wegen dem kleinen Temperaturbereich schlecht.

Umkristallisieren

Reinigen eines Rohprodukts

Das folgende Schema gibt einen Überblick über einen möglichen Ablauf einer Umkristallisation mit heissem Lösemittel:

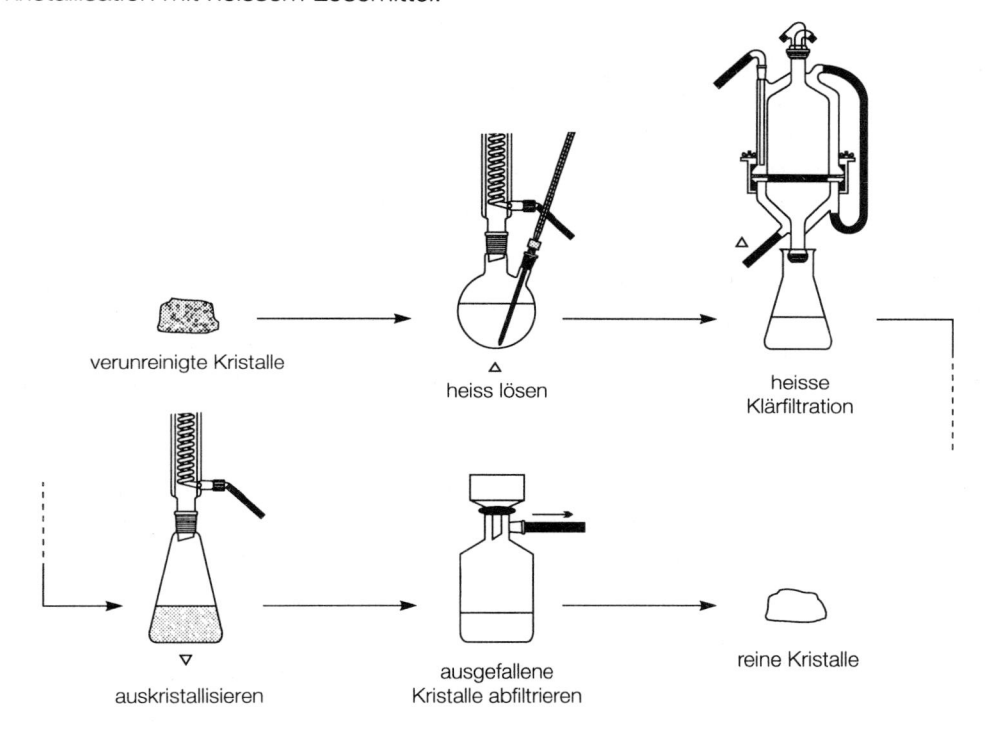

verunreinigte Kristalle → heiss lösen → heisse Klärfiltration → auskristallisieren → ausgefallene Kristalle abfiltrieren → reine Kristalle

1. Vorbereitungen

1.1 Vorprobe
Qualitative Vorporbe
- wenig Substanz in einem Reagenzglas vorlegen
- mit einigen Tropfen des gewählten Lösemittels suspendieren
- zum Sieden erhitzen
  evtl. tropfenweise Lösemittel zugeben, bis die Substanz gelöst ist
- bis zur Kristallisation abkühlen

Löst sich die Substanz kalt zu gut (A) oder heiss zu schlecht (B), muss die Vorprobe mit einem anderen Lösemittel wiederholt werden.

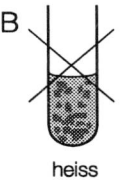

A: kalt und heiss gut löslich

B: heiss schlecht löslich

Umkristallisieren

Reinigen eines Rohprodukts

In einem geeigneten Lösemittel löst sich die Substanz kalt schlecht und heiss gut.

kalt schlecht, heiss gut löslich

heiss schwach getrübt oder gefärbt

heiss klar farblos

Erscheint die heisse Lösung durch Verunreinigungen gefärbt, wird etwas Aktivkohle oder ein anderes Adsorptionsmittel zugegeben und nochmals kurz zum Sieden erhitzt.

Aktivkohle △

Die Lösung wird heiss filtriert und anschliessend bis zur Kristallisation abgekühlt.

kristallisieren

Die erhaltenen Kristalle werden isoliert, gewaschen und auf einer Tonscherbe getrocknet.

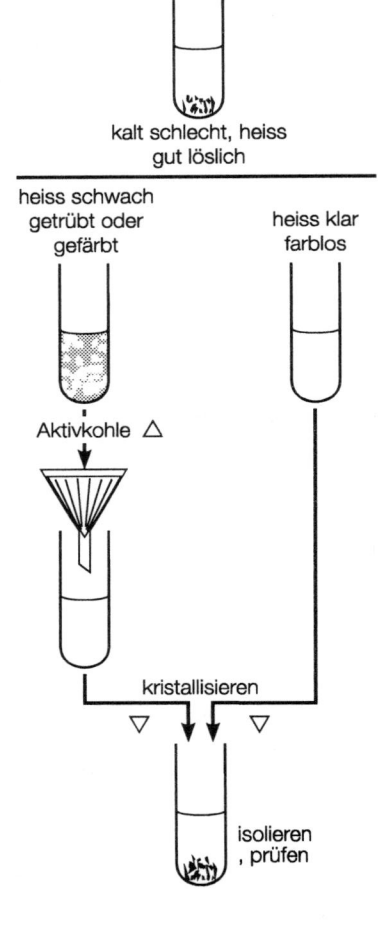

isolieren, prüfen

Zur Prüfung des Reinigungserfolgs wird die Qualität visuell, mittels Schmelzpunktbestimmung oder durch chromatographische Methoden mit der des Ausgangsprodukts verglichen.

Quantitative Vorprobe
- Ist das geeignete Lösemittel gefunden worden, muss in einer zweiten Vorprobe das quantitative Verhältnis (Substanz/Lösemittel) bestimmt werden. Dabei soll auch die ungefähre Kristallisationstemperatur ermittelt werden.
Ist aufgrund der quantitativen Vorprobe eine schlechte Ausbeute erreicht worden, muss evtl. ein anderes Lösemittel gesucht werden.

Umkristallisieren

Reinigen eines Rohprodukts

1.2 Apparative Vorbereitungen

Die pulverisierte Substanz wird gewogen und die Lösemittelmenge aufgrund der Vorprobe berechnet. Es wird ein Vergleichsmuster zurückbehalten.

Die Apparatur muss so aufgebaut sein, dass
- keine Lösemitteldämpfe austreten können, und bei Bedarf weiteres Lösemittel zudosiert werden kann
- beim wasserfreien Arbeiten keine Luftfeuchtigkeit aufgenommen wird
- evtl. die Temperatur des Gemisches gemessen werden kann
- das Heizbad leicht entfernt werden kann

Es muss darauf geachtet werden, dass das Gemisch im Kolben nicht überhitzt und ein Siedeverzug verhindert wird.

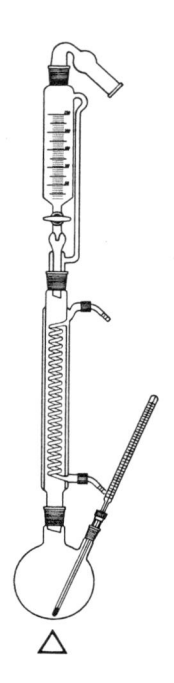

2. Lösen

Zum Lösen werden vorerst nur etwa 3/4 der Lösemittelmenge eingesetzt, da diese bei der Vorprobe nicht genau ermittelt werden kann.
Das Gemisch wird in der Regel bis zum Siedepunkt erhitzt. Löst sich die Substanz nicht vollständig, wird vom restlichen Lösemittel bei Siedetemperatur soviel zugetropft, bis alles in Lösung ist. Eventuell enthaltene unlösliche Anteile dürfen nicht mit ungelöster Substanz verwechselt werden (siehe: Vorprobe)!
Muss die Lösung klärfiltriert werden, wird der ungefähre Sättigungsgrad ermittelt. Die Lösung sollte dazu um ca. 10 °C abgekühlt werden, ohne dass die gelöste Substanz zu kristallisieren beginnt; sonst muss die Lösung durch weitere Zugabe von Lösemittel verdünnt werden.

Muss die Lösung bei einer tieferen Temperatur als die des Siedepunkts klärfiltriert werden, sollte die Substanz bis etwa 5–10 °C unterhalb der Filtrationstemperatur in Lösung bleiben.

Reinigen eines Rohprodukts

Der ganze Lösevorgang soll rasch durchgeführt werden; unnötig langes Kochen kann die Substanz chemisch verändern.

Ist die entstandene Lösung farblos, klar und frei von Schwebstoffen, kann sie direkt zur Kristallisation gebracht werden; andernfalls muss die Lösung oder Suspension vorgängig gereinigt werden.

2.1 Reinigen der Lösung

Die Lösung wird mit einem geeigneten Adsorptionsmittel versetzt (z. B. Aktivkohle bei polaren Lösemitteln oder Tonsil bei unpolaren Lösemitteln).
Es werden 1 % bis 3 % Adsorptionsmittel (Adsorbens), bezogen auf die gelöste Menge der Substanz, zugesetzt. Bei Verwendung von zuviel Adsorbens besteht die Gefahr, dass nebst der Verunreinigung auch vermehrt Substanz adsorbiert wird und damit ein Verlust eintritt.

Die Lösung wird auf einige Grad unter dem Siedepunkt abgekühlt, das Adsorbens sorgfältig zugefügt und die entstandene Suspension nochmals ca. 10 Minuten zum Rückfluss aufgekocht. Anschliessend wird durch Klärfiltration das Adsorptionsmittel abgetrennt.

Während der Klärfiltration muss die Temperatur über der ermittelten Kristallisationstemperatur aber unterhalb des Siedepunkts des Lösemittels liegen.
Wurde ein Adsorbens zugesetzt, wird über ein Hyflopapier oder Hartfilter filtriert, oder man benützt ein normales, mit einer Kohle- bzw. einer Hyflosuspension vorbehandeltes Filterpapier.
Nach der Filtration werden Geräte und Filter mit reinem, heissem Lösemittel nachgespült (möglichst wenig verwenden, da sonst nach dem Abkühlen zuviel Substanz in Lösung bleibt).

3. Kristallisieren aus der Lösung

Sollte bei der Filtration durch Abkühlung im Auffanggefäss bereits Substanz kristallisiert sein, darf nicht weiter abgekühlt werden. Die Substanz muss in diesem Fall durch nochmaliges Erhitzen wieder gelöst werden.
Aus der gereinigten Lösung wird die Substanz unter Rühren durch Abkühlen kristallisiert. Dabei darf nicht schockartig abgekühlt werden, da bei schnellem Kristallisieren die Gefahr der Bildung von Einschlüssen gross ist.

Umkristallisieren

Reinigen eines Rohprodukts

4. Isolieren der Kristalle

Die Kristalle werden durch Filtration bei vermindertem Druck von der Lösung abgetrennt. Die Gefässe können mit der Mutterlauge nachgespült werden.
Die den Kristallen anhaftende Mutterlauge enthält gelöste Verunreinigungen, die durch Waschen mit wenig kaltem Lösemittel — in kleinen Portionen — entfernt werden müssen.
Hochsiedende Lösemittel, die sich bei der Trocknung schlecht entfernen lassen, können durch Waschen mit einem geeigneten tiefer siedenden Lösemittel entfernt werden.
Um die Kristalle vor Feuchtigkeit und Schmutz zu schützen, soll nicht unnötig lang Luft durchgesaugt werden. Die Mutterlauge wird zur Aufarbeitung aufbewahrt.

Die feuchten Kristalle werden getrocknet (1. Fraktion), dann die Ausbeute bestimmt. Entspricht diese nicht den Erwartungen (z. B. Literaturwert), muss die Mutterlauge aufgearbeitet werden (Fraktion 2, 3 etc.).

4.1 Aufarbeiten der Mutterlauge
Das Aufarbeiten der Mutterlauge kann durch weiteres Abkühlen bis zur erneuten Kristallisation (2. Fraktion) geschehen. Erfolgt keine Kristallbildung mehr, kann die Mutterlauge am Rotationsverdampfer eingeengt werden, bis eine leichte Trübung sichtbar wird. Durch Abkühlen können nun weitere Kristalle gewonnen werden.
Die Mutterlauge kann auch vollständig eingedampft und der Rückstand erneut umkristallisiert werden. Die verwendeten Lösemittel sind nach Möglichkeit zu sammeln und zu regenerieren.

4.2 Reinheitskontrolle
Die erhaltenen Fraktionen werden mit dem Rohprodukt verglichen.
Möglichkeiten dazu sind:
- Chromatographie
- Schmelzpunktbestimmung
- Spektroskopie
- spez. Analysenmethode wie Elementaranalyse, Titration etc.

Fraktionen gleicher Qualität werden vereinigt.
Entspricht die Qualität der erhaltenen Kristalle nicht den gestellten Anforderungen, kann die Substanz einer erneuten Umkristallisation, womöglich aus einem anderen Lösemittel, unterzogen werden.

Spezielle Methoden

1. Kristallisieren aus verdünnten Lösungen

Diese Umkristallisations-Methode wird angewendet, wenn z. B. die Substanz einen unlöslichen Rückstand enthält oder die Kristallisationstemperatur sehr nahe beim Siedepunkt des Lösemittels liegt.

Die Substanz wird mit einem Lösemittelüberschuss heiss gelöst. Die Klärfiltration kann auch bei vermindertem Druck erfolgen, da hier ein geringer Lösemittelverlust keinen Einfluss auf die Kristallisation hat.
Nach dem Klären wird bis zum heiss gesättigten Zustand, d. h. bis zur beginnenden Trübung, eingeengt und dann durch Abkühlen auskristallisiert.

2. Kristallisieren aus Lösemittelgemischen

Ist keines der herkömmlichen Lösemittel optimal geeignet, kann aus Lösemittelgemischen umkristallisiert werden. Die zu verwendenden Lösemittel müssen untereinander mischbar sein. Das Gemisch muss die gleichen Anforderungen erfüllen, die an ein reines Lösemittel gestellt werden.

3. Kristallisieren durch Verdrängen

Ist das Mischungsverhältnis von der Vorprobe her nur annähernd bekannt, wird die Substanz in der ermittelten Menge des besser lösenden Lösemittels kalt gelöst. Diese Lösung kann ohne Kristallisationsgefahr geklärt werden.
Nach dem Klären wird die Lösung zum Sieden erhitzt und vom schlechter lösenden Lösemittel soviel zugetropft, bis sich das Gemisch zu trüben beginnt. Durch Zugabe von einigen Tropfen des ersten Lösemittels wird wieder eine klare Lösung erhalten, die dann durch Abkühlen zum Kristallisieren gebracht werden kann.

Ist das Mischungsverhältnis genau bekannt, kann das Lösemittelgemisch vorbereitet und direkt damit gearbeitet werden.

Destillation, Grundlagen

Allgemeine Grundlagen — **103**
    1. Aggregatzustand — 103
    2. Verdampfen/Kondensieren — 103
    3. Dampfdruck — 103
    4. Verdunsten/Sieden — 105
    5. Siedetemperatur — 105
    6. Verdampfungswärme — 107

Siedeverhalten von binären Gemischen — **108**
    1. Ideale Gemische — 108
    2. Azeotrope Gemische — 111

Durchführen einer Destillation — **115**
    1. Grundsätzlicher Aufbau einer Destillationsapparatur — 115
    2. Destillationsverlauf eines idealen binären Gemisches — 116
    3. Heizen — 116
    4. Messen der Siedetemperatur — 118
    5. Fraktionieren — 118

Destillation, Grundlagen

Die Destillation ist eine der ältesten Trennungsmethoden für flüssige resp. geschmolzene Gemische. Dabei werden die einzelnen Komponenten verdampft und der wegströmende Dampf wieder kondensiert.

Die dazu benötigten Geräte wurden im Laufe der Zeit immer weiter entwickelt. Mit modernen Destillationsanlagen sind Gemische von Substanzen trennbar, deren Siedepunkte nur Teile von Graden auseinanderliegen.

Destillation, Grundlagen

Allgemeine Grundlagen

1. Aggregatzustand

Die Teilchen (Moleküle) eines Stoffes werden durch gegenseitige Anziehung mehr oder weniger zusammengehalten. Von dieser Anziehung hängt es weitgehend ab, in welchem Aggregatzustand sich ein Stoff bei einer bestimmten Temperatur und einem bestimmten Druck befindet.

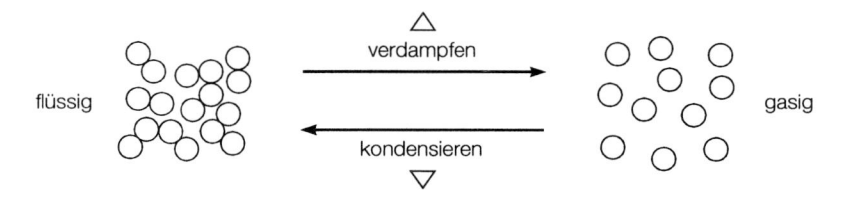

flüssig ⇄ (verdampfen / kondensieren) gasig

Ein Stoff ist flüssig, wenn die Bewegungsenergie (kinetische Energie) der Teilchen etwa gleich gross ist wie ihre gegenseitige Anziehung:
Die Teilchen können sich gegeneinander verschieben.

Ein Stoff ist gasig, wenn die Bewegungsenergie (kinetische Energie) der Teilchen so gross ist, dass ihre gegenseitige Anziehung überwunden ist:
Die Teilchen sind frei beweglich.

2. Verdampfen/Kondensieren

Der Übergang vom flüssigen in den gasigen Aggregatzustand wird als Verdampfen bezeichnet, er ist mit Zufuhr von Wärmeenergie verbunden. Diese Wärmeenergie wird in Bewegungsenergie umgewandelt. Dabei werden Teilchen frei beweglich und gehen aus der Flüssigkeit in den umgebenden Raum.

Den Übergang vom gasigen in den flüssigen Aggregatzustand bezeichnet man als Kondensieren; bei diesem Vorgang wird Energie frei.

3. Dampfdruck

Die Moleküle eines Stoffes haben bei jeder Temperatur eine bestimmte Teilchenbewegung; unter ihnen befinden sich solche, die infolge ihrer momentan grossen Bewegungsenergie die Oberfläche des Stoffes verlassen können.
In einem geschlossenen System stellt sich über einer Flüssigkeit ein temperaturabhängiger Gleichgewichtszustand ein: Es treten gleichviele Teilchen pro Zeiteinheit aus der Flüssigkeit aus, wie Dampfteilchen in die Flüssigkeit zurückkehren.

Destillation, Grundlagen

Allgemeine Grundlagen

Die sich über der Flüssigkeit befindlichen Teilchen (Moleküle) erzeugen gegen die Umgebung (Gefässwand, Luft) einen Druck, der als Dampfdruck bezeichnet wird. Der Dampfdruck ist ein Mass für das Bestreben von Molekülen, aus dem flüssigen (oder festen) in den gasigen Aggregatzustand überzugehen.

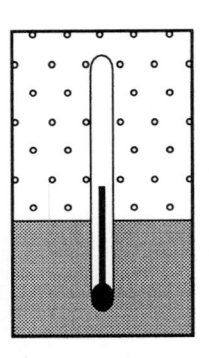

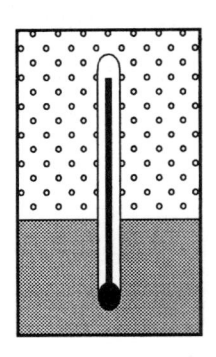

Der Dampfdruck ist temperaturabhängig. Beim absoluten Nullpunkt (0 Kelvin) ist der Dampfdruck gleich Null. Je höher die Temperatur ist, umso mehr Moleküle treten pro Zeiteinheit aus der Flüssigkeit aus und umso höher ist der Dampfdruck.

Der Dampfdruck nimmt mit zunehmender Temperatur nicht linear zu; jeder Stoff besitzt eine spezifische Dampfdruckkurve:

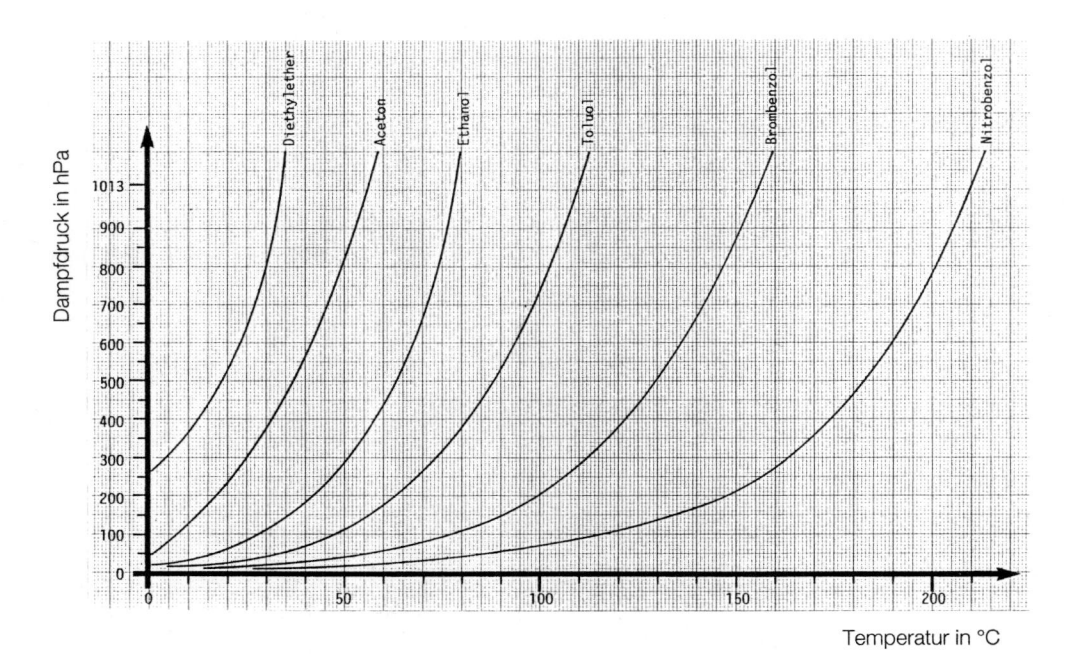

Destillation, Grundlagen

Allgemeine Grundlagen

4. Verdunsten/Sieden

4.1 Verdunsten
Vorgang unterhalb der Siedetemperatur

- Der Dampfdruck der Flüssigkeit ist kleiner als der Umgebungsdruck.
- Pro Zeiteinheit treten wenig Teilchen aus der Flüssigkeit aus.
- Gasteilchen bilden sich nur an der Oberfläche.
- Die benötigte Wärmeenergie wird der Umgebung entzogen, die Flüssigkeit kühlt sich dabei ab.

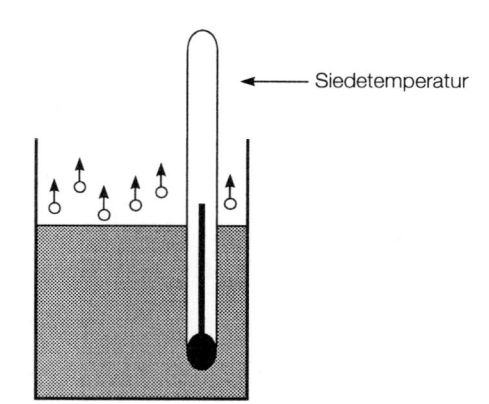

4.2 Sieden
Vorgang bei Siedetemperatur

- Der Dampfdruck der Flüssigkeit ist gleich dem Umgebungsdruck.
- Pro Zeiteinheit treten viele Teilchen aus der Flüssigkeit aus.
- Gasteilchen bilden sich in der ganzen Flüssigkeit.
- Die benötigte Wärmeenergie muss durch Heizen zugeführt werden.

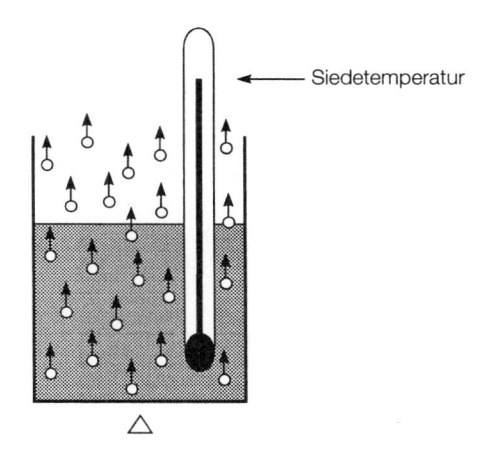

5. Siedetemperatur

Die Siedetemperatur einer Flüssigkeit ist diejenige Temperatur, bei welcher ihr Dampfdruck gleich gross wie der Umgebungsdruck ist.

Die Siedetemperatur ist druckabhängig. Mit zunehmendem Umgebungsdruck steigt die Siedetemperatur, mit abnehmendem Umgebungsdruck sinkt sie. Hochsiedende oder temperaturempfindliche Stoffe können dadurch unter vermindertem Druck bei tieferer Siedetemperatur destilliert werden:

Destillation, Grundlagen

Allgemeine Grundlagen

	Druck	Herabsetzen des Siedepunkts um:
Fabrikvakuum	ca. 130 hPa	ca. 50 °C
Wasserstrahlvakuum	ca. 20 hPa	ca. 100 °C – 120 °C
Membranpumpe	ca. 1 hPa	ca. 150 °C – 200 °C
Feinvakuum	ca. 0,1 hPa	ca. 200 °C – 250 °C

5.1 Tabelle zum Ermitteln der Siedetemperatur

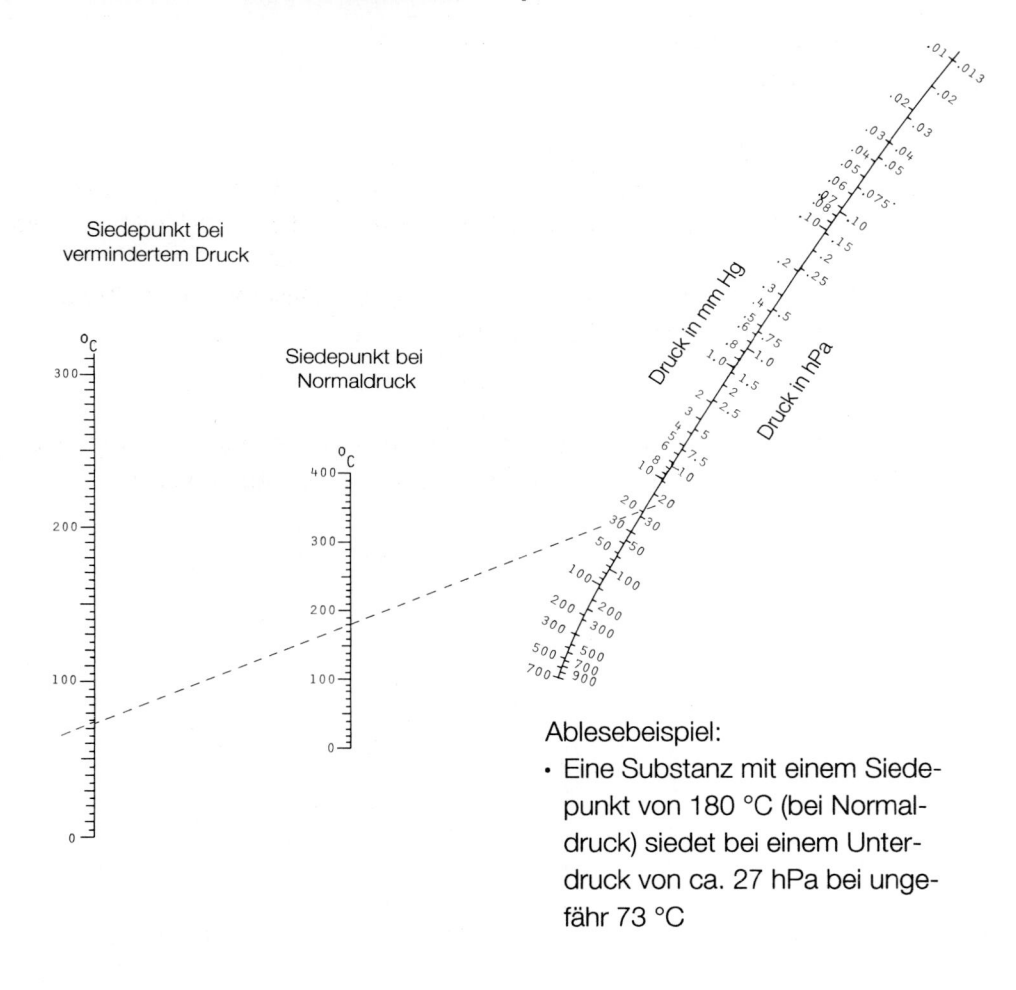

Siedepunkt bei vermindertem Druck

Siedepunkt bei Normaldruck

Druck in mm Hg

Druck in hPa

Ablesebeispiel:
- Eine Substanz mit einem Siedepunkt von 180 °C (bei Normaldruck) siedet bei einem Unterdruck von ca. 27 hPa bei ungefähr 73 °C

6. Verdampfungswärme

Hat eine Flüssigkeit ihre Siedetemperatur erreicht, dann verdampft sie, ohne dass die Temperatur weiter ansteigt.

Während des Verdampfens muss der Flüssigkeit ständig Energie zugeführt werden. Diese Verdampfungswärme dient zum Überwinden der Anziehungskräfte der Moleküle.

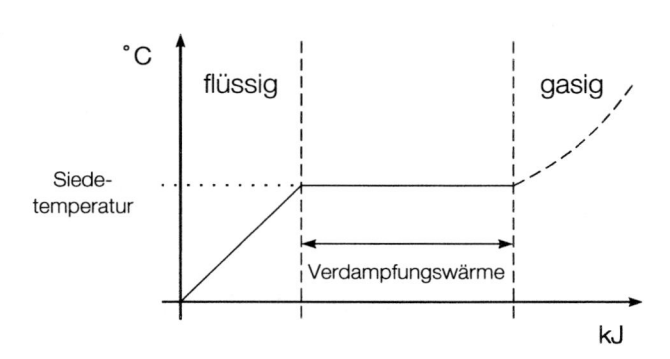

6.1 Spezifische Verdampfungswärme

Die spezifische Verdampfungswärme ist die Wärmemenge (kJ), die nötig ist, um 1 kg Flüssigkeit ohne Temperaturänderung zu verdampfen. Die Einheit wird in kJ/kg angegeben.

Die Verdampfungswärme eines Stoffes ist gleich, ob die Flüssigkeit durch Sieden oder durch Verdunsten in den gasigen Zustand übergeht.

Alle Grundlagen betreffend Verdampfen und Verdampfungswärme gelten im umgekehrten Sinn auch für die Begriffe Kondensieren und Kondensationswärme.

Destillation, Grundlagen

Siedeverhalten von binären Gemischen

Ein siedendes binäres Gemisch besteht aus diesen beiden Komponenten ○ ■
Der Dampfdruck dieses Gemisches setzt sich zusammen aus den Dampfdrücken der einzelnen Komponenten.
Im Siedeverhalten unterscheidet man zwischen idealen und azeotropen Gemischen.

1. Ideale Gemische

Ideale Gemische werden durch folgende Kriterien charakterisiert:
- Die Anziehungskräfte (vorwiegend die Polarität) zwischen gleichartigen und verschiedenen Molekülen sind gleich gross

○⟷○   ■⟷■   ○⟷■

Die Siedetemperatur liegt zwischen dem Siedepunkt der niedersiedenden und der höhersiedenden Komponente;
- Bei einer Destillation erhält man ein Gemisch mit laufend ändernder Zusammensetzung, wobei die Siedetemperatur steigt;
- Die Konzentration im vorgelegten Gemisch ändert sich laufend;
- Das Gemisch ist durch Destillation trennbar.

Dampfdrücke
Die einzelnen Dampfdrücke sind von der molaren Konzentration der vorliegenden Komponenten im Gemisch abhängig.

Der Gesamtdampfdruck eines idealen binären Gemisches setzt sich somit zusammen aus der Summe der Dampfdrücke der beiden Komponenten bei der betreffenden Temperatur, multipliziert mit dem Stoffmengenanteil im Gemisch.

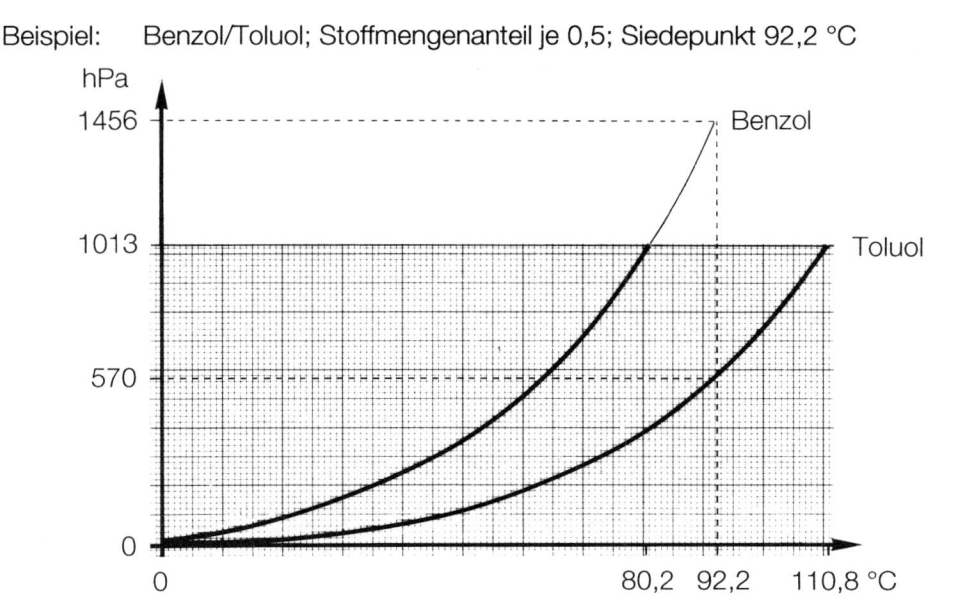

Destillation, Grundlagen

Siedeverhalten von binären Gemischen

Beispiel: Benzol/Toluol; Stoffmengenanteil je 0,5; Siedepunkt 92,2 °C

Bei der Siedetemperatur des Gemisches (92,2 °C) hätte Benzol theoretisch einen Dampfdruck von 1456 hPa, Toluol einen solchen von 570 hPa.

Anteil der Komponenten im Gemisch:

Stoffmengenanteil: Benzol 0,5 und Toluol 0,5

Anteil der Dampfdrücke bei Siedetemperatur:

Benzol = 1456 hPa · 0,5 = 728 hPa

Toluol = 570 hPa · 0,5 = 285 hPa

Gesamtdampfdruck = 1013 hPa

Siedetemperatur

Die Temperatur des siedenden Gemisches befindet sich zwischen den Siedetemperaturen der reinen Komponenten; je nach Mengenverhältnis und Einzeldampfdruck liegt sie näher beim Siedepunkt der einen oder der anderen Komponente.
Die Siedetemperatur des Gemisches ist somit abhängig vom Stoffmengenanteil und den Dampfdrücken der Komponenten.

Destillation, Grundlagen

Siedeverhalten von binären Gemischen

Zusammensetzung des Dampfes
Die Zusammensetzung des Dampfes entspricht dem Dampfdruckverhältnis der beiden Komponenten; im vorherigen Beispiel, Benzol 728 hPa und Toluol 285 hPa, ergibt dies eine Zusammensetzung von ca. 7 + 3 Teilen, d. h. Stoffmengenanteil Benzol = 0,7 und Toluol = 0,3 bei einer Siedetemperatur von 92,2 °C.

Durch das Abdestillieren des niedersiedenden Anteils nimmt die Konzentration des höhersiedenden Anteils im Gemisch und somit auch die Gemisch–Siedetemperatur laufend zu.

Je weiter die Siedetemperaturen bzw. Dampfdrücke der zu trennenden Komponenten auseinander liegen, umso grösser ist die Anreicherung von niedersiedendem Anteil im Dampf, d. h. umso besser lässt sich ein solches Gemisch mittels Destillation trennen.

Gleichgewichtsdiagramm
Mit Hilfe eines Gleichgewichtsdiagrammes kann festgestellt werden, ob die Trennung eines idealen Gemisches durch Destillation leicht oder nur mit grossem Aufwand möglich ist.

Das Diagramm zeigt bei einem bestimmten Druck die Konzentrationsverhältnisse der leichtflüchtigeren Komponente im Dampf und im Gemisch.

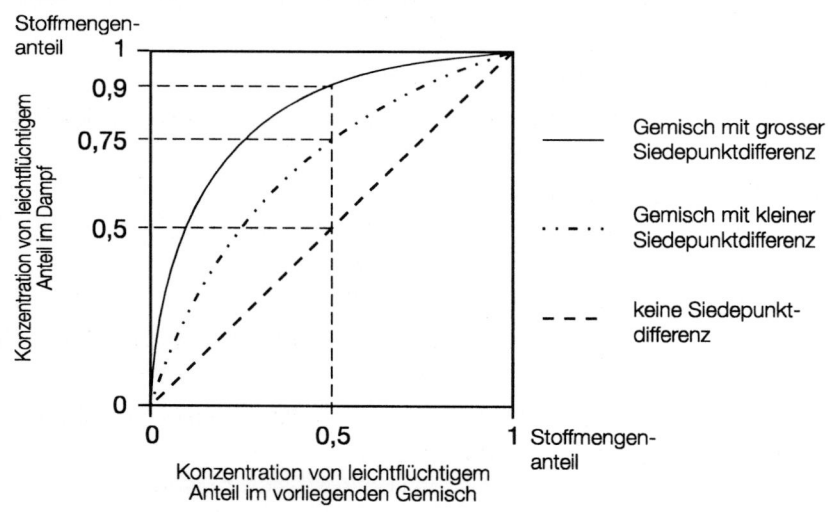

Die stark gewölbte Kurve zeigt eine gute, die schwach gewölbte Kurve eine schlechte und die Gerade gar keine Trennbarkeit des Gemisches. Die einzelnen Messpunkte der Kurve lassen sich experimentell oder mathematisch ermitteln.

Destillation, Grundlagen

Siedeverhalten von binären Gemischen

2. Azeotrope Gemische

Azeotrope Gemische werden in Minimum- und Maximumazeotrop unterteilt.

2.1 Minimumazeotrop

Minimumazeotrope werden durch folgende Kriterien charakterisiert:
- Die Anziehungskräfte zwischen verschiedenartigen Molekülen sind kleiner als zwischen gleichartigen:

  ○⟵■   ○⟵→○   ■⟵→■

- Der Siedepunkt des abdestillierenden Gemisches liegt unterhalb des Siedepunkts der tiefersiedenden Komponente (Dampfdruckaddition);
- Zuerst destilliert das azeotrope Gemisch in konstanter Zusammensetzung und bei konstanter Temperatur bis nur noch eine Komponente zurück bleibt;
- Die Konzentration des destillierenden Azeotropes ist nicht abhängig von der Zusammensetzung des Gemisches in der Vorlage;
- Das Azeotrop verhält sich wie eine reine Substanz und ist durch Destillation nicht trennbar.

Beispiel: Ethanol–Wasser Gemisch
Ethanol, Siedepunkt   : 78,3 °C
Wasser, Siedepunkt   : 100,0 °C
Siedetemperatur Gemisch : 78,2 °C
Zusammensetzung Dampf : w = 95,6 % Ethanol plus w = 4,4 % Wasser

Beispiel: Toluol–Wasser Gemisch
Toluol, Siedepunkt   : 110,8 °C
Wasser, Siedepunkt   : 100,0 °C
Siedetemperatur Gemisch : 85,0 °C
Zusammensetzung Dampf : w = 79,8 % Toluol plus w = 20,2 % Wasser

Nach dem Kondensieren sind die beiden Komponenten praktisch nicht mehr mischbar und bilden 2 Phasen.

Toluolphase: w = 99,95 % Toluol plus w = 0,05 % Wasser
Wasserphase: w = 99,94 % Wasser plus w = 0,06 % Toluol

Destillation, Grundlagen

Siedeverhalten von binären Gemischen

Dampfdrücke

Der Dampfdruck des siedenden Azeotrops bildet sich aus der Summe der Dampfdrücke der beiden Komponenten.

Die Zusammensetzung des Gesamtdampfdruckes wird durch Aufzeichnen der Dampfdruckkurven der Komponenten in ein Diagramm ermittelt.

Beim Schnittpunkt der Kurven erhält man die Dampfdruckverhältnisse und die Siedetemperatur des Gemisches. Aus diesen Werten lässt sich die Zusammensetzung des azeotropen Gemisches berechnen.

Beispiel: Destillation eines Gemisches von Toluol/Wasser bei Normaldruck

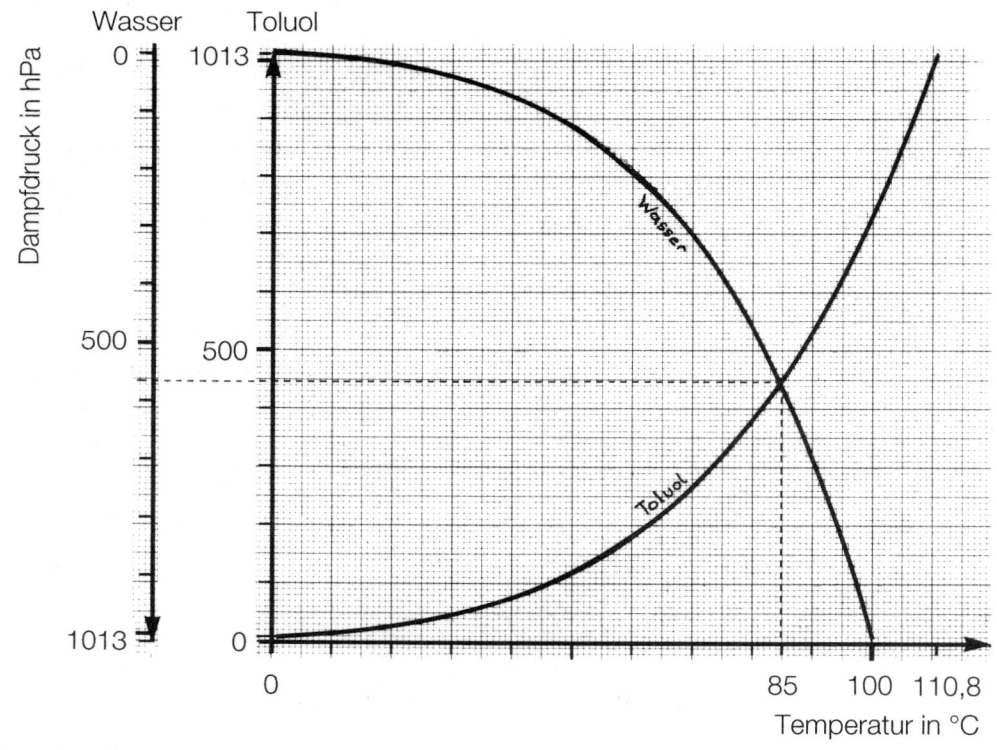

Aus dem Diagramm sind folgende Daten ersichtlich:

Siedepunkt des Gemisches : 85 °C
Dampfdruck des Toluols : 446 hPa
Dampfdruck des Wassers : 567 hPa
Gesamtdampfdruck : 1013 hPa

Destillation, Grundlagen

Siedeverhalten von binären Gemischen

Zusammensetzung des Dampfes
Aus dem Dampfdruckverhältnis der beiden Komponenten lässt sich die molare Zusammensetzung des Dampfes ableiten.

Dampfdruckverhältnis : 446 hPa Toluol/567 hPa Wasser
Molare Zusammensetzung : 4,46 mol Toluol/5,67 mol Wasser

Für die Praxis lässt sich das Massenverhältnis des Destillates berechnen:

$$\frac{4,46 \text{ mol} \cdot 92 \text{ g/mol}}{5,67 \text{ mol} \cdot 18 \text{ g/mol}} = \frac{410,3 \text{ g Toluol}}{102,1 \text{ g Wasser}} = \frac{\text{ca. 4 g Toluol auf}}{\text{ca. 1 g Wasser}}$$

Die Zusammensetzung des azeotropen Gemisches ist vom Druck abhängig.

2.2 Maximumazeotrope
Maximumazeotrope werden durch folgende Kriterien charakterisiert:
- Die Anziehungskräfte zwischen verschiedenartigen Molekülen sind grösser als zwischen gleichartigen

- Zuerst destilliert die überschüssige Komponente ab, bis die Konzentration des azeotropen Gemisches im Dampf und im Gemisch erreicht ist, dann destilliert das Gemisch in konstanter Zusammensetzung bei konstanter Temperatur;
- Der Siedepunkt des abdestillierenden Gemisches liegt über dem Siedepunkt der höhersiedenden Komponenten;
- Das Azeotrop verhält sich wie eine reine Substanz und ist durch Destillation nicht trennbar.

Beispiel: Chlorwasserstoff–Wasser (Salzsäurelösung)
Chlorwasserstoff, Siedepunkt : – 85 °C
Wasser, Siedepunkt : 100,0 °C
Siedetemperatur Gemisch : 108,6 °C
Zusammensetzung Dampf : w = 20,2 % Chlorwasserstoff plus
w = 79,8 % Wasser

Beim Destillieren einer w = 15 % Salzsäure destilliert zuerst Wasser ab, bis sich im Gemisch und im Dampf eine Konzentration von w = 20,2 % eingestellt hat.

Destillation, Grundlagen

Siedeverhalten von binären Gemischen

Beispiel: Cyclohexanol–Phenol
  Cyclohexanol, Siedepunkt : 160,0 °C
  Phenol, Siedepunkt : 182,2 °C
  Siedetemperatur Gemisch : 183,0 °C
  Zusammensetzung Dampf : w = 13,0 % Cyclohexanol plus
        w = 87,0 % Phenol

Die Zusammensetzung des azeotropen Gemisches ist vom Druck abhängig.

Destillation, Grundlagen

Durchführen einer Destillation

Destillation ist ein physikalisches Verfahren zur Trennung von zwei oder mehreren Stoffen. Diese Trennung beruht auf der Tatsache, dass die Stoffe bei gleichen Bedingungen unterschiedliche Dampfdrücke und somit unterschiedliche Siedetemperaturen besitzen.
Beim Destillationsvorgang wird der flüssige Stoff verdampft und der wegströmende Dampf wieder kondensiert.
Es können Flüssigkeiten und Feststoffe destilliert werden; die Destillation kann bei Normaldruck oder unter vermindertem Druck erfolgen.

1. Grundsätzlicher Aufbau einer Destillationsapparatur

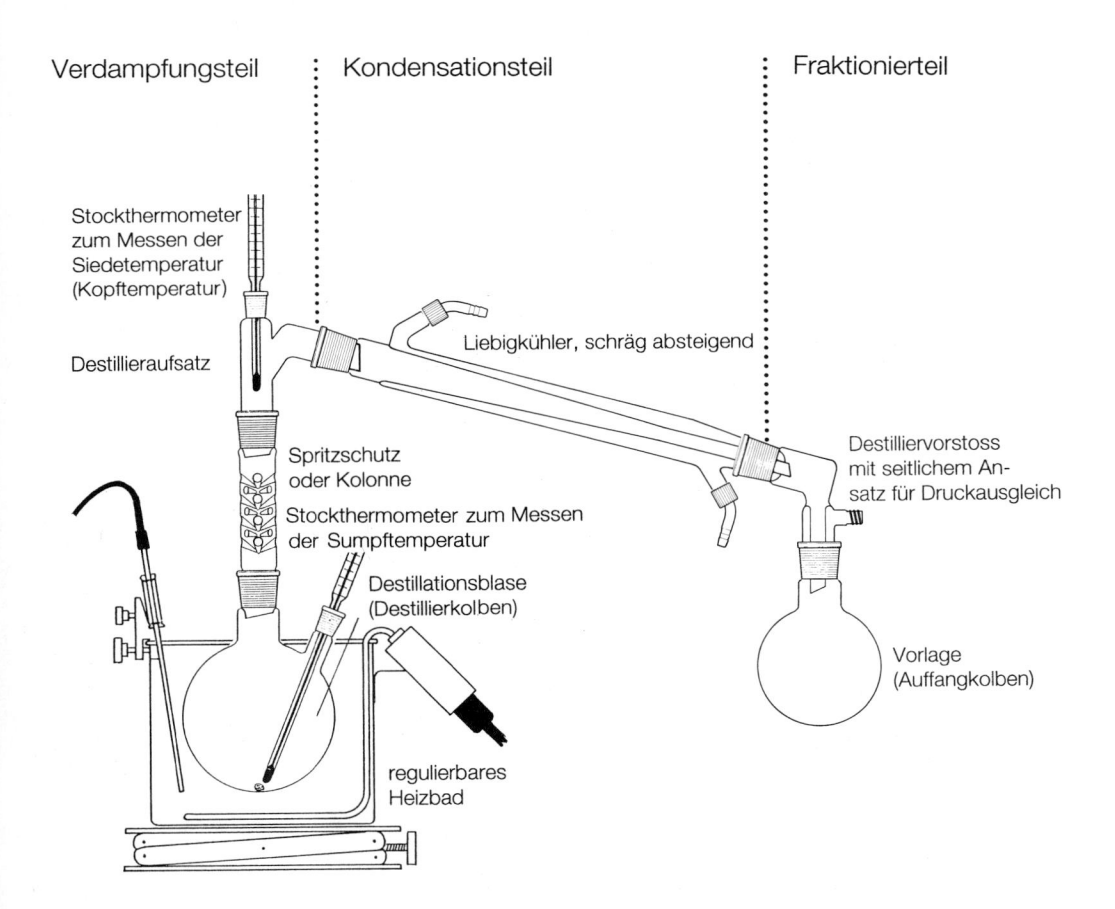

Verdampfungsteil | Kondensationsteil | Fraktionierteil

- Stockthermometer zum Messen der Siedetemperatur (Kopftemperatur)
- Destillieraufsatz
- Liebigkühler, schräg absteigend
- Spritzschutz oder Kolonne
- Stockthermometer zum Messen der Sumpftemperatur
- Destillationsblase (Destillierkolben)
- regulierbares Heizbad
- Destilliervorstoss mit seitlichem Ansatz für Druckausgleich
- Vorlage (Auffangkolben)

Destillation, Grundlagen

Durchführen einer Destillation

2. Destillationsverlauf eines idealen binären Gemisches

Das folgende Diagramm zeigt einen möglichen Verlauf bei der Destillation eines gut trennbaren, idealen binären Gemisches.

2.1 Verlauf der Destillationstemperatur

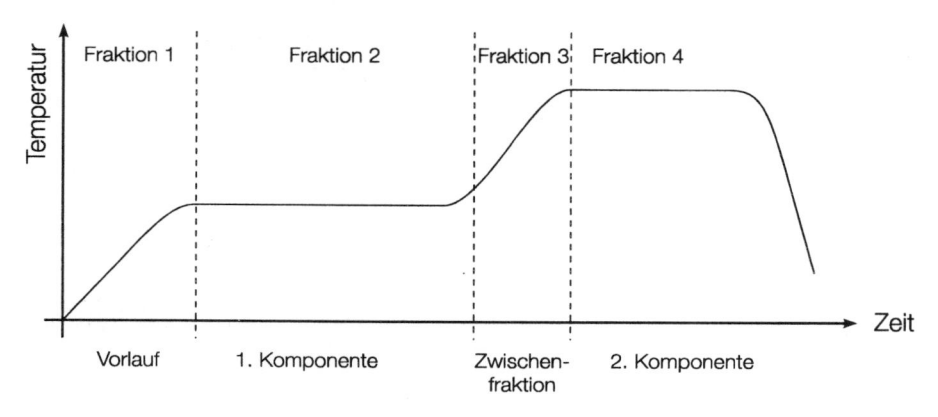

```
Temperatur
    ^
    |  Fraktion 1 | Fraktion 2        | Fraktion 3 | Fraktion 4
    |             |                   |            |
    |             |_____        |      _____|_____
    |            /            _____|_____/               \
    |           /                                            \
    |          /                                              \
    |         /                                                \___
    |_____/_____> Zeit
         Vorlauf   1. Komponente    Zwischen-    2. Komponente
                                    fraktion
```

Die Destillationstemperatur steigt zunächst bis zur Siedetemperatur der niedersiedenden Komponente an. Die Kopftemperatur bleibt dabei solange konstant, bis praktisch alle niedersiedenden Anteile abdestilliert sind.
Dann erfolgt ein Temperaturanstieg bis zur Siedetemperatur der höhersiedenden Komponente, wobei ein Gemisch mit laufend ändernder Zusammensetzung destilliert (Zwischenfraktion).
Danach destilliert die reine, höhersiedende Komponente bei konstanter Temperatur.

3. Heizen

Soll ein binäres Gemisch exakt getrennt werden, muss sorgfältig aufgeheizt werden. Die Badtemperatur ist ständig dem Verlauf der Destillation und der Destillationsgeschwindigkeit anzupassen (ca. 1 Tropfen Destillat/Sekunde). Grössere Temperaturschwankungen und Überhitzungen sind durch eine entsprechende Regelung des Heizbades zu vermeiden.
Die Destillationsblase soll während der ganzen Destillation möglichst tief in das Heizmedium eintauchen.

Destillation, Grundlagen

Durchführen einer Destillation

Das Diagramm zeigt den Temperaturverlauf im Heizbad, in der Destillationsblase (Sumpftemperatur) und im Aufsatz (Destillationstemperatur).

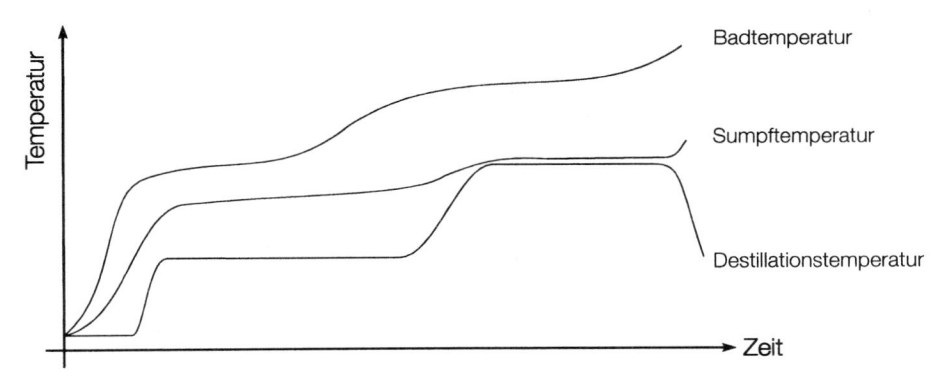

(Diagramm: Temperatur gegen Zeit mit den Kurven Badtemperatur, Sumpftemperatur und Destillationstemperatur)

Die Destillation ist beendet, wenn trotz Temperaturerhöhung im Heizbad die Destillationstemperatur sinkt.

3.1 Siedeverzug
Unter bestimmten Bedingungen (z. B. schlechte Wärmeverteilung) kann sich eine Flüssigkeit — ohne zu Sieden — einige Grade über ihre Siedetemperatur erhitzen. Dabei kann die geringste Erschütterung, oder die Zugabe eines Siedeerleichterers, ein plötzliches Verdampfen auslösen. Die nun austretenden Dampfblasen können einen grossen Teil der Flüssigkeit mitreissen.
Ein sehr ähnlicher Vorgang ist das Stossen. Die Dampfbläschen steigen nicht einzeln zur Flüssigkeitsoberfläche empor, sondern vereinigen sich am Boden des Gefässes zu grossen Dampfblasen, die dann plötzlich unter kräftigem Stossen an die Oberfläche aufsteigen. Diesen Vorgang beobachtet man häufig bei Flüssigkeiten mit Bodensatz.

Verhindern eines Siedeverzugs
Durch Rühren oder durch den Einsatz eines Siedeerleichterers wird die Wärmeverteilung in der Destillationsblase so verbessert, dass kein Siedeverzug entsteht.
Bei Normaldruckdestillationen können auch sog. Siedesteine bzw. ein Siedeholz eingesetzt werden; wurde der Siedevorgang unterbrochen, muss vor dem erneuten Aufheizen eine weiterer Siedeerleichterer zugegeben werden.
Bei vermindertem Druck wird ein Siedeverzug durch Rühren mit einem Magnetrührstäbchen oder Einsetzen einer Siedekapillare verhindert.

Durchführen einer Destillation

4. Messen der Siedetemperatur

Zur Messung der korrekten Siedetemperatur muss das Flüssigkeitsvorratsgefäss des Thermometers vollständig im Dampfstrom liegen.

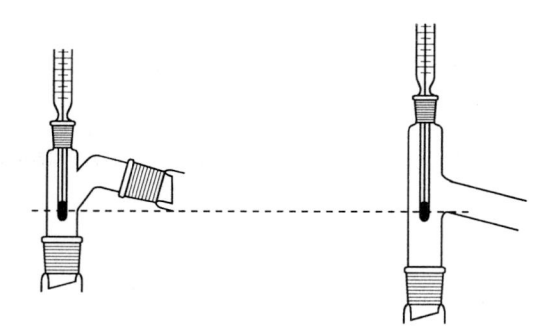

5. Fraktionieren

Bei der Trennung eines binären Gemisches wird das Destillat in verschiedenen Kolben aufgefangen (fraktioniert).

Zu Beginn der Destillation steigt die Siedetemperatur von Raumtemperatur an bis zur Siedetemperatur der niedersiedenden Komponente.
Das Destillat wird solange im ersten Kolben aufgefangen (Fraktion 1, Vorlauf), bis die Siedetemperatur konstant bleibt.
Dann erfolgt ein Fraktionenwechsel; die niedersiedende Komponente wird im zweiten Kolben (Fraktion 2) gesammelt.
Steigt die Siedetemperatur wieder an, wird der Kolben erneut gewechselt und das Destillat (Fraktion 3, Zwischenfraktion) solange gesammelt, bis die Siedetemperatur konstant ist.
Der Wechsel der Fraktionen wird nach dem beschriebenen Schema wiederholt, bis die Destillation beendet ist. Eine Farbänderung des Destillats (Zersetzungsprodukte) gegen Ende der Destillation verlangt ebenfalls einen Wechsel der Fraktion.

5.1 Reinheitskontrolle
Die Reinheit der erhaltenen Fraktionen kann durch Chromatographie, Spektroskopie oder spezielle Analysemethoden ermittelt werden.

Gleichstromdestillation

Allgemeine Grundlagen   **120**
    1. Verdampfungsteil   121
    2. Kondensationsteil/Fraktionierteil   122

Destillation von Flüssigkeiten bei Normaldruck   **123**
    1. Verdampfungsteil   123
    2. Kondensationsteil/Fraktionierteil   123
    3. Durchführen der Destillation   124

Destillation von Flüssigkeiten bei vermindertem Druck   **125**
    1. Verdampfungsteil   125
    2. Kondensationsteil/Fraktionierteil   125
    3. Durchführen der Destillation   127

Destillation von Feststoffen   **128**
    1. Apparatur   128
    2. Durchführen der Destillation   129

Gleichstromdestillation

Allgemeine Grundlagen

Bei der Gleichstromdestillation wird das zu trennende Gemisch durch einmaliges Verdampfen und Kondensieren getrennt.

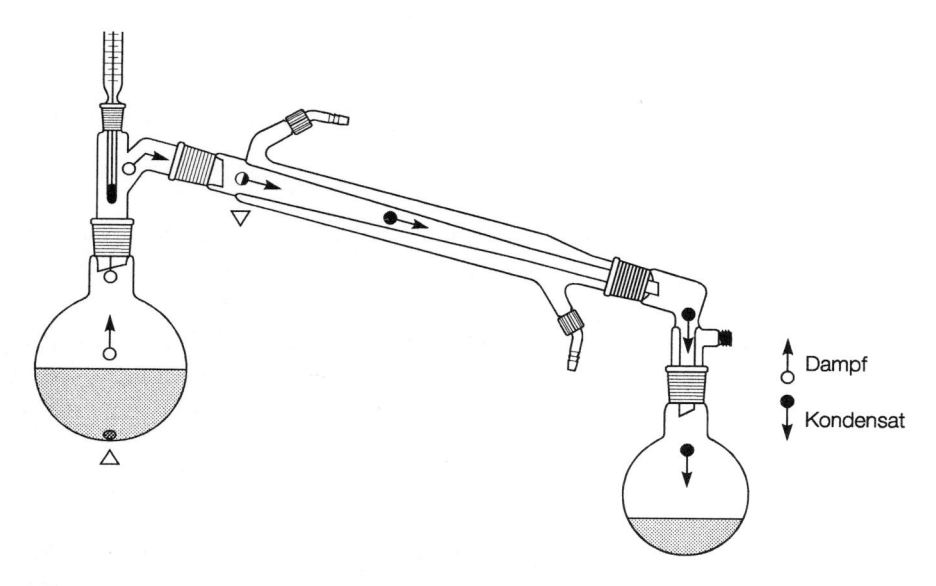

○ ↑ Dampf
● ↓ Kondensat

Ein binäres Flüssigkeitsgemisch wird so erhitzt, dass die tiefer siedende Substanz zu sieden beginnt. Die höher siedende Komponente verdampft infolge ihres niedrigen Dampfdruckes weniger stark.
Im entweichenden Dampf ist dadurch der niedersiedende Anteil (mit höherem Dampfdruck) angereichert. Beim Kondensieren erhält man somit eine Flüssigkeit mit erhöhtem Anteil an niedersiedender Substanz, bezogen auf das eingesetzte Gemisch.

Zeigen die zu trennenden Substanzen in ihren Siedetemperaturen nur kleine Unterschiede, so lassen sie sich durch eine Gleichstromdestillation nicht genügend trennen und müssen durch eine Gegenstromdestillation getrennt werden.

Zur Anwendung der Gleichstromdestillation gilt: Die Differenz der Siedetemperaturen der zu trennenden Substanzen soll grösser sein als 100 °C.

Gleichstromdestillation

Allgemeine Grundlagen

1. Verdampfungsteil

Der Verdampfungsteil einer Destillationsapparatur besteht grundsätzlich aus einem Destillierkolben (Destillierblase), einem Spritzschutz und einem Destillieraufsatz.

1.1 Destillierkolben

Im Destillierkolben wird die zu destillierende Flüssigkeit von aussen — z. B. mit einem Heizbad — zum Sieden erhitzt.

Muss die Temperatur der Flüssigkeit im Kolben (Sumpftemperatur) gemessen werden, wird ein Kolben mit seitlichem Ansatz und ein Thermometer verwendet.

Beim Siedevorgang können mit dem aufsteigenden Dampf auch Flüssigkeitsteilchen mitgerissen werden, dadurch würde das Kondensat verunreinigt. Es empfiehlt sich deshalb, zwischen Destillierkolben und Destillieraufsatz einen Spritzschutz zu montieren.

1.2 Spritzschutz

Als Spritzschutz eignen sich z. B. ein Destillieraufsatz nach Reitmayer, ein Kurzwegaufsatz nach Normag oder eine Destillierkolonne nach Vigreux. Im Dampf mitgerissene Flüssigkeitsteilchen werden zurückgehalten und fliessen in den Destillierkolben zurück.

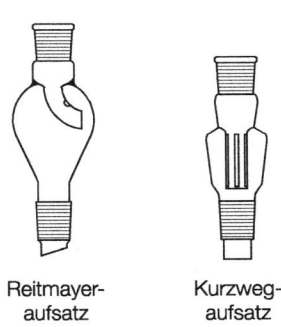

Reitmayer-aufsatz   Kurzweg-aufsatz   Vigreux-kolonne

1.3 Destillieraufsatz

Der Destillieraufsatz dient zum Überleiten des Dampfes in den Kühler. Zum Messen der Temperatur des Dampfes (Kopftemperatur) wird ein Thermometer eingesetzt.

Allgemeine Grundlagen

2. Kondensationsteil/Fraktionierteil

Der Kondensationsteil einer Destillationsapparatur besteht aus dem Kühler, der Fraktionierteil aus einem Destilliervorstoss und einem Kolben (Vorlage) zum Auffangen des Kondensats (Destillat).

2.1 Destilliervorstoss
Der Destilliervorstoss mit seitlichem Ansatz sorgt für den Druckausgleich. An diesem Ansatz kann ein Trockenrohr angebracht oder eine Vakuumpumpe angeschlossen werden.

2.2 Vorlage
Die Vorlage dient zum Auffangen des Destillats und muss in der Grösse der zu erwartenden Menge angepasst sein. Wird ein leichtflüchtiges Destillat darin gesammelt, muss die Vorlage gekühlt werden.

Gleichstromdestillation

Destillation von Flüssigkeiten bei Normaldruck

Die Destillation von Flüssigkeiten bei Normaldruck wird zum Abdampfen oder Reinigen von Lösemitteln sowie zum Trennen von Substanzgemischen mit Siedetemperaturen bis ca. 130 °C angewendet.

1. Verdampfungsteil

Stockthermometer zum Messen der Kopftemperatur

Destillieraufsatz

Vigreuxkolonne als Spritzschutz

Rundkolben mit Siedeerleichterer oder Magnetrührstäbchen; max. 3/4 gefüllt.

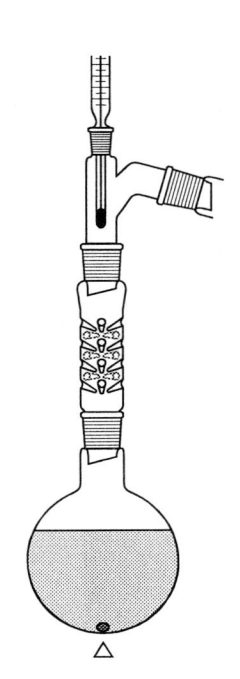

2. Kondensationsteil/Fraktionierteil

Liebigkühler

Destilliervorstoss mit seitlichem Ansatz für Druckausgleich; es kann ein Trockenrohr angeschlossen werden.

Rundkolben als Vorlage

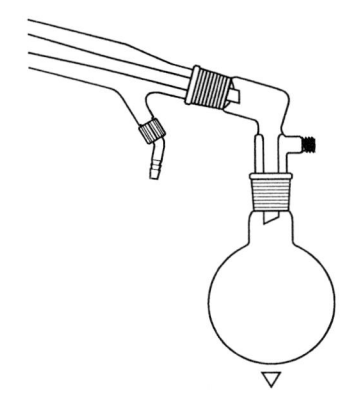

Gleichstromdestillation

Destillation von Flüssigkeiten bei Normaldruck

3. Durchführen der Destillation

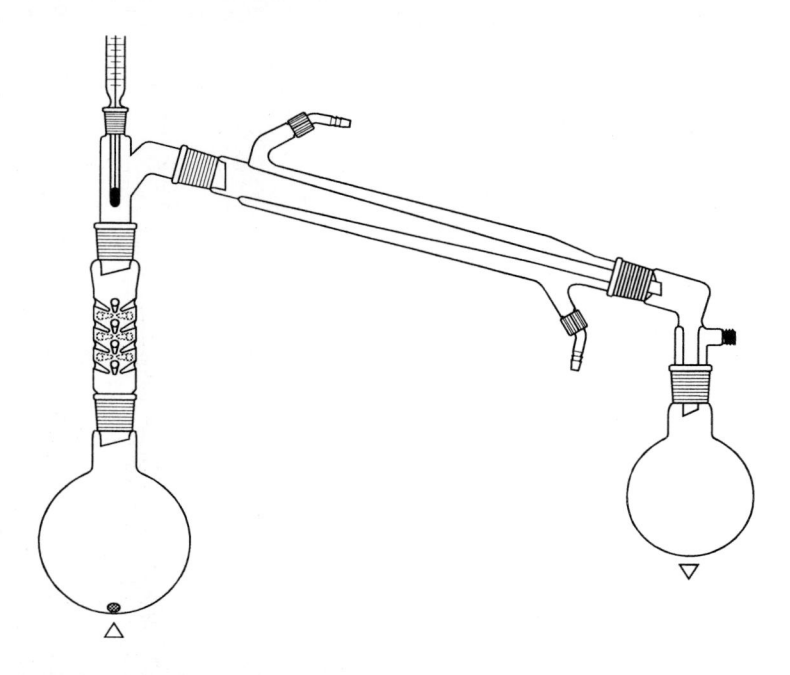

- die zu verwendenden Kolben tarieren
- Substanz einfüllen
- Heizbad unterstellen
- langsam aufheizen
- Kühlwasser laufen lassen
- fraktionieren

Nach beendeter Destillation Heizbad entfernen und Rückstand im Destillierkolben erkalten lassen.

Gleichstromdestillation

Destillation von Flüssigkeiten bei vermindertem Druck

Die Destillation von Flüssigkeiten bei vermindertem Druck dient zum Reinigen bzw. Trennen von hochsiedenden (Siedepunkt ab ca. 130 °C) oder temperaturempfindlichen Substanzen.
Die Wahl der dazu verwendeten Vakuumpumpe richtet sich nach der Siedetemperatur der Substanzen resp. nach dem gewünschten Siedebereich.
Aus Sicherheitsgründen müssen Destillationen bei vermindertem Druck in einer geschlossenen Kapelle oder hinter einem Schutzschild durchgeführt werden.

1. Verdampfungsteil

Stockthermometer zum Messen der Kopftemperatur

Destillieraufsatz

Vigreuxkolonne als Spritzschutz

Rundkolben mit Magnetrührstäbchen oder Spitzkolben mit Siedekapillare; max. 2/3 gefüllt.

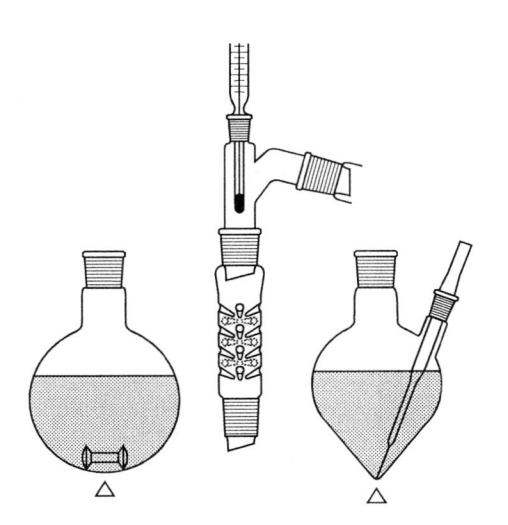

2. Kondensationsteil/Fraktionierteil

Liebigkühler

Destilliervorstoss mit seitlichem Ansatz zum Anschliessen der Vakuumpumpe

Magnetspinne mit vier "Beinen", Dreheinsatz und Magnet zum Sammeln der einzelnen Fraktionen (max. 4) in den Vorlagekolben. Der Fraktionenwechsel erfolgt ohne die Destillation zu unterbrechen (die Apparatur bleibt evakuiert) durch Drehen des Einsatzes mit dem aussen angebrachten Magnet.

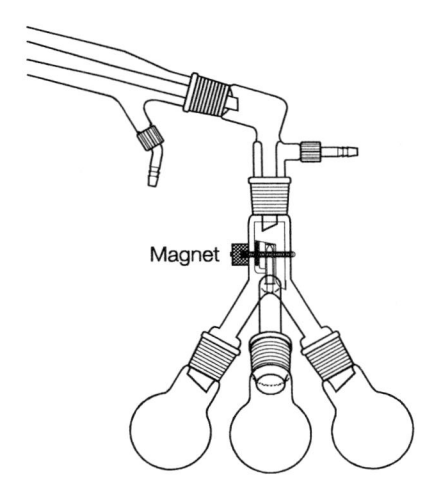

Gleichstromdestillation

Destillation von Flüssigkeiten bei vermindertem Druck

Hahnstellung während der Destillation

Vakuumpumpe

Belüftungshahn (evtl. Inertgas)

Liebigkühler

Normag–Thiele–Vorstoss abgewinkelt mit seitlichem Ansatz zum Anschliessen der Vakuumpumpe.

Dieser Vorstoss ermöglicht eine unbeschränkte Anzahl von Fraktionenwechseln ohne die Destillation zu unterbrechen.
Beim Wechseln des Vorlagekolbens wird das Destillat vorübergehend im Vorstoss gesammelt, während der Kolben belüftet und ausgetauscht wird.
Ist der neue Kolben wieder evakuiert, wird das gesammelte Destillat abgelassen. Beim Fraktionenwechsel entsteht kurzfristig in der Apparatur ein geringer Druckanstieg.

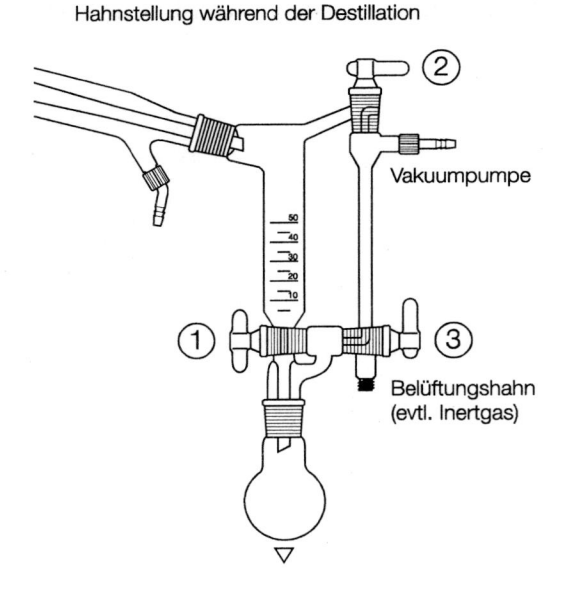

Fraktionenwechsel
- Hahn ① schliessen, Destillat im Vorstoss sammeln
- Hahn ② zur Apparatur hin öffnen, Apparatur bleibt evakuiert
- Hahn ③ nach unten drehen und Vorlage belüften
- Kolben wechseln
- Hahn ② schliessen, dann Hahn ③ zurückdrehen und den neuen Kolben evakuieren
- Wenn der Kolben evakuiert ist, Hahn ① öffnen und das gesammelte Destillat ablassen

Gleichstromdestillation

Destillation von Flüssigkeiten bei vermindertem Druck

3. Durchführen der Destillation

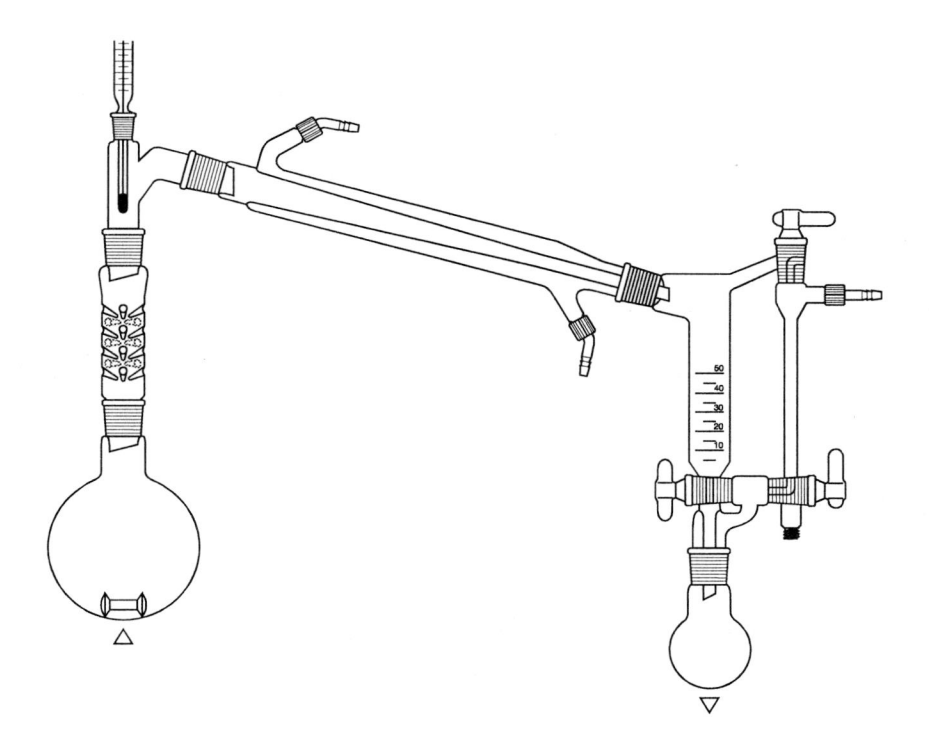

- die zu verwendenden Kolben tarieren
- Schliffe fetten
- leere Apparatur hinter Schutzschild oder in der Kapelle evakuieren und auf Dichtheit prüfen
- belüften und Substanz einfüllen
- Heizbad unterstellen
- langsam aufheizen
- Kühlwasser laufen lassen
- fraktionieren

Nach beendeter Destillation Heizbad entfernen und Rückstand im Destillierkolben erkalten lassen — erst danach darf die Apparatur belüftet werden.

Gleichstromdestillation

Destillation von Feststoffen

Die Feststoffdestillation wird angewendet zum Reinigen von relativ tiefschmelzenden Feststoffen. Sie wird praktisch immer bei vermindertem Druck durchgeführt.
Die Wahl der dazu verwendeten Vakuumpumpe richtet sich nach der Siedetemperatur der Substanzen resp. nach dem gewünschten Siedebereich.
Aus Sicherheitsgründen müssen Destillationen bei vermindertem Druck in einer geschlossenen Kapelle oder hinter einem Schutzschild durchgeführt werden.

1. Apparatur

Da bei Feststoffdestillationen das Destillat beim Abkühlen erstarrt, wird nach dem isolierten Spritzschutz ein spezieller Kondensationsteil angebracht.
Das Destillat wird dazu in einer Wurstvorlage (Schwertkühler) gesammelt, die gleichzeitig als Kühler dient. Die Kühlung erfolgt durch fliessendes Wasser, das über die Wurstvorlage fliesst und mit einem Trichter aufgefangen und abgeleitet wird. Zum Kühlen eignen sich auch spezielle Wasserschläuche, die auf der einen Seite abgeflacht sind und um die Vorlage gewickelt werden.

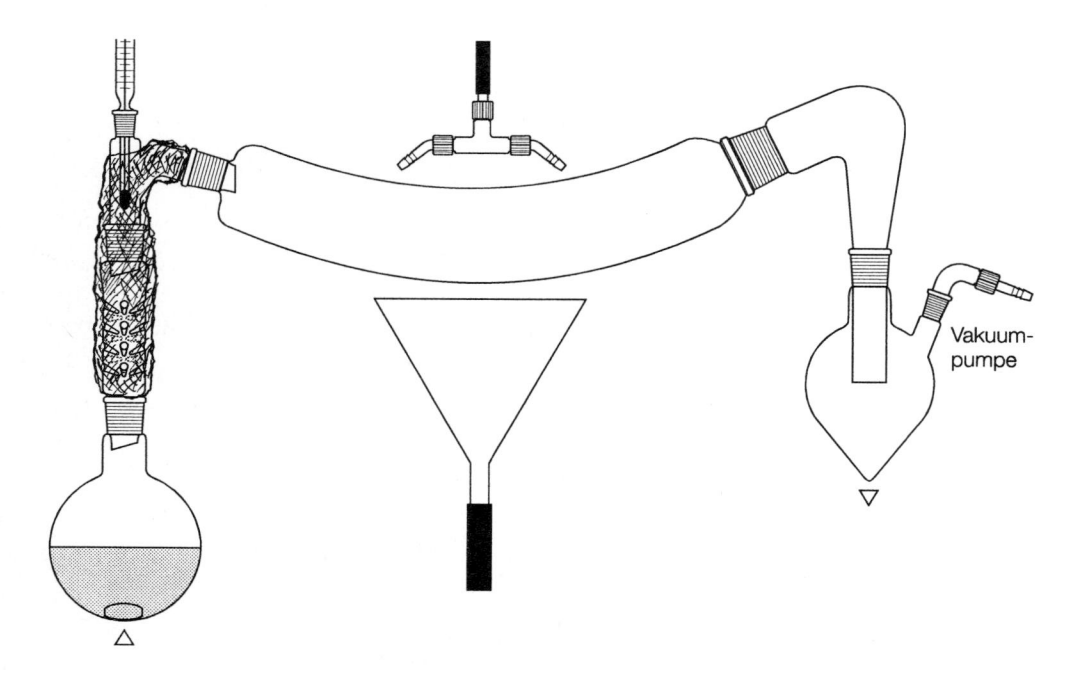

Der Krümmer zur Wurstvorlage dient zum Ableiten von nicht kondensierten, niedersiedenden Anteilen, die im Spitzkolben aufgefangen werden. Der Spitzkolben wird zusätzlich gekühlt und ist über einen Ansatz mit der Vakuumpumpe verbunden.

Gleichstromdestillation

Destillation von Feststoffen

Der Destillierkolben darf max. zu 2/3 gefüllt sein. Es wird ein Rundkolben mit Magnetrührstäbchen oder ein Spitzkolben mit Siedekapillare verwendet; diese wird (zum Schutz der Kapillare) verkehrt in den Spitzkolben eingesetzt.

2. Durchführen der Destillation

- die zu verwendenden Kolben (auch die Wurstvorlage) tarieren
- Schliffe fetten
- leere Apparatur hinter Schutzschild oder in der Kapelle evakuieren und auf Dichtheit prüfen
- belüften und Substanz einfüllen
- Heizbad unterstellen
- Substanz schmelzen (nicht überhitzen!)
- Rührer einschalten oder Kapillare in die Schmelze eintauchen
- Apparatur evakuieren
- langsam aufheizen
- Kühlwasser laufen lassen
- destillieren

Nach beendeter Destillation Heizbad entfernen und Rückstand im Destillierkolben erkalten lassen — erst danach darf die Apparatur belüftet werden.

Wurstvorlage am oberen Ende verschliessen, Inhalt mit der Infrarot–Lampe oder einem Fön schmelzen und in eine mit Aluminiumfolie oder Wägepapier ausgelegte Reibschale ausgiessen und erstarren lassen. Die erstarrte Substanz pulverisieren.

Die Destillation von Feststoffen wird hauptsächlich dann durchgeführt, wenn nur eine Fraktion erwartet wird.
Bei mehreren Fraktionen muss die Destillation unterbrochen und die Apparatur teilweise zerlegt werden.

Gegenstromdestillation

Allgemeine Grundlagen   **132**
    1. Destillationskolonnen   132
    2. Trennwirkung   133
    3. Theoretischer Boden (Trennstufe)   136
    4. Betriebsinhalt/Kolonnenbelastung   136
    5. Rücklaufverhältnis   137

Destillationskolonnen   **138**
    1. Füllkörper   139
    2. Trennwirkung verschiedener Kolonnenarten/Füllkörper   140
    3. Wahl der Kolonne   141

Rektifikation ohne Kolonnenkopf   **143**
    1. Verdampfungsteil   143
    2. Kondensationsteil/Fraktionierteil   143
    3. Durchführen der Rektifikation bei Normaldruck   144
    4. Durchführen der Rektifikation bei vermindertem Druck   144

Rektifikation mit Kolonnenkopf   **145**
    1. Kolonnenkopf nach Rehn–Theilig   145
    2. Verdampfungsteil/Kondensationsteil/Fraktionierteil   146
    3. Durchführen der Rektifikation bei Normaldruck   147
    4. Durchführen der Rektifikation bei vermindertem Druck   147

Gegenstromdestillation

Allgemeine Grundlagen

Zeigen die zu trennenden Substanzen in ihren Siedetemperaturen nur kleine Unterschiede, lassen sie sich durch einmaliges Verdampfen und Kondensieren (Gleichstromdestillation) nicht mit genügender Reinheit trennen; dieser Vorgang muss deshalb mehrmals wiederholt werden. Durch Verwendung von Destillationskolonnen wird dies bei der Gegenstromdestillation (Rektifikation) in einem Arbeitsgang realisiert.

Ist die Differenz der Siedepunkte der zu trennenden Substanzen kleiner als 100 °C, werden sie durch eine Gegenstromdestillation getrennt. Ist die Differenz der Siedepunkte kleiner als 50 °C, wird zusätzlich zur Destillationskolonne noch ein Kolonnenkopf (Rücklaufteiler) benötigt.

1. Destillationskolonnen

Ein Teil des aufsteigenden Dampfes kondensiert bereits in der Destillationskolonne und fliesst als Rücklauf in den Destillierkolben zurück.
Bei diesem Vorgang bewegen sich somit zwei Phasen im Verdampfungsteil: Der aufsteigende Dampf und das dem Dampf entgegenfliessende Kondensat (Rücklauf).

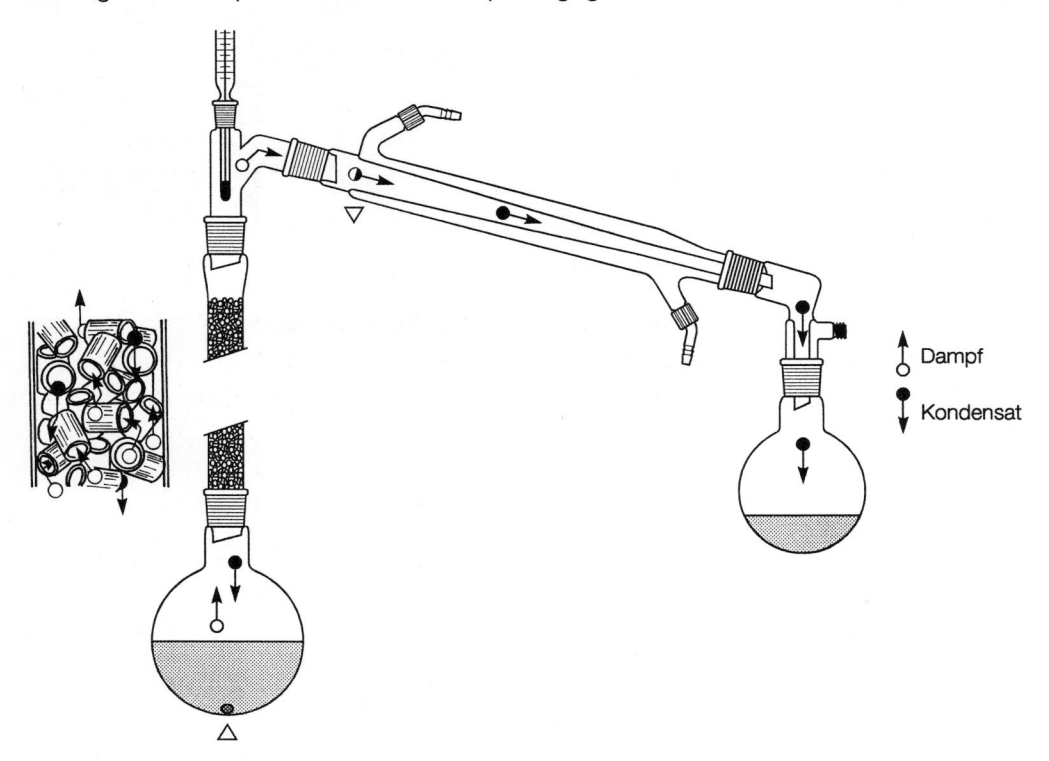

Gegenstromdestillation

Allgemeine Grundlagen

2. Trennwirkung

Die Trennwirkung der Gegenstromdestillation beruht auf der Tatsache, dass aus einem siedenden binären Flüssigkeitsgemisch — bestehend aus niedersiedender und höhersiedender Komponente — beide Stoffe in einem Verhältnis verdampfen, das weitgehend durch die unterschiedlichen Dampfdrücke bestimmt wird. Der entweichende Dampf ist dadurch mit dem niedersiedenden Anteil angereichert. Dieser Vorgang entspricht dem Verdampfen bei der Gleichstromdestillation und der Trennung über eine einzige Trennstufe.

Dieses mit niedersiedendem Anteil angereicherte Dampfgemisch gelangt in die Destillationskolonne, die eine mehr oder weniger grosse Anzahl Trennstufen aufweist.

In einer solchen Trennstufe findet folgender Stoff- und Wärmeaustausch statt:

- aufsteigende Dämpfe werden durch den entgegenfliessenden Rücklauf etwas abgekühlt, wobei mehrheitlich höhersiedende Anteile kondensieren und so den Rücklauf vergrössern
- die freigewordene Kondensationswärme und die aufsteigenden Dämpfe erwärmen den Rücklauf, dadurch verdampfen mitkondensierte niedersiedende Anteile erneut

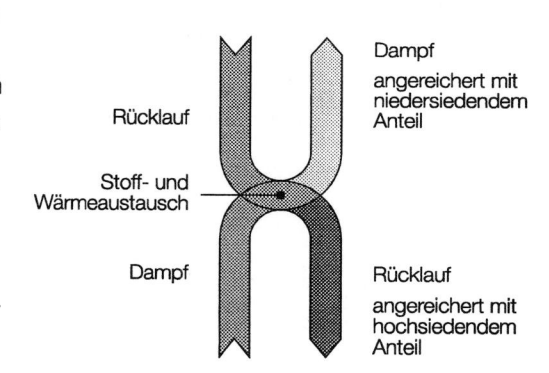

Dampf angereichert mit niedersiedendem Anteil

Rücklauf

Stoff- und Wärmeaustausch

Dampf

Rücklauf angereichert mit hochsiedendem Anteil

Dieser Stoff- und Wärmeaustausch findet an den Grenzflächen der beiden Phasen statt. Je grösser die Grenzfläche ist, desto intensiver ist der Stoff- und Wärmeaustausch und somit die Trennwirkung. Dieser Austauschvorgang wiederholt sich in jeder Trennstufe.

Gegenstromdestillation

Allgemeine Grundlagen

Modell einer Destillation über mehrere Trennstufen:

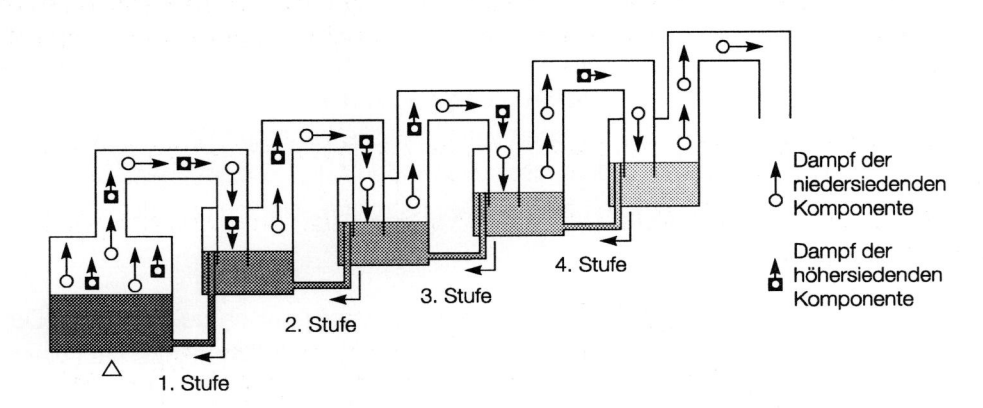

2.1 Dampf/Rücklauf–Gleichgewicht

In einer Kolonne stellt sich auf jeder Trennstufe ein bestimmtes Gleichgewicht zwischen Dampf und Flüssigkeit ein.

Kolonne mit 4 Trennstufen:

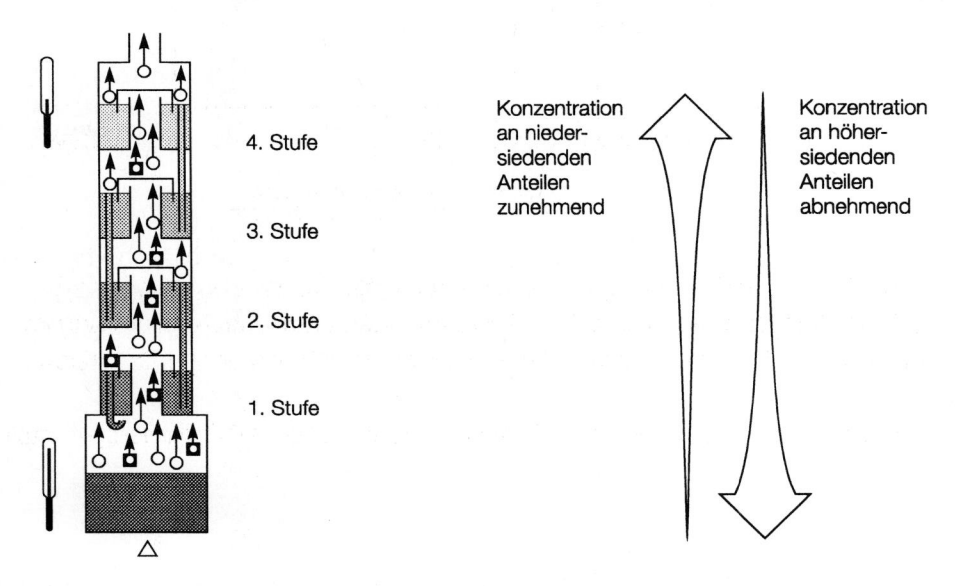

Damit das Dampf/Rücklauf–Gleichgewicht durch Wärmeverlust nicht gestört wird, ist die Kolonne zu isolieren.

Gegenstromdestillation

Allgemeine Grundlagen

2.2 Gleichgewichtskurve

Mit Hilfe einer Gleichgewichtskurve kann festgestellt werden, ob die Trennung eines idealen Gemisches einfach oder nur mit grossem Aufwand (über viele Trennstufen) möglich ist.

Durch Einzeichnen der Trennstufen in der Kurve kann die Anreicherung auf jeder Trennstufe ermittelt werden.
Das folgende Diagramm zeigt die Konzentration der niedersiedenden Anteile im Dampf und im Gemisch.

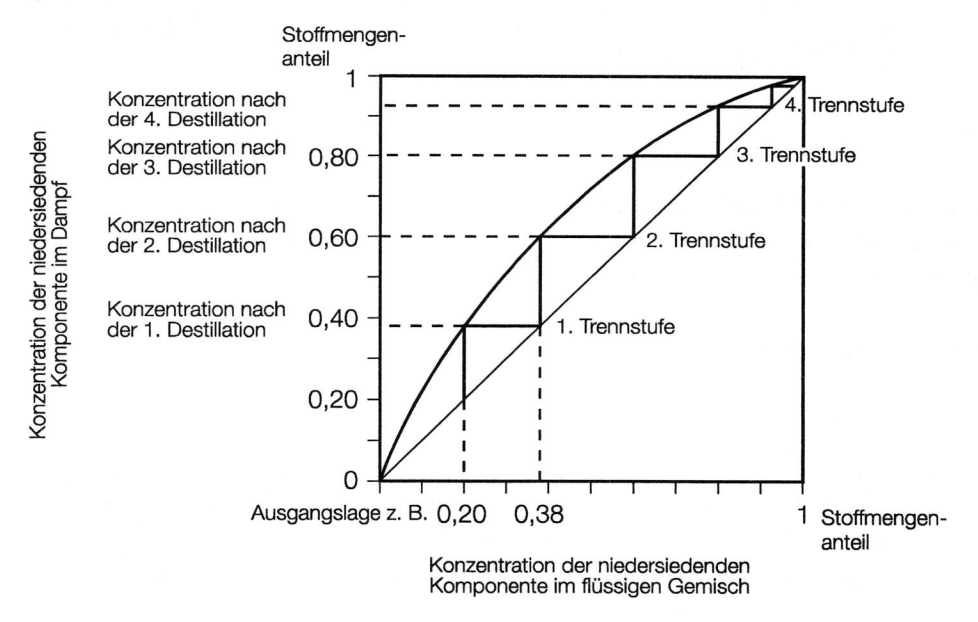

Aus diesem Diagramm ist ersichtlich, dass mit nur einer Trennstufe aus einem Gemisch mit der Ausgangslage von z. B. 0,2 Stoffmengenanteil eine Anreicherung im Dampf von ca. 0,38 Stoffmengenanteil der niedersiedenden Komponente erreicht wird.
Mit vier Trennstufen erreicht man eine Anreicherung von über 0,9 Stoffmengenanteil.

Gegenstromdestillation

Allgemeine Grundlagen

Je flacher eine solche Gleichgewichtskurve verläuft, desto schwieriger wird eine saubere Auftrennung der Komponenten und umso mehr Trennstufen sind nötig.

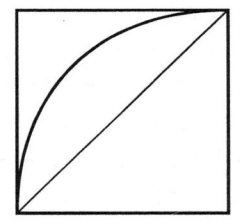

Eine gute Auftrennung mit relativ wenig Böden möglich.

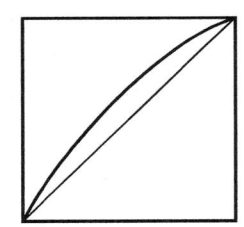

Für eine gute Auftrennung sind relativ viele Böden nötig.

3. Theoretischer Boden (Trennstufe)

Ein theoretischer Boden entspricht dem Weg, der in einem gedachten Kolonnenstück zurückgelegt wird. Dabei findet ein Wärme- und Stoffaustausch zwischen dem aufsteigenden Dampf des unteren Bodens und dem absteigenden Kondensat des oberen Bodens statt. In dieser Kolonneneinheit stellt sich ein thermodynamisches Gleichgewicht ein.

3.1 Trennstufenhöhe
Die Höhe einer solchen gedachten Kolonneneinheit wird als Trennstufenhöhe bezeichnet. Die Trennstufenhöhe ist abhängig von Durchmesser und Füllung der Kolonne, dem Druck, dem Betriebsinhalt, der Belastung und dem Rücklaufverhältnis. Die Trennstufenhöhe wird experimentell bei totalem Rücklauf bestimmt und wird in Zentimeter angegeben. Je kleiner die Trennstufenhöhe, desto besser ist die Trennwirkung.

4. Betriebsinhalt/Kolonnenbelastung

Der Betriebsinhalt einer Kolonne ist die Substanzmenge (Dampf und Flüssigkeit in Gramm), die sich in der arbeitenden Kolonne befindet.
Unter der Kolonnenbelastung versteht man die Substanzmenge, die pro Zeiteinheit als Destillat und als Rücklauf durchgesetzt wird. Der Durchsatz wird in mL/h angegeben.
Bleibt das Kondensat durch den aufsteigenden Dampf in der Schwebe, so ist die Belastungsgrenze erreicht (Staupunkt). Eine Zunahme der Belastung hat eine Abnahme der Trennstufenhöhe zur Folge.

Gegenstromdestillation

Allgemeine Grundlagen

4.1 Druckverhältnisse während der Destillation

Das Kondensat in der Kolonne bietet dem aufsteigenden Dampf einen Widerstand. Dadurch erhöht sich der Druck im Verdampfungsteil; zwischen Verdampfungsteil und Kolonnenkopf kommt es zu einem Druckunterschied.

Die Zunahme des Druckes im Verdampfungsteil bewirkt eine Siedepunkterhöhung des destillierenden Gemisches (→ Zersetzungsgefahr durch Überhitzung).

Der Druckunterschied (Druckabfall) zwischen Verdampfungs- und Kondensationsteil ist abhängig von der Kolonnenbelastung, der Bauart der Kolonne und der Füllkörper, der Anzahl Füllkörper (Füllhöhe) und dem Durchmesser der Kolonne.

Der Druckabfall ist vor allem beim Destillieren bei vermindertem Druck von Bedeutung; es ist zweckmässig, Kolonnen mit grösserem Durchmesser zu verwenden.

5. Rücklaufverhältnis

Unter dem Rücklaufverhältnis versteht man die am Kolonnenkopf (Rücklaufteiler) in den Kühler zurückfliessende Menge Kondensat verglichen mit der Menge Destillat, die abgetrennt wird. Von diesem Rücklaufverhältnis ist die Trennstufenhöhe abhängig; so ergibt ein Verhältnis von 10 + 1 (d. h., 10 Tropfen Kondensat fliessen zurück, 1 Tropfen Kondensat wird als Destillat abgetrennt) eine bessere Anreicherung des tiefersiedenden Anteils als ein Rücklaufverhältnis von 5 + 1.

Gegenstromdestillation

Destillationskolonnen

Eine Destillationskolonne soll einen intensiven Kontakt zwischen flüssiger Phase und Dampf bewirken, damit ein möglichst optimaler Stoff- und Wärmeaustausch stattfindet.

Ein leeres Glasrohr erfüllt diese Bedingungen nur schlecht, da die Berührungsoberfläche zwischen dem aufsteigenden Dampf und dem Rücklauf relativ klein ist. Durch das Einbauen verschiedenartiger Schikanen wird der Weg des Dampfes und des Rücklaufs verlängert. Dies bewirkt eine Vergrösserung der Phasenaustauschoberfläche und damit eine Verkürzung der Trennstufenhöhe.

Damit die vielfältigen thermodynamischen Gleichgewichte in der Kolonne nicht durch zusätzliche Kondensation an der Glaswand gestört werden, ist jegliche Abkühlung der Kolonne durch Isolieren zu verhindern.

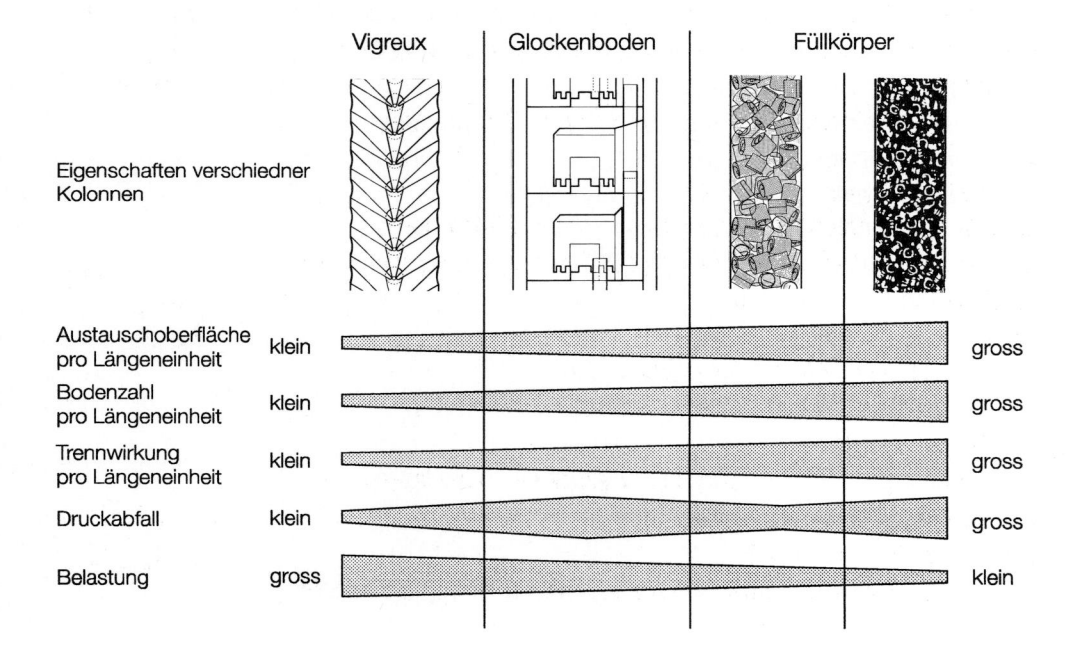

Eigenschaften verschiedner Kolonnen

	Vigreux	Glockenboden	Füllkörper	
Austauschoberfläche pro Längeneinheit	klein			gross
Bodenzahl pro Längeneinheit	klein			gross
Trennwirkung pro Längeneinheit	klein			gross
Druckabfall	klein			gross
Belastung	gross			klein

138

Gegenstromdestillation

Destillationskolonnen

1. Füllkörper

Füllkörper sind Schikanen, die lose in leere Rohre eingefüllt werden. Durch diese Füllkörper wird die Phasenaustauschoberfläche massiv erhöht.
Von ihrer Bauart her gibt es zylindrische und nicht zylindrische Füllkörper.

An Füllkörper werden verschiedene Anforderungen gestellt:
- möglichst grosse wirksame Phasenaustauschoberfläche
- möglichst kleiner Widerstand gegenüber dem durchströmenden Dampf
- möglichst grosser Hohlraum (kleiner Druckverlust)
- inertes Verhalten gegenüber der zu destillierenden Substanz

1.1 Raschigring

Raschigringe zählen zu den wenig wirksamen Füllkörpern.
Sie sind erhältlich in Glas, Keramik, Kunststoff und Metall; in verschiedenen Grössen und mit unterschiedlichen Wandstärken.
Masse: z. B. 4 x 4 x 0,2
      4 mm Höhe, 4 mm Länge, 0,2 mm Wandstärke

1.2 Sattelkörper

Sattelkörper zählen zu den hochwirksamen Füllkörpern.
Sie sind aus Keramik und weisen sehr günstige strömungstechnische Eigenschaften auf.
Masse: 6 x 6
      6 mm Höhe, 6 mm Breite

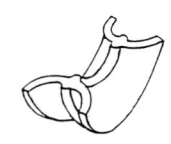

1.3 Drahtwendel

Drahtwendeln zählen zu den hochwirksamen Füllkörpern.
Sie können aus verschiedenen Metallen hergestellt werden.
Masse: z. B. 5 x 5 x 0,2
      5 mm Höhe, 5 mm Breite, 0,2 mm Drahtdurchmesser

1.4 Maschendrahtring

Maschendrahtringe zählen zu den hochwirksamen Füllkörpern.
Sie sind aus Metall gefertigt und mit oder ohne Steg erhältlich. Sie unterscheiden sich auch in der Grösse und der Zahl der Maschen.
Masse: z. B. 6 x 6 2500
      6 mm Höhe, 6 mm Breite, 2500 Maschen pro cm^2

Gegenstromdestillation

Destillationskolonnen

Als Füllkörperunterlage verwendet man entweder grosse Raschigringe oder im Handel erhältliche Auflagen.

Glaswatte eignet sich nicht als Unterlage, sie erzeugt Stauungen.

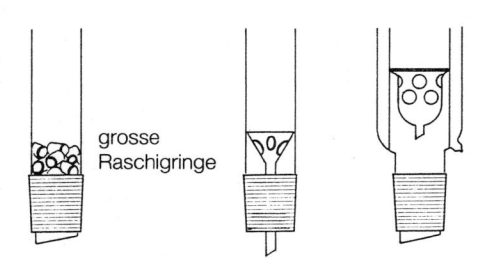

grosse Raschigringe

Als wirksame Trennlänge wird die Höhe der locker aufgefüllten Füllkörper in Zentimeter gemessen; daraus lässt sich die Anzahl Trennstufen der gemessenen Kolonne berechnen.

2. Trennwirkung verschiedener Kolonnenarten/Füllkörper

Kolonnenart Füllkörper	Füllkörper Masse (mm)	Kolonne Durchmesser in mm	maximale Belastung mL/Stunde	Trennstufenhöhe in cm	Bemerkungen
Leeres Rohr		24	500	20	Betriebsinhalt: gering
		6	100	15	Trennwirkung: gering, da kleine Belastung
		6	10	2	nur schwer realisierbar
					Druckabfall: gering
					Dest. bei vermindertem Druck: geeignet
Vigreux		24	500	12	Ähnliche Daten wie leeres Rohr, aber
		12	500	8	durch grössere Oberfläche etwas bessere
		12	50	5	Trennwirkung
					Dest. bei vermindertem Druck: geeignet
Raschigringe	5 x 5 x 0,4	24	500	8	Betriebsinhalt: gross
Glas	6 x 6 x 0,5	24	500	8,5	Druckabfall: relativ gross
	8 x 8 x 0,8	24	500	9	Dest. bei vermindertem Druck: schlecht
Porzellan	5 x 5 x 1,5	24	500	5	geeignet
Sattelkörper	6 x 6	24	500	8	Betriebsinhalt: gross
					Druckabfall: mässig
					Dest. bei Grobvakuum: geeignet
					Hohe Belastbarkeit
Maschendraht	3 x 3	24	500	3	Betriebsinhalt: gross
mit Steg	4 x 4	24	500	4	Druckabfall: mässig
	6 x 6	24	500	6	Dest. bei Grobvakuum: geeignet
					Trennstufenhöhe: abhängig von Maschenanzahl pro cm^2
Drahtwendeln	2 x 2 x 0,5	24	500	2	Betriebsinhalt: gross
V4A–Stahl	4 x 4 x 0,5	24	500	3	Druckabfall: gross
	5 x 5 x 0,5	24	500	3,5	Dest. bei Grobvakuum: schlecht geeignet
					Mässige Belastbarkeit bei Normaldruck

Die Angaben der Trennstufenhöhen sind nur Richtwerte, die mit einem bestimmten Gemisch und unter bestimmten Bedingungen experimentell ermittelt worden sind.

Gegenstromdestillation

Destillationskolonnen

Das folgende Diagramm zeigt die Beziehung zwischen Trennwirkung, Siedepunktdifferenz zwischen den Komponenten und der Anzahl der theoretischen Böden bei der Trennung eines binären, aequimolaren, idealen Gemisches auf.

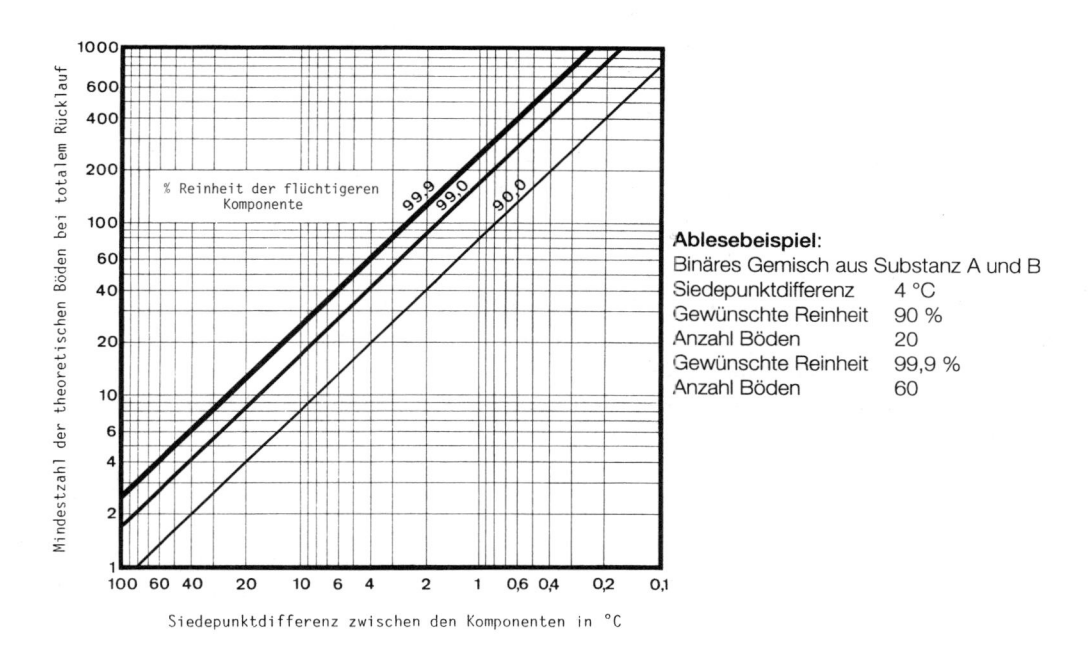

Ablesebeispiel:
Binäres Gemisch aus Substanz A und B
Siedepunktdifferenz   4 °C
Gewünschte Reinheit   90 %
Anzahl Böden   20
Gewünschte Reinheit   99,9 %
Anzahl Böden   60

Die absolute Trennung eines Gemisches ist theoretisch nicht möglich, kann jedoch bei Einsatz zweckmässiger Apparaturen nahezu ereicht werden.

3. Wahl der Kolonne

Die Wahl der idealen Kolonne (bzw. der Füllkörper) richtet sich nach
- der Menge des zu destillierenden Gemisches
- dem Druckbereich
- dem Schwierigkeitsgrad der Trennung (erforderliche, theoretische Bodenzahl)

$$\text{ungefähre Bodenzahl einer Kolonne} = \frac{\text{Länge der Kolonne in cm}}{\text{Trennstufenhöhe in cm}}$$

Die ideale Kolonne und die idealen Bedingungen für jedes Destillationsproblem müssen experimentell ermittelt werden. Die Hinweise in der Literatur sind Richtwerte und gelten nur für spezifische Gemische und Bedingungen.

Gegenstromdestillation

Destillationskolonnen

3.1 Schwierigkeitsgrad der Trennung
Der Schwierigkeitsgrad einer Trennung durch Gegenstromdestillation ist abhängig von der Differenz der Siedepunkte der Komponenten, der Konzentration der Komponenten im Gemisch und der gewünschten Reinheit des Destillats.

Je kleiner die Differenz der Siedepunkte, je geringer die Konzentration der gewünschten Komponente und je höher die erforderliche Reinheit, desto mehr Trennstufen sind nötig.
Zur groben Ermittlung der nötigen Anzahl Böden gilt:

$$\frac{250}{\text{Siedepunktdifferenz in °C}} = \text{Bodenzahl}$$

3.2 Menge des Destillationsgutes
Die über eine Kolonne zu destillierende Menge soll in einem sinnvollen Verhältnis zur Grösse der eingesetzten Kolonne stehen.
Als Praxisregel gilt: Die Menge jeder Komponente im Gemisch soll mindestens das zehnfache des Betriebsinhalts der Kolonne betragen.

3.3 Druckbereich
Die Kolonnen (bzw. ihre Füllkörper) sind grundsätzlich so zu wählen, dass sie im angewendeten Druckbereich eine möglichst geringe Druckdifferenz erzeugen.
Dies bedingt meistens einen Kompromiss auf Kosten der Trennwirkung. So wird z. B. im Feinvakuumbereich an Stelle einer hochwirksamen Füllkörperkolonne eine Vigreuxkolonne mit kleinem Druckabfall, jedoch schlechterer Trennwirkung verwendet.

Gegenstromdestillation

Rektifikation ohne Kolonnenkopf

Die Rektifikation ohne Kolonnenkopf (Rücklaufteiler) wird zum Trennen von Substanzgemischen angewendet, wenn die Differenz der Siedepunkte der Komponenten 50 °C – 100 °C beträgt.

1. Verdampfungsteil

Stockthermometer zum Messen der Kopftemperatur

Destillieraufsatz isoliert

isolierte Füllkörperkolonne
oder Kolonne mit evakuiertem und verspiegeltem Mantel

Rundkolben mit Siedestein,
max. 2/3 gefüllt;
evtl. 2–Hals Rundkolben mit Thermometer
zum Messen der Sumpftemperatur

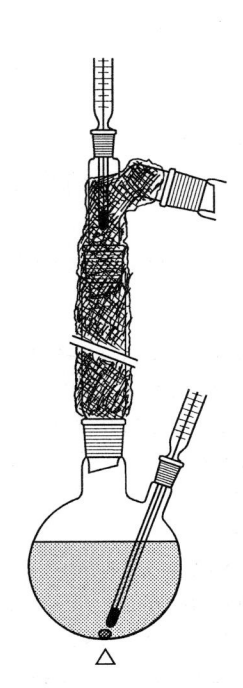

Wird die Rektifikation bei vermindertem Druck ausgeführt, benützt man Rundkolben mit Magnetrührstäbchen oder einen Spitzkolben mit einer Siedekapillare.

2. Kondensationsteil/Fraktionierteil

Liebigkühler

Destilliervorstoss mit seitlichem Ansatz

Rundkolben als Vorlage

Wird die Rektifikation bei vermindertem Druck
ausgeführt, benützt man einen Normag–Thiele-Vorstoss.

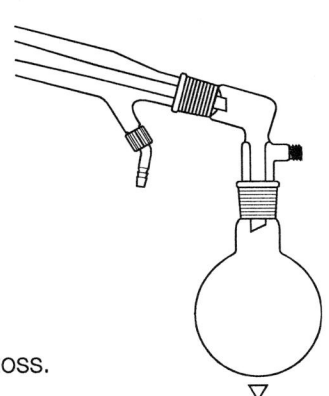

Gegenstromdestillation

Rektifikation ohne Kolonnenkopf

3. Durchführen der Rektifikation bei Normaldruck

- die zu verwendenden Kolben tarieren
- Substanzgemisch einfüllen
- Heizbad unterstellen
- Kühlwasser laufen lassen
- langsam aufheizen
- fraktionieren

Die Temperatur des Heizbades laufend so einstellen, dass die gewünschte Destilliergeschwindigkeit erreicht wird.
Nach beendeter Destillation Heizbad entfernen und Rückstand im Kolben erkalten lassen.

4. Durchführen der Rektifikation bei vermindertem Druck

- die zu verwendenden Kolben tarieren
- Schliffe fetten
- leere Apparatur hinter Schutzschild oder in der Kapelle evakuieren und auf Dichtheit prüfen
- belüften und Substanz einfüllen
- evakuieren
- Heizbad unterstellen
- Kühlwasser laufen lassen
- langsam aufheizen
- fraktionieren

Die Temperatur des Heizbades laufend so einstellen, dass die gewünschte Destilliergeschwindigkeit erreicht wird.
Nach beendeter Destillation Heizbad entfernen und Rückstand im Kolben erkalten lassen — erst danach darf die Apparatur belüftet werden.

Rektifikation mit Kolonnenkopf

Für eine optimale Trennung ist die Einstellung des Dampf/Flüssigkeit–Gleichgewichts in einer Kolonne theoretisch ideal, wenn kein Destillat entnommen wird, sondern alles als Rücklauf in die Kolonne zurück fliesst (Totalrücklauf).
Um dieses Gleichgewicht nicht wesentlich zu stören, soll während der Destillation nur soviel Destillat entnommen werden, wie sich in der Kolonne laufend anreichert.
Die Entnahme einer grösseren Menge würde sich im Ansteigen der Siedetemperatur (im Vergleich zur Siedetemperatur bei Totalrücklauf) äussern und eine unvollständige Trennung bewirken.
Das genaue Regeln der Destillatentnahme erfolgt mit einem Kolonnenkopf (Rücklaufteiler).

Die Rektifikation mit Kolonnenkopf wird zum Trennen von Substanzgemischen angewendet, wenn die Differenz der Siedepunkte der Komponenten weniger als 50 °C beträgt, oder wenn die Rektifikation unter vermindertem Druck durchgeführt wird.

1. Kolonnenkopf nach Rehn–Theilig

Der aufsteigende Dampf kondensiert im Kühler.
Das Kondensat wird durch den Regelhahn im gewünschten Verhältnis in Rücklauf und Destillat aufgeteilt.
Der Rücklauf fliesst in die Kolonne zurück, während das Destillat in verschiedenen Fraktionen gesammelt werden kann, ohne die Destillation zu unterbrechen.

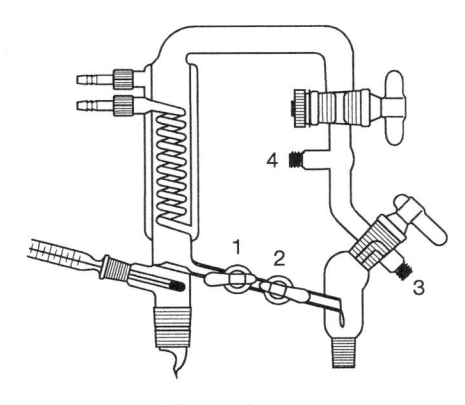

1 Regelhahn
2 Sperrhahn
3 Belüftung
4 Trockenrohr/Pumpe

Im Labor verwendet man meistens den Rücklaufteiler nach Rehn–Theilig oder automatisch gesteuerte Kolonnenköpfe.
Bei automatischer Steuerung wird das Rücklaufverhältnis vorgewählt und dann elektronisch überwacht. Bei einem Temperaturanstieg von z. B. 0,1 °C wird die Kolonne automatisch auf Totalrücklauf umgestellt.

Gegenstromdestillation

Rektifikation mit Kolonnenkopf

2. Verdampfungsteil/Kondensationsteil/Fraktionierteil

Hahnstellung in Betrieb

Vakuum oder Trockenrohr

Stockthermometer zum Messen der Kopftemperatur

Kolonne isoliert;
nur soweit mit Füllkörpern füllen, dass die Tropfspitze nicht berührt wird

Rundkolben mit Siedestein,
max. 2/3 gefüllt;
evtl. 2–Hals Rundkolben mit Thermometer zum Messen der Sumpftemperatur

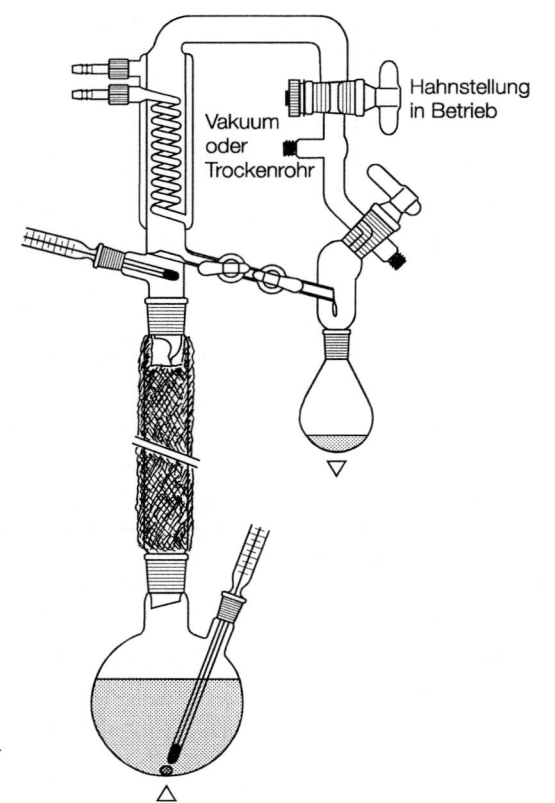

Wird die Rektifikation bei vermindertem Druck ausgeführt, benützt man Rundkolben mit Magnetrührstäbchen oder einen Spitzkolben mit einer Siedekapillare.

Gegenstromdestillation

Rektifikation mit Kolonnenkopf

3. Durchführen der Rektifikation bei Normaldruck

- die zu verwendenden Kolben tarieren
- Substanzgemisch einfüllen
- Heizbad unterstellen
- Kühlwasser laufen lassen
- langsam aufheizen unter Totalrücklauf, Badflüssigkeit rühren
- warten bis sich ein Dampf/Flüssigkeits–Gleichgewicht eingestellt hat
- mit dem Regelhahn das gewünschte Rücklaufverhältnis einstellen
- fraktionieren

Die Temperatur des Heizbades laufend so einstellen, dass die gewünschte Destilliergeschwindigkeit erreicht wird.
Nach beendeter Destillation Heizbad entfernen und Rückstand im Kolben erkalten lassen.

4. Durchführen der Rektifikation bei vermindertem Druck

- die zu verwendenden Kolben tarieren
- Schliffe fetten
- leere Apparatur hinter Schutzschild oder in der Kapelle evakuieren und auf Dichtheit prüfen
- belüften und Substanzgemisch einfüllen
- evakuieren
- Heizbad unterstellen
- Kühlwasser laufen lassen
- langsam aufheizen unter Totalrücklauf, Badflüssigkeit rühren
- warten bis sich ein Dampf/Flüssigkeits–Gleichgewicht eingestellt hat
- mit dem Regelhahn das gewünschte Rücklaufverhältnis einstellen
- fraktionieren

Die Temperatur des Heizbades laufend so einstellen, dass die gewünschte Destilliergeschwindigkeit erreicht wird.
Nach beendeter Destillation Heizbad entfernen und Rückstand im Kolben erkalten lassen — erst danach darf die Apparatur belüftet werden.

Destillation azeotroper Gemische

Maximumazeotrop–Destillation   **151**

Minimumazeotrop–Destillation   **152**
    1. Abdestillieren von Reaktionswasser   152
    2. Entfernen von Wasser aus Lösemitteln   153
    3. Trennen von Gemischen mit kleiner Siedepunktdifferenz   153
    4. Entfernen von Lösemittel/Produkt aus Reaktionsgemischen   153

Wasserdampfdestillation   **154**
    1. Verdampfungsteil   154
    2. Kondensationsteil für Flüssigkeiten   156
    3. Kondensationsteil für Feststoffe   157
    4. Durchführen einer Wasserdampfdestillation   158

Destillation azeotroper Gemische

Der Dampfdruck eines siedenden Gemisches setzt sich zusammen aus der Summe der Dampfdrücke der einzelnen Komponenten.

Im Unterschied zu den idealen Gemischen bleibt bei der Destillation von azeotropen Gemischen die Zusammensetzung des Gesamtdampfdruckes konstant. Es wird zwischen Minimum- und Maximumazeotrop unterschieden.

Destillation azeotroper Gemische

Maximumazeotrop–Destillation

Bei einem Maximumazeotrop destilliert zuerst die überschüssige Komponente ab, bis sich im vorgelegten Gemisch das Verhältnis des Azeotrops eingestellt hat. Dann destilliert das Azeotrop bei konstanter Temperatur im konstanten Verhältnis. Es verhält sich wie eine reine Substanz und ist durch Destillation nicht zu trennen.

Halogenwasserstoffsäuren können durch Maximumazeotrop–Destillation auf eine ganz bestimmte Konzentration gebracht werden.

Beispiel: Das Gemisch Bromwasserstoff/Wasser siedet als Maximumazeotrop bei 126 °C und besitzt einen Bromwasserstoff–Massenanteil von 47,8 %.

Liegt der Massenanteil der Lösung über 47,8 %, entweicht beim Erhitzen überschüssiges Bromwasserstoffgas.

Ist der Massenanteil kleiner als 47,8 %, destilliert Wasser ab, bis die azeotrope Zusammensetzung erreicht ist.

Destillation azeotroper Gemische

Minimumazeotrop–Destillation

Bei einem Minimumazeotrop destilliert zuerst das azeotrope Gemisch bei konstanter Temperatur in einem konstanten Verhältnis ab, bis nur noch die überschüssige Komponente zurück bleibt.
Die Konzentration des abdestillierenden Azeotrops ist unabhängig von der Zusammensetzung des vorgelegten Gemisches.
Das Azeotrop verhält sich wie eine reine Substanz und ist durch Destillation nicht zu trennen.

1. Abdestillieren von Reaktionswasser

Das bei einer Reaktion entstehende Wasser wird azeotrop mit Hilfe eines wasserunlöslichen Lösemittels (z. B. Toluol, Cyclohexan, Dichlormethan) abdestilliert und im Azeotropaufsatz abgetrennt. Dieses Lösemittel (Schleppmittel) läuft kontinuierlich in das Reaktionsgefäss zurück.
Das Abdestillieren von Reaktionswasser mit Hilfe eines Schleppmittels wird häufig bei der Herstellung von Estern angewendet.

1.1 Azeotropaufsatz (Wasserabscheider)

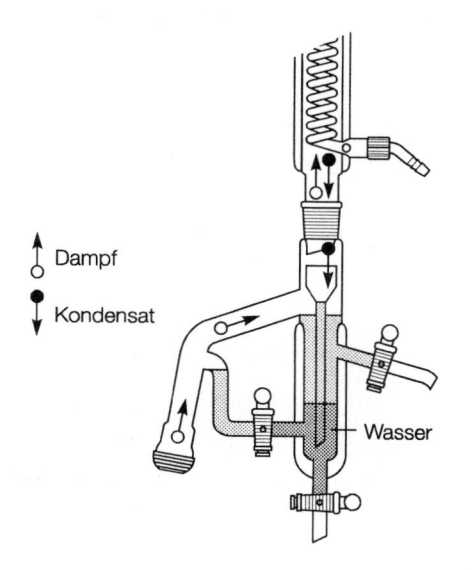

Schleppmittel spezifisch leichter als Wasser

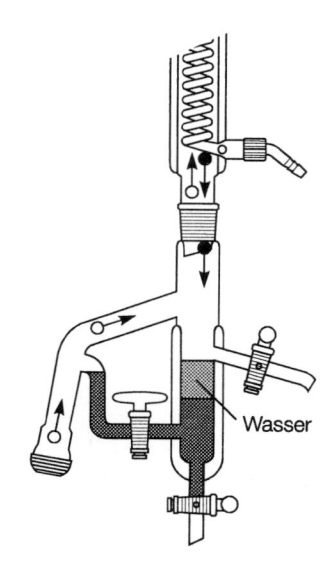

Schleppmittel spezifisch schwerer als Wasser

Destillation azeotroper Gemische

Minimumazeotrop–Destillation

---

2. Entfernen von Wasser aus Lösemitteln

Lösemittel, die mit Wasser ein Azeotrop bilden, können durch Destillieren vom Wasser befreit werden.
Bei Beginn der Destillation destilliert zuerst ein Minimumazeotrop, bestehend aus Lösemittel und Wasser, ab. Destilliert wird solange, bis im Destillierkolben kein Wasser mehr vorhanden ist, d. h., bis die Kopftemperatur dem Wert des Siedepunkts des reinen Lösemittels entspricht.

3. Trennen von Gemischen mit kleiner Siedepunktdifferenz

Gemische von Substanzen, deren Siedepunkte nahe beisammen liegen, lassen sich durch übliche Destillationsmethoden schlecht trennen.

Durch Zugeben eines Stoffes, welcher mit einer der vorgelegten Komponenten oder mit beiden ein azeotropes Gemisch bildet, wird eine grössere Differenz der Siedepunkte erzielt. Die Abtrennung des Azeotrops erfolgt mit Hilfe einer Destillationskolonne.

Beispiel: Das Gemisch Indol/Diphenyl weist eine Siedepunktdifferenz von 0,6 °C auf.

Durch Zugeben von Diethylenglykol entstehen Azeotrope, die eine Siedepunktdifferenz von 12 °C aufweisen und sich über eine Destillationskolonne trennen lassen.
Mit geeigneten Aufarbeitungsmethoden lässt sich das zugesetzte Diethylenglykol aus den beiden Fraktionen entfernen.

4. Entfernen von Lösemittel/Produkt aus Reaktionsgemischen

Relativ hochsiedende Lösemittel oder Produkte können durch Bildung eines Minimumazeotrops bei einer Siedetemperatur von weniger als 100 °C aus dem Reaktionsgemisch abdestilliert werden; dies geschieht meistens durch Einleiten von Wasserdampf.

Destillation azeotroper Gemische

Wasserdampfdestillation

Die Wasserdampfdestillation ist eine Trägerdampfdestillation. Dabei wird eine Komponente als Dampf in die andere Komponente eingeleitet und bildet das azeotrope Gemisch. Auf diese Weise lassen sich temperaturempfindliche und hochsiedende wasserdampfflüchtige Substanzen von nicht wasserdampfflüchtigen Stoffen trennen, sowie Substanzgemische, die sich stark in ihrer Wasserdampfflüchtigkeit unterscheiden, fraktionieren.

Wasserdampfflüchtig sind organische Substanzen, die in Diethylether löslich sind:
- gut wasserdampfflüchtig sind Substanzen mit einem hohen Dampfdruck,
- schlecht wasserdampfflüchtig sind Substanzen mit einem niederen Dampfdruck.

1. Verdampfungsteil

1.1 Rundkolbenapparatur

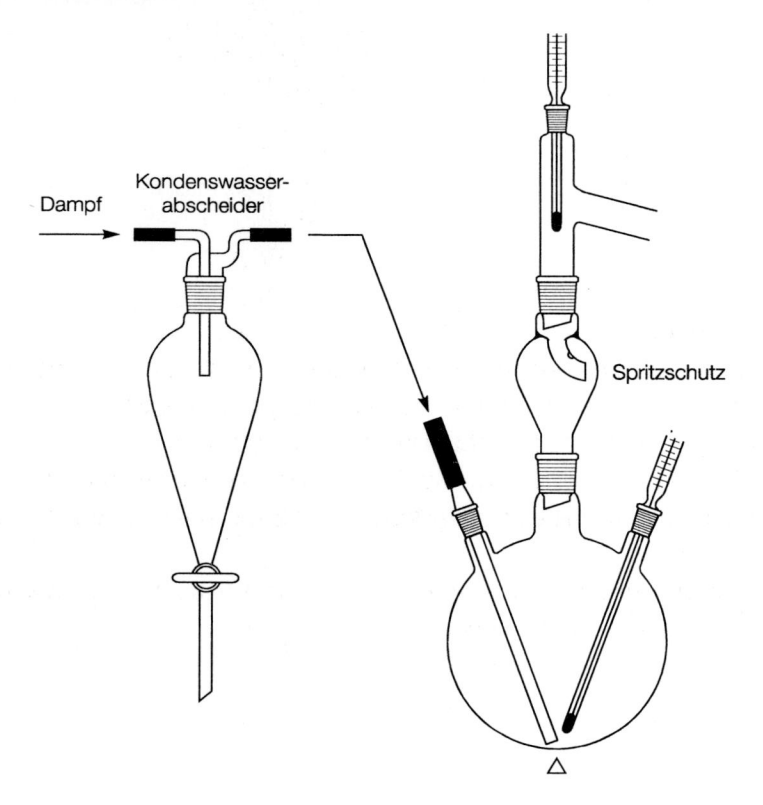

Destillation azeotroper Gemische

Wasserdampfdestillation

1.2 Sulfierkolbenapparatur

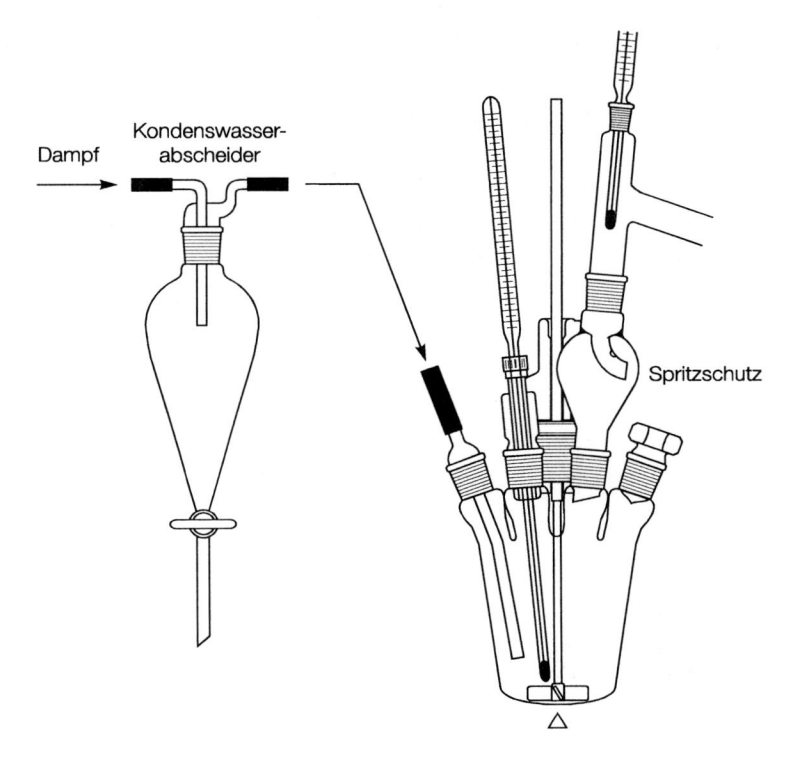

Apparative Hinweise:
- Grösse des Sulfierkolbens oder des Rundkolbens so wählen, dass er nach beendeter Reaktion vor dem Abdestillieren 1/3 bis maximal 1/2 gefüllt ist.
- Dampfeinleitungsrohr soll möglichst tief in den Kolben eintauchen.
- Um ein Kondensieren von Wasserdampf im vorliegenden Gemisch zu vermeiden (Volumenzunahme), wird mit einem Heizbad, 120 °C bis 130 °C, geheizt und die Destillation beschleunigt.
- Der Rührverschluss wird während der Destillation nicht gekühlt (verbleibendes Wasser vor der Destillation entfernen).

Wasserdampfdestillation

2. Kondensationsteil für Flüssigkeiten

Zum Kühlen werden lange Intensivkühler verwendet, da infolge der hohen Kondensationswärme von Wasserdampf viel Wärmeenergie abgeführt werden muss.

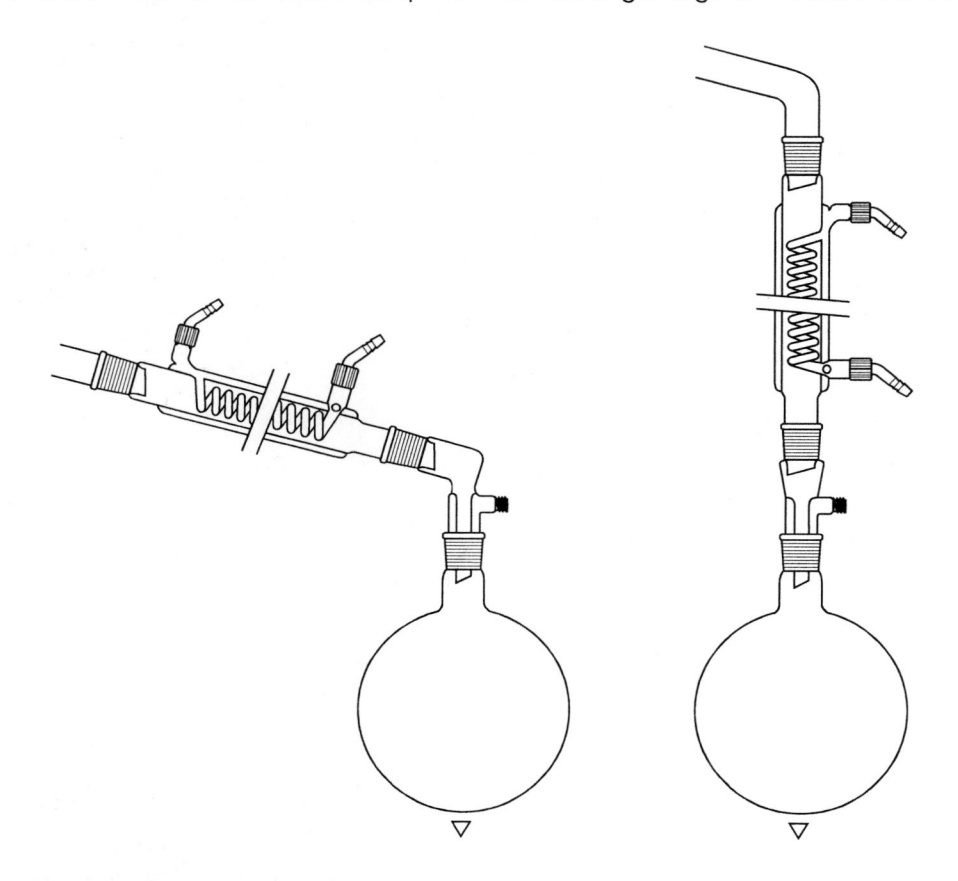

Als Vorlage dienen Rundkolben, Erlenmeyerkolben oder Scheidetrichter. Rundkolben und Erlenmeyerkolben können bei Bedarf gekühlt werden. Aus dem Scheidetrichter lässt sich das Produkt direkt durch Extraktion isolieren.

Destillation azeotroper Gemische

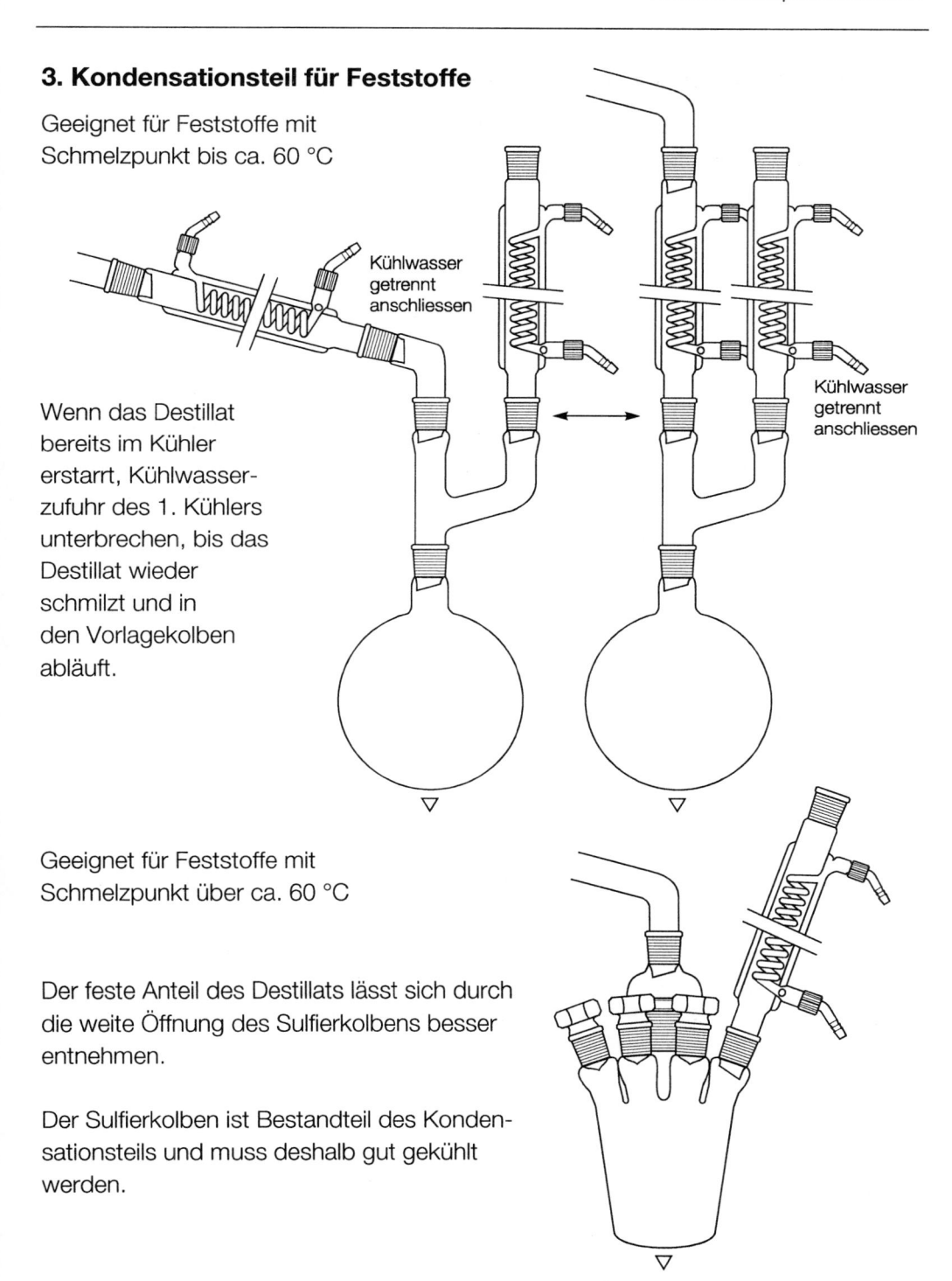

Wasserdampfdestillation

3. Kondensationsteil für Feststoffe

Geeignet für Feststoffe mit
Schmelzpunkt bis ca. 60 °C

Kühlwasser
getrennt
anschliessen

Kühlwasser
getrennt
anschliessen

Wenn das Destillat
bereits im Kühler
erstarrt, Kühlwasser-
zufuhr des 1. Kühlers
unterbrechen, bis das
Destillat wieder
schmilzt und in
den Vorlagekolben
abläuft.

Geeignet für Feststoffe mit
Schmelzpunkt über ca. 60 °C

Der feste Anteil des Destillats lässt sich durch
die weite Öffnung des Sulfierkolbens besser
entnehmen.

Der Sulfierkolben ist Bestandteil des Konden-
sationsteils und muss deshalb gut gekühlt
werden.

Destillation azeotroper Gemische

Wasserdampfdestillation

---

4. Durchführen einer Wasserdampfdestillation

- Substanz- oder Reaktionsgemisch mit Wasser vorlegen
- Heizbad unterstellen und Gemisch bis zum Sieden erwärmen
- Dampf einleiten

4.1 Endpunkt
Die Wasserdampfdestillation ist beendet, wenn die Kopftemperatur dem Siedepunkt von Wasser entspricht und das Destillat klar, farblos und homogen ist: es destilliert nur noch Wasser.

Kontrolle
- Visuell: im Destillat sind keine öligen Tröpfchen oder Feststoffteilchen mehr sichtbar
- Dünnschichtchromatographie–Tüpfelprobe: im aufgetropften Destillat ist mit einem spezifischen Nachweis keine Substanz mehr festzustellen
- Refraktionsbestimmung: das Destillat hat den gleichen Brechungsindex wie Wasser

4.2 Aufarbeiten des Destillats
Die Substanz wird mit einem mit Wasser nicht mischbaren Lösemittel extrahiert. Nach dem Abtrennen wird die organische Phase getrocknet, filtriert und eingedampft.

Spezielle Gleich- und Gegenstromdestillationen

Abdestillieren   **160**
    1. Abdestillieren mit dem Rotationsverdampfer   160
    2. Abdestillieren aus dem Reaktionsgefäss   163

Destillation unter Inertgas   **164**
    1. Destillation von Flüssigkeiten bei vermindertem Druck   164
    2. Destillation von Feststoffen bei vermindertem Druck   165
    3. Abfüllen unter Inertgas   166

Destillation unter Feuchtigkeitsausschluss   **167**
    1. Destillation bei Normaldruck   167
    2. Destillation bei vermindertem Druck   167
    3. Aufbewahren unter Feuchtigkeitsausschluss   167

Spezielle Gleich- und Gegenstromdestillationen

Abdestillieren

Unter dem Begriff "Abdestillieren" wird das Entfernen eines leichtflüchtigen Anteils mittels rascher Destillation aus einem Gemisch verstanden.
Diese Arbeitsweise wird meist angewendet zum Entfernen von Lösemittel sowie zum Aufkonzentrieren von Lösungen oder Suspensionen.

1. Abdestillieren mit dem Rotationsverdampfer

Beim Abdestillieren mit dem Rotationsverdampfer wird in der Regel der Verdampfungsrückstand benötigt, während das abdestillierte Lösemittel der Wiederverwendung zugeführt wird. Das Abdestillieren kann bei Normaldruck oder bei vermindertem Druck erfolgen.

Der Rotationsverdampfer ist durch eine Hebevorrichtung in der Höhe verstellbar. Durch Rotation des Destillierkolbens wird ein Siedeverzug verhindert, die Drehzahl ist regulierbar.
Beim Arbeiten unter vermindertem Druck ist ein kontinuierliches Eindampfen der Lösung durch Einsaugen über den Nachspeisehahn möglich. Dadurch kann in einem relativ kleinen Kolben eine grössere Menge einer verdünnten Lösung aufkonzentriert werden.
Der rotierende Kolben muss gesichert werden und wird erst nach dem Evakuieren der Apparatur in das Heizbad abgesenkt.

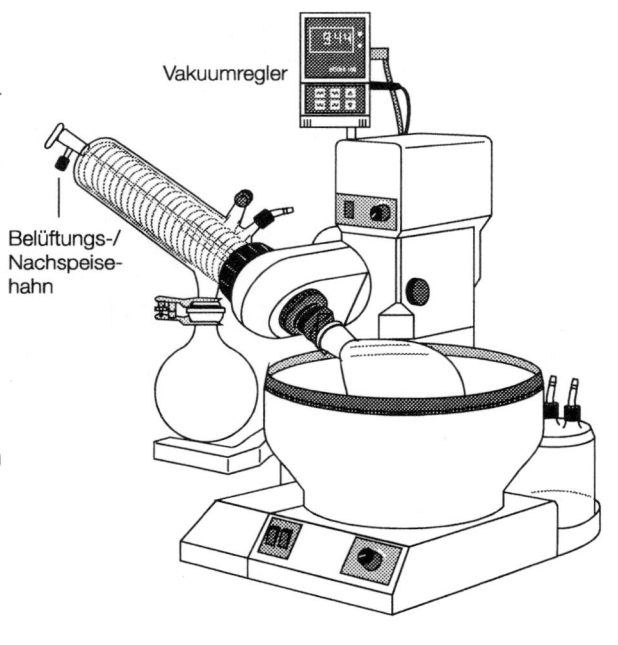

Um eine optimale Trennung zu erreichen, muss nach dem Abdestillieren der Hauptmenge die Vorlage geleert werden und anschliessend nochmals bei kleinerem Druck eingeengt werden.
Peroxidbildende Lösemittel sind vor dem Abdestillieren auf Peroxid zu prüfen und entsprechend zu behandeln.
Beim Arbeiten mit sauerstoffempfindlichen Lösungen muss die Apparatur unter Inertgas gesetzt werden.

Spezielle Gleich- und Gegenstromdestillationen

Abdestillieren

1.1 Abdestillieren bei vermindertem Druck, Systemaufbau

Um Lösemittelemissionen so klein wie möglich zu halten, sind die optimalen Druck- und Temperaturrichtwerte einzuhalten. Die Kombination mit einer Membranpumpe ermöglicht zusätzlich das Nachkondensieren der Lösemitteldämpfe.

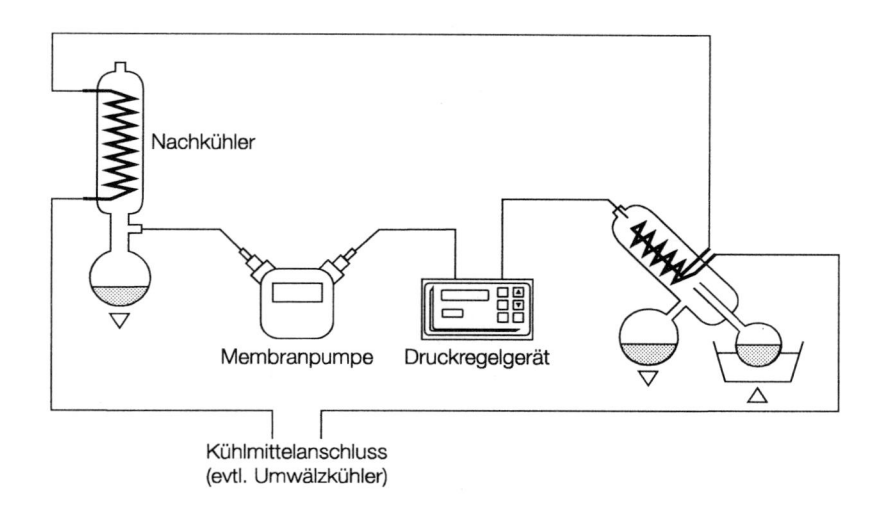

(Abbildung: Nachkühler, Membranpumpe, Druckregelgerät, Kühlmittelanschluss (evtl. Umwälzkühler))

- Temperatureinstellungen:
  Badtemperatur 20 °C bis 25 °C höher als die gewünschte Siedetemperatur beim dafür einzustellenden Druck
  Kühlmitteltemperatur 10 °C bis 20 °C
  Bei empfindlichen Substanzen sind die Temperaturen in 20 °C–Intervallen entsprechend tiefer einzustellen.
- Wasserbad isolieren
- Nachspeisehahn kontrollieren (→ muss geschlossen sein)
- leeren Rotationsverdampfer hinter Schutzschild oder in der Kapelle evakuieren und auf Dichtheit prüfen (→ Druckabfall darf nicht mehr als 2 hPa/Min. betragen)

Spezielle Gleich- und Gegenstromdestillationen

Abdestillieren

1.2 Wahl des Arbeitsdrucks

Lösemittel / Siedepunkt bei Normaldruck		△ 40 °C ▽ 0 °C gewünschter Siedepunkt 20 °C einzustellender Druck	△ 60 °C ▽ 20 °C gewünschter Siedepunkt 40 °C einzustellender Druck
Aceton	56 °C	250 hPa	500 hPa
Acetonitril	81 °C	100 hPa	250 hPa
Ameisensäure	101 °C	40 hPa	60 hPa
1–Butanol	117 °C		30 hPa
2–Butanol	108 °C		45 hPa
Benzol	80 °C	100 hPa	200 hPa
Chlorbenzol	132 °C		27 hPa
Chloroform	61 °C	250 hPa	420 hPa
Cyclohexan	82 °C	100 hPa	250 hPa
Diethylether	36 °C	650 hPa	
Diethylamin	56 °C	250 hPa	450 hPa
Dichlormethan	40 °C	600 hPa	
Dioxan	101 °C	40 hPa	55 hPa
Ethylacetat	77 °C	100 hPa	240 hPa
Ethylalkohol	78 °C	50 hPa	175 hPa
Ethylenchlorid	84 °C	90 hPa	190 hPa
n–Hexan	71 °C	100 hPa	270 hPa
Methylalkohol	65 °C	120 hPa	300 hPa
Methyl–t. Butylether	54 °C	250 hPa	500 hPa
Methylethylketon	79 °C	100 hPa	250 hPa
1–Propanol	97 °C	25 hPa	70 hPa
2–Propanol	82 °C	40 hPa	140 hPa
Pyridin	115 °C	20 hPa	50 hPa
Tetrachlorkohlenstoff	77 °C	100 hPa	230 hPa
Tetrahydrofuran	65 °C	120 hPa	300 hPa
Toluol	111 °C		65 hPa
Trichlorethylen	87 °C	80 hPa	160 hPa
Wasser	100 °C		65 hPa

△ = Heizbad   ▽ = Kühlmittel

Spezielle Gleich- und Gegenstromdestillationen

Abdestillieren

2. Abdestillieren aus dem Reaktionsgefäss

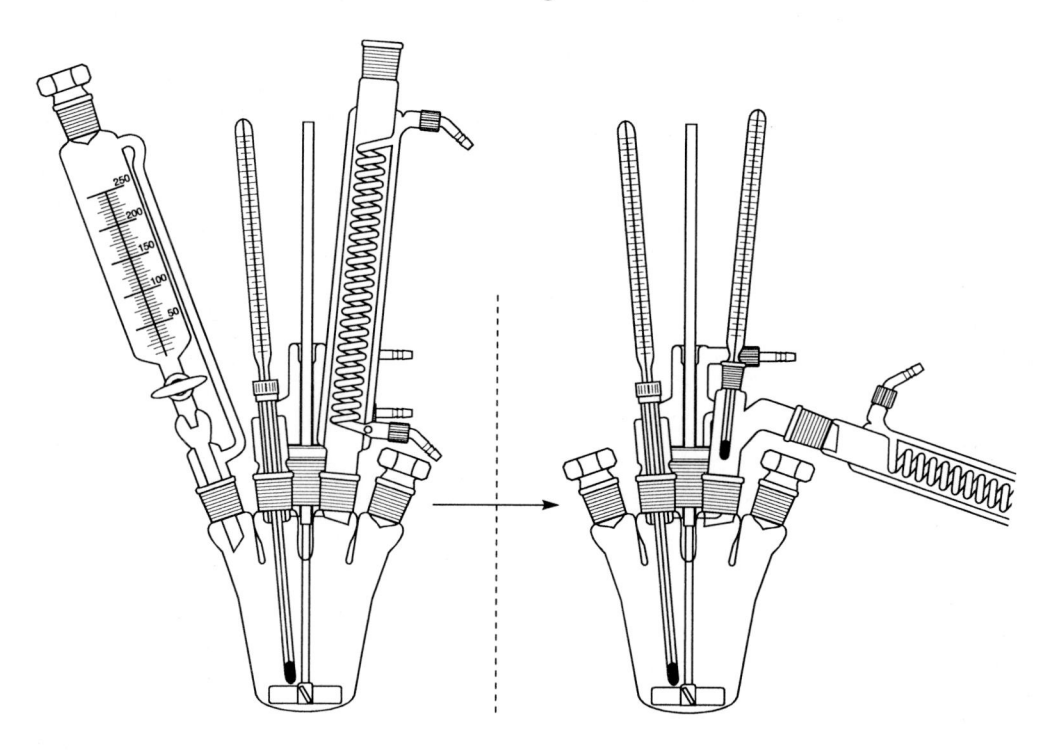

Soll während oder nach einer Reaktion das Lösemittel oder das Produkt abdestilliert werden, kann eine Destilliervorrichtung direkt auf den Reaktionskolben montiert werden. Der Rückflusskühler wird entfernt, das Kühlwasser im Rührverschluss abgestellt und dieser entleert.
Das Abdestillieren kann auch (beschränkt) bei vermindertem Druck erfolgen.

Das Abdestillieren von Lösemittel erfolgt üblicherweise rascher, als dies bei einer normalen Destillation der Fall ist: Es empfiehlt sich die Verwendung eines Intensivkühlers.

Spezielle Gleich- und Gegenstromdestillationen

Destillation unter Inertgas

Oxidationsempfindliche Substanzen werden unter Ausschluss von Sauerstoff destilliert. Zum Verdrängen des Luftsauerstoffs wird als Inertgas meist Stickstoff, Argon oder Kohlenstoffdioxid verwendet; die Wahl des Inertgases richtet sich nach den chemischen Eigenschaften der zu destillierenden Substanz.
Die Destillation wird meist bei vermindertem Druck ausgeführt.

1. Destillation von Flüssigkeiten bei vermindertem Druck

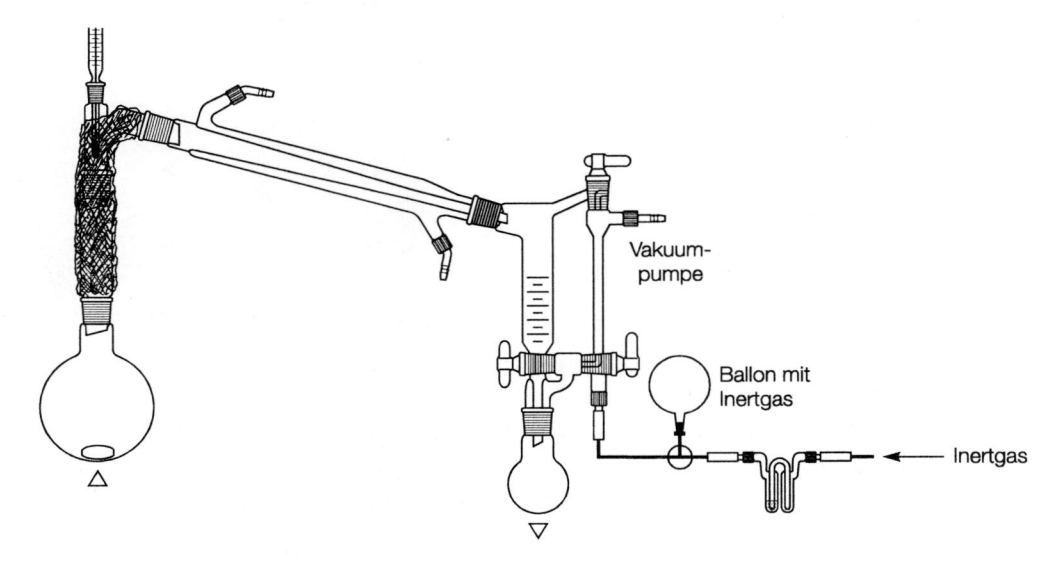

- die zu verwendenden Kolben tarieren
- Schliffe fetten
- leere Apparatur hinter Schutzschild oder in der Kapelle evakuieren und auf Dichtheit prüfen
- belüften und Substanz einfüllen
- evakuieren und mit Inertgas "spülen"; diesen Vorgang 2–3 mal wiederholen
- erneut evakuieren
- langsam aufheizen
- fraktionieren
  Beim Wechsel des Vorlagekolbens muss der neue Kolben ebenfalls 2–3 mal mit Inertgas gespült werden!

Nach beendeter Destillation Heizbad entfernen und Rückstand im Destillierkolben erkalten lassen. Danach bis zum Druckausgleich Inertgas einströmen lassen.
Das reine Destillat soll unter inerten Bedingungen abgefüllt werden.

Spezielle Gleich- und Gegenstromdestillationen

Destillation unter Inertgas

2. Destillation von Feststoffen bei vermindertem Druck

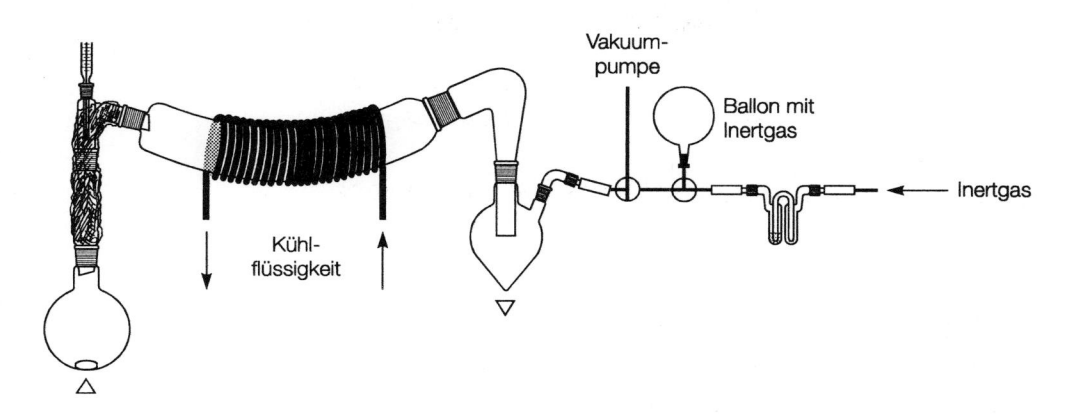

- die zu verwendenden Kolben (auch die Wurstvorlage) tarieren
- Schliffe fetten
- leere Apparatur hinter Schutzschild oder in der Kapelle evakuieren und auf Dichtheit prüfen
- belüften und Substanz einfüllen
- evakuieren und mit Inertgas "spülen"; diesen Vorgang 2–3 mal wiederholen
- langsam aufheizen
- Substanz bei Normaldruck schmelzen (nicht überhitzen!)
- erneut evakuieren
- weiter aufheizen
- destillieren

Nach beendeter Destillation Heizbad entfernen und Rückstand im Destillierkolben erkalten lassen. Danach bis zum Druckausgleich Inertgas einströmen lassen.

Das erstarrte Destillat wird unter inerten Bedingungen aus der Wurstvorlage geschmolzen und ohne zu pulverisieren (Oberfläche klein halten) immer noch unter inerten Bedingungen abgefüllt.

Destillation unter Inertgas

3. Abfüllen unter Inertgas

Um die Oxidation der gereinigten Substanz beim Abfüllen oder Lagern zu vermeiden, wird das Destillat unter inerten Bedingungen abgefüllt. Steht dazu keine fest installierte Vorrichtung zur Verfügung, dienen die folgenden Improvisationsmöglichkeiten.

3.1 Abfüllen unter Kohlenstoffdioxid oder Argon
Spezifisch schwerer als Luft

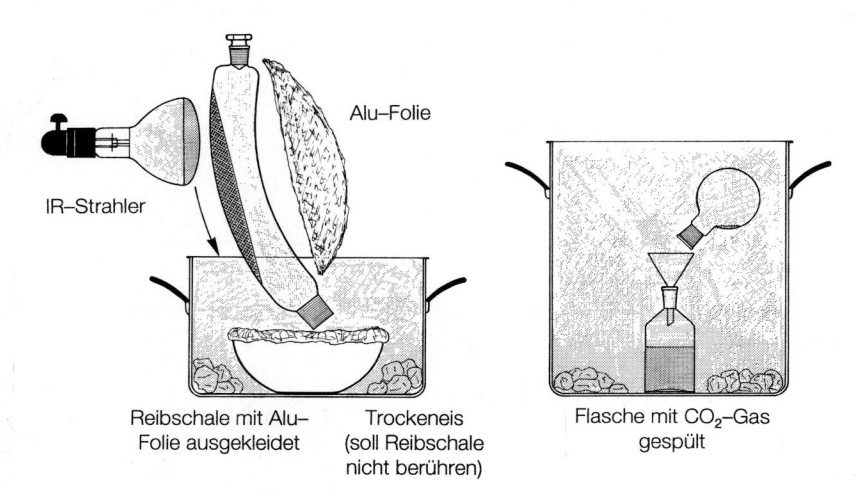

IR–Strahler

Alu–Folie

Reibschale mit Alu–Folie ausgekleidet

Trockeneis (soll Reibschale nicht berühren)

Flasche mit CO_2–Gas gespült

3.2 Abfüllen unter Stickstoff
Spezifisch leichter als Luft

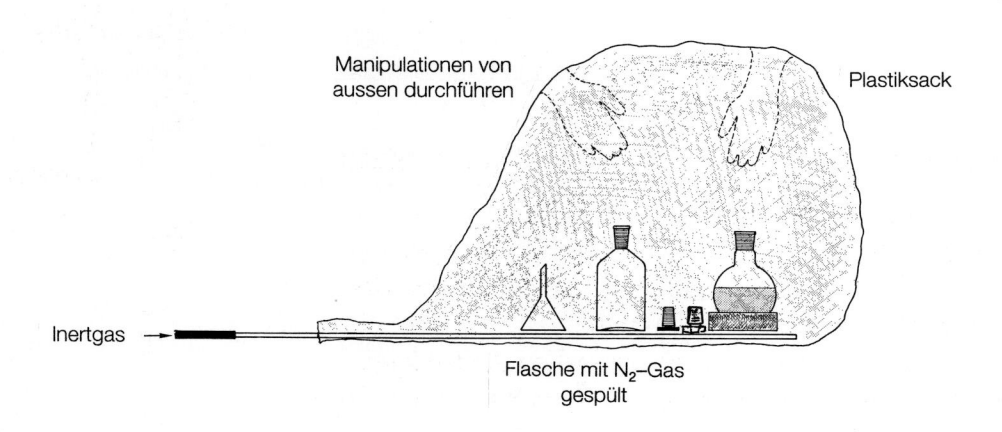

Manipulationen von aussen durchführen

Plastiksack

Inertgas

Flasche mit N_2–Gas gespült

Spezielle Gleich- und Gegenstromdestillationen

Destillation unter Feuchtigkeitsausschluss

Werden feuchtigkeitsempfindliche oder hygroskopische Substanzen destilliert, muss dies unter Ausschluss von Feuchtigkeit erfolgen. Der Zutritt von Feuchtigkeit wird durch das Anbringen eines Trockenrohrs oder Belüften mit trockenem Inertgas vermieden.

1. Destillation bei Normaldruck

Für die Destillation bei Normaldruck wird ein Trockenrohr an die Öffnung des Destilliervorstosses angebracht.

Um einen Druckausgleich zu ermöglichen, wird grobkörniges Trockenmittel eingefüllt.

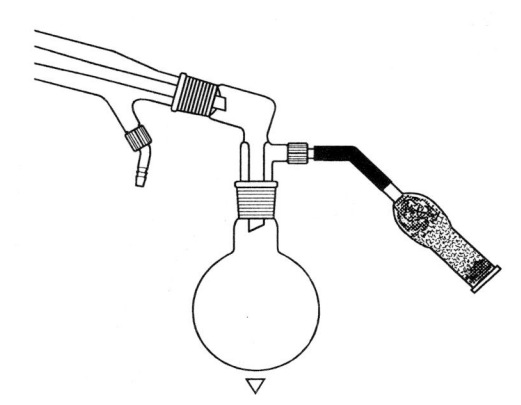

2. Destillation bei vermindertem Druck

Für die Destillation bei vermindertem Druck wird mit trockenem Inertgas belüftet.

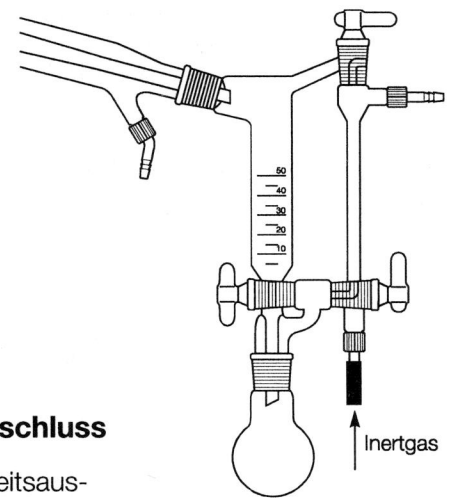

3. Aufbewahren unter Feuchtigkeitsausschluss

Muss das Destillat längere Zeit unter Feuchtigkeitsausschluss aufbewahrt werden, empfiehlt es sich, den Flaschenverschluss mit Paraffin zu überziehen oder das Destillat in eine Ampulle einzuschmelzen.
Beim Aufbewahren von hygroskopischen Stoffen kann Molekularsieb als Trockenmittel direkt in die Flasche gegeben werden.

Sublimieren

Physikalische Grundlagen   **171**

   1. Dampfdruck von Feststoffen   171

   2. Temperaturabhängigkeit des Dampfdrucks   171

   3. Druckabhängigkeit des Sublimationspunkts und der Sublimationsgeschwindigkeit   172

Sublimation eines Feststoffgemisches   **173**

   1. Sublimationsapparat   173

   2. Sublimation von Einzelkomponenten   173

   3. Fraktionierte Sublimation   174

   4. Reinheitskontrolle   174

Sublimieren

Unter Sublimieren wird der direkte Übergang vom festen in den gasigen Aggregatzustand verstanden.

Einige Beispiele aus dem häuslichen Alltag:
- Naphthalin oder Campher sublimieren im Kleiderschrank (Mottenbekämpfung)
- Schnee sublimiert ohne zu schmelzen
- im Winter trocknet im Freien aufgehängte, steifgefrorene Wäsche
- Lebensmittel können gefriergetrocknet werden

Im chemischen Labor wird die Sublimation zum Reinigen von Feststoffen resp. zum Trennen von Feststoffgemischen benützt.

Die Vorteile der Sublimation sind:
- Schonende thermische Behandlung der Substanz
- Geringer Verlust, deshalb speziell geeignet zum Reinigen kleinster Stoffmengen

Sublimieren

Physikalische Grundlagen

Die Sublimation eignet sich zum Trennen von Feststoffgemischen, wenn diese aus sublimierbaren und nicht- oder wenig flüchtigen Anteilen bestehen. Sublimierbare Feststoffe sind oft an ihrem starken Geruch zu erkennen.

1. Dampfdruck von Feststoffen

Moleküle und Ionen in Feststoffen schwingen um ihren räumlich festgelegten Ort. Die temperaturabhängige Schwingungsenergie wird dabei von Teilchen zu Teilchen übertragen.
Der Schwingungszustand einzelner Teilchen kann so hoch sein, dass die zwischenmolekularen Anziehungskräfte überwunden werden und somit Moleküle oder Ionen den Feststoff als Dampf verlassen.
Da die Anziehungskräfte unter den Teilchen von Ionenverbindungen im Vergleich zu nichtionischen Verbindungen sehr hoch sind, besitzen Ionenverbindungen sehr geringe Dampfdrücke: ionische Verbindungen sublimieren deshalb nur schlecht.

2. Temperaturabhängigkeit des Dampfdruckes

Wird ein sublimierbarer Stoff in ein Gefäss eingeschlossen, bildet sich zwischen dem Feststoff und den Dämpfen ein Gleichgewichtszustand: Es verlassen pro Zeiteinheit gleich viele Teilchen die Substanz, wie wieder zur Substanz zurückkehren.

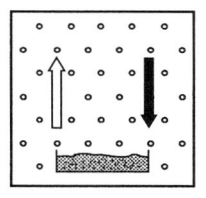

Beim Erwärmen sublimiert mehr Substanz, da sich der Dampfdruck erhöht.

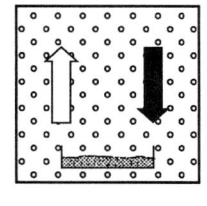

Beim Abkühlen schlägt sich ein Teil des Dampfes als Sublimat nieder.

Mit zunehmender Temperatur erhöht sich der Dampfdruck des festen Stoffes bis der Sublimationspunkt erreicht ist. Beim Sublimationspunkt ist der Dampfdruck gleich gross wie der Umgebungsdruck.

Sublimieren

Physikalische Grundlagen

Bei der Sublimationstemperatur sublimieren die Kristalle auch im Innern und zerplatzen. Die Sublimation soll jedoch nur an der Oberfläche der einzelnen Feststoffteilchen stattfinden; deshalb wird bei Temperaturen unterhalb des Sublimationspunkts gearbeitet.

Um das Gleichgewicht einer Sublimation in Richtung Sublimat zu beeinflussen, muss zwischen Heiz- und Kühlfläche eine möglichst grosse Temperaturdifferenz herbeigeführt werden.

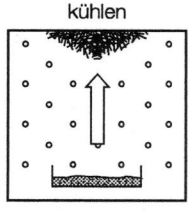

3. Druckabhängigkeit des Sublimationspunkts und der Sublimationsgeschwindigkeit.

Durch Herabsetzen des Umgebungsdruckes können die Teilchen aus einem Feststoff ungehinderter austreten. Erreichen Umgebungsdruck und Dampfdruck des Feststoffes den selben Betrag, so ist der Sublimationspunkt erreicht.

Durch das Absenken des Umgebungsdruckes können somit auch Stoffe sublimiert werden, die sonst nur durch Überschreiten der Schmelztemperatur in ausreichender Menge in den gasigen Zustand gebracht werden könnten.

Durch das Absenken des Umgebungsdruckes kann auch die Sublimationsgeschwindigkeit erhöht werden.

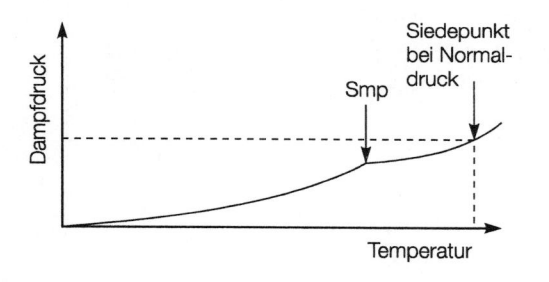

Übergang in den gasigen Zustand
durch Sieden bei Normaldruck

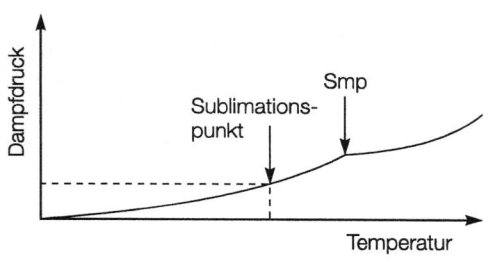

Übergang in den gasigen Zustand
durch Sublimieren bei vermindertem Druck

Sublimieren

Sublimation eines Feststoffgemisches

Beim Trennen oder Reinigen von Feststoffgemischen kann die Geschwindigkeit der Sublimation beeinflusst werden durch:
- Vergrössern der Substanzoberfläche
- gute Wärmeverteilung zwischen Substanz und der beheizten Fläche
- Reduzieren des Umgebungsdruckes
- Erhöhen der Temperatur des zu trennenden Gemisches bis unterhalb des Schmelzpunkts
- Verschieben des Gleichgewichts auf die Seite des Sublimats durch gute Kühlung und öfteres Abkratzen vom Kühlfinger

1. Sublimationsapparat

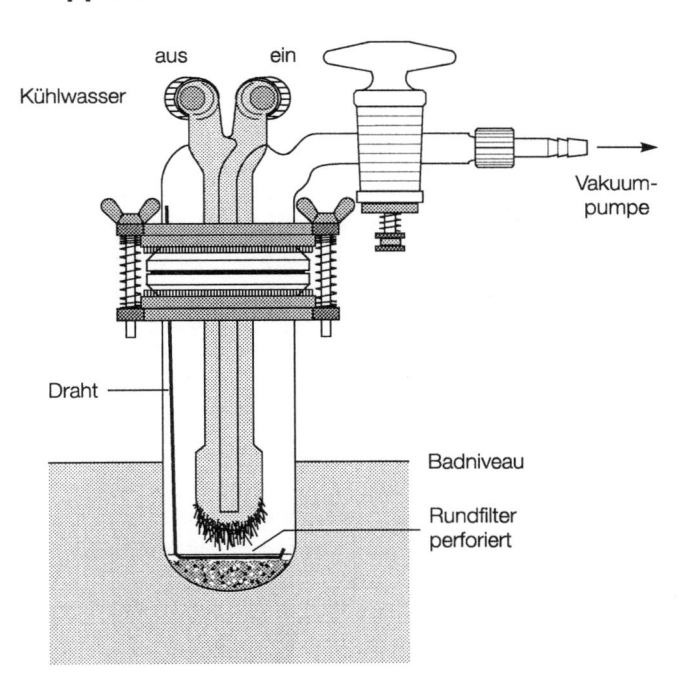

2. Sublimation von Einzelkomponenten

Stoffe, welche nichtsublimierende Verunreinigungen enthalten, können auf diese Weise gereinigt werden.
Bevor die Sublimation durchgeführt wird, muss der Schmelzpunkt des Feststoffgemisches bestimmt werden.

Sublimation eines Feststoffgemisches

- Apparat montieren und auf Dichtigkeit prüfen
- Substanz pulverisieren
- Pulverisierte Substanz einfüllen, auf der ganzen Fläche verteilen und mit Rundfilter abdecken
- Apparat verschliessen und bis zum gewünschten Unterdruck evakuieren
- Kühlwasser einschalten
- Heizbad unter den Apparat stellen, richtige Eintauchtiefe beachten und Badtemperatur ca. 10 °C unter der Schmelztemperatur des Stoffgemisches halten
- Bei deutlichem Beginn der Sublimation Apparat zur Pumpe hin verschliessen und nur bei Bedarf nachevakuieren
- Sublimat von Zeit zu Zeit vom Kühlfinger entfernen und dieses verschlossen aufbewahren; vor dem Öffnen des Apparates Kühlwasser abstellen (verhindert die Bildung von Kondenswasser am Kühlfinger)

Die Sublimation ist beendet, wenn sich am Kühlfinger kein Sublimat mehr bildet.

3. Fraktionierte Sublimation

Unterscheiden sich die sublimierbaren Komponenten eines Gemisches wesentlich in ihrer Flüchtigkeit, kann fraktioniert sublimiert werden.
Bevor die Sublimation durchgeführt wird, muss der Schmelzpunkt des Feststoffgemisches bestimmt werden.

- Durchführung der Sublimation wie oben beschrieben

Bildet sich am Kühlfinger kein Sublimat mehr, werden jetzt Druck und Temperatur von Fraktion zu Fraktion schrittweise verändert; die Fraktionen werden getrennt aufbewahrt.

Die Sublimation ist beendet, wenn sich am Kühlfinger kein Sublimat mehr bildet.

4. Reinheitskontrolle

Sublimate mittels Schmelzpunktbestimmung (Mischschmelzpunkt), Dünnschichtchromatographie, Elementaranalyse etc. auf Reinheit prüfen.

Ionenaustausch

Theoretische Grundlagen — 177
    1. Ionenaustauscherharze — 177
    2. Kapazität — 179
    3. Quellung — 179
    4. Vernetzungsgrad, Porengrösse — 179
    5. Selektivität — 180

Allgemeine Grundlagen — 181
    1. Wahl des Harzes — 181
    2. Aktivieren — 181
    3. Füllen einer Säule — 181
    4. Trennen — 181
    5. Regenerieren/Lagern — 182

Wasseraufbereitung — 183
    1. Vollentsalzung — 183
    2. Teilentsalzung — 184
    3. Qualität von entsalztem Wasser — 184

Spezielle Methoden — 185
    1. Massanalyse — 185
    2. Chromatographische Trennung — 185
    3. Katalyse — 186

Ionenaustausch

Die Anwendung von Ionenaustauschern auf der Basis von Kunstharzen hat im Labor und im Alltag (Wasseraufbereitung) eine grosse Bedeutung, da viele Stoffgemische damit getrennt werden können.

Während zunächst die qualitative und quantitative anorganische Analyse die am meisten verbreiteten Anwendungsgebiete für Ionenaustauschverfahren waren, werden heute auch bei der organischen Analyse Trennungen mit grossem Erfolg durchgeführt.

Ionenaustausch

Theoretische Grundlagen

Als Ionenaustausch wird der reversible Austausch von Ionen aus einer Lösung bezeichnet. Dazu verwendet man ein Ionenaustauscherharz, welches relativ leicht Ionen durch andere ersetzen kann.
Wird eine ionenhaltige Lösung mit diesem Harz vermischt, werden Ionen des Harzes gegen gleich geladene Ionen der Lösung ausgetauscht.

1. Ionenaustauscherharze

Ionenaustauscherharze sind meist kugelförmige, feste Gebilde. Sie bestehen aus einem Grundgerüst und den aktiven Gruppen.

Das Grundgerüst, die Matrix, ist der hochmolekulare, meist organische Bestandteil eines Ionenaustauscherharzes. Dieses Grundgerüst ist der Träger der Festionen und bedingt die Unlöslichkeit des Austauscherharzes.
Die Matrix ist sehr porös, je nach Herstellungsverfahren haben die Poren einen grösseren oder kleineren Durchmesser.

Als Matrix werden normalerweise verwendet:
- Styrol–Divinylbenzol Copolymerisat
- Acrylsäure–Divinylbenzol Copolymerisat
- Metacrylsäure–Divinylbenzol Copolymerisat
- Acrylsäureester Copolymerisat

Beispiel: Styrol–Divinylbenzol Copolymerisat (stark vernetzt)

□● aktive Gruppe

Ionenaustausch

Theoretische Grundlagen

Die aktiven Gruppen bestehen aus Festionen, die fest mit dem Grundgerüst verbunden sind, und den austauschbaren Gegenionen. Die Gegenionen tragen eine den Festionen entgegengesetzte Ladung.

Matrix mit aktiven Gruppen:

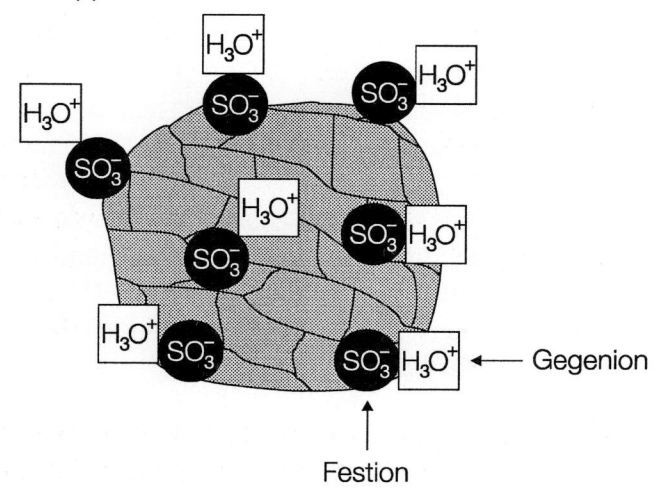

Allgemein wird zwischen Kationenaustauschern (KAT) und Anionenaustauschern (AAT) unterschieden.

Je nach dem chemischen Charakter des Festions werden sie als schwach oder stark saure Kationenaustauscher resp. schwach oder stark basische Anionenaustauscher bezeichnet.

Ionenaustauscher	Festion	Gegenion
schwach saurer Kationenaustauscher	$Ar-O^-$ $Ar-COO^-$	H_3O^+
stark saurer Kationenaustauscher	$Ar-SO_3^-$	H_3O^+/Na^+
schwach basischer Anionenaustauscher	$Ar-NH^+(R)_2$ $Ar-NH_2^+R$ $Ar-NH_3^+$	OH^-
stark basischer Anionenaustauscher	$Ar-N^+(R)_3$ $Ar-N^+(R)_2$ $\quad\vert$ $\quad CH_2-CH_2-OH$	Cl^-/OH^-

Ionenaustausch

Theoretische Grundlagen

1.1 Korngrösse

Der Durchmesser der Austauscherharzteilchen wird in mm oder mesh angegeben. Die Korngrösse des Harzes beeinflusst die Wirksamkeit der Trennung.

2. Kapazität

Die Kapazität ist die wichtigste Eigenschaft eines Ionenaustauschers. Aus der Kapazität kann quantitativ abgeleitet werden, welche Stoffmenge an Gegenionen ein Austauscher aufnehmen kann.
Es ist wichtig, zwischen der Gesamtkapazität und der nutzbaren Kapazität zu unterscheiden. Die Gesamtkapazität gibt die Gesamtmenge austauschfähiger Gegenionen an; die nutzbare Kapazität ist diejenige Kapazität, die in einer Austauschersäule unter den gewählten Bedingungen ausgenutzt werden kann.

Die nutzbare Kapazität wird angegeben z. B. in mÄquivalent/g wasserfeuchtes Harz oder mÄquivalent/mL wasserfeuchtes Harz.

Der Zustand der Ionenaustauscherharze kann mit Farbindikatoren kontrolliert werden. Ist die Austauschfähigkeit des Harzes erschöpft, verfärbt sich das Harz rot, blau, heller oder dunkler. Eine genaue Kontrolle ist nicht möglich, da die Farbänderung schleppend eintritt.

3. Quellung

Die Ionenaustauscherharze verändern durch Aufnahme von Wasser ihr Volumen. Ursache für die Quellung ist das Bestreben der Fest- und Gegenionen, sich innerhalb der Poren zu verdünnen.
Eine grosse Anzahl an funktionellen Gruppen und ein geringer Vernetzungsgrad der Matrix bewirken grosse Quellvolumina.

4. Vernetzungsgrad, Porengrösse

Der Vernetzungsgrad eines Ionenaustauschers beeinflusst seine physikalischen und mechanischen Eigenschaften.
Stärker vernetzte Strukturen haben eine geringere Porengrösse und dadurch eine höhere Selektivität, da immer nur Ionen gebunden werden, die kleiner sind als der Porendurchmesser des Harzes.
Bei hohem Vernetzungsgrad reduzieren sich die Quellfähigkeit und die Austauschgeschwindigkeit.

Ionenaustausch

Theoretische Grundlagen

Der Vernetzungsgrad und damit die Porengrösse beeinflusst aber auch die Kapazität des Harzes, da nicht nur die Gegenionen an der Oberfläche des Harzes, sondern auch diejenigen in den kapillaren Kanälen am Austauschvorgang beteiligt sind.

5. Selektivität

Unter Selektivität wird die bevorzugte Aufnahme einer Ionenart gegenüber einer andern verstanden.
Starke Ionenaustauscher adsorbieren alle Arten von entgegengesetzt geladenen Ionen, schwache nur die Ionen der starken Elektrolyte.

Beispiel: Polyamin (schwacher AAT) adsorbiert die $R-SO_3^-$-Ionen aus Sulfonsäuren (starke Elektrolyte), nicht aber die $R-COO^-$-Ionen aus Carbonsäuren (schwache Elektrolyte).

Ionenaustausch

Allgemeine Grundlagen

1. Wahl des Harzes

Die Wahl des Austauscherharzes richtet sich nach
- der Art der Ionen, die ausgetauscht werden müssen (Anionen oder Kationen)
- der Säure- resp. Basenstärke der auszutauschenden Gruppe

Vorversuche können die richtige Wahl des Austauscherharzes bestätigen.

2. Aktivieren

Vor dem Gebrauch eines Ionenaustauscherharzes wird dieses zweckmässigerweise aktiviert, indem man es den gesamten Zyklus von Beladen und Entladen durchlaufen lässt (in welcher Form das Harz anschliessend eingesetzt wird ist dabei unwichtig).

Beispiel: Wird ein Ionenaustauscher, der in der Natriumform vorliegt auch in dieser Form eingesetzt, wird er durch Behandeln mit Säure zunächst in die Hydroniumform und anschliessend mit einem Überschuss an Natronlauge in eine aktive Natriumform übergeführt.

3. Füllen einer Säule

Die Grösse der Säule richtet sich nach der Menge des Harzes, wobei das Verhältnis Säulendurchmesser zu Höhe des Harzes in der Säule 1:10 betragen soll.

Zuerst wird die Säule etwa zur Hälfte mit entsalztem Wasser gefüllt, dann die berechnete Menge Harz portionenweise eingetragen. Das Harz muss dabei gleichmässig und ohne Lufteinschlüsse gut verteilt werden. Bei kleinen Säulen wird dies durch Klopfen erreicht, bei grösseren Anlagen durch Rückspülen mit Wasser.
Das Harz wird neutral gewaschen und das Wasser anschliessend bis zur Harzoberfläche abgelassen.

4. Trennen

- Wässrige Lösung auf die vorbereitete Säule geben;
- mit Wasser gut nachwaschen resp. eluieren mit einer Durchlaufgeschwindigkeit von ca. 1–2 Harzvolumen/Stunde, bis das ablaufende Eluat den gleichen pH–Wert zeigt wie das zugesetzte Wasser.

Säulenfüllungen dürfen nie austrocknen.
Bei chromatographischen Trennungen wird mit Eluiermitteln von abgestufter Säure- oder Basenstärke ausgewaschen und die Eluate in Fraktionen aufgefangen.

Allgemeine Grundlagen

5. Regenerieren/Lagern

Harze sind nach Gebrauch immer sofort zu regenerieren, neutral zu waschen und in feuchtem Zustand zu lagern.

Durch Regenerieren wird der Ionenaustauscher in seine Ausgangsform zurückgeführt. Die Harze nehmen Kationen bzw. Anionen aus dem Regenerierungsmittel auf und geben dafür die zuvor aus der Lösung aufgenommenen Fremdionen ab.

Je nach Austauschertyp, ob schwach oder stark sauer resp. schwach oder stark basisch, werden verschiedene Regenerierungsmittel verwendet. Das Regenerierungsmittel darf mit den auszutauschenden Ionen nicht zu einer Fällungsreaktion am Harz führen.

Zur Regeneration werden ca. 3 Liter des Regenerierungsmittels pro Liter Harz mit einer Geschwindigkeit von 1–2 Harzvolumen/Stunde durch die Austauschersäule gegeben. Anschliessend wird bis zur neutralen Reaktion mit entsalztem Wasser nachgewaschen.

Beispiele von Regenerierungsmitteln

Ionenaustauschertyp	Gewünschte Form	Regenerierungsmittel
KAT stark sauer	Hydroniumionen Natriumionen	Salzsäure w = 0,06 Natriumchlorid w = 0,1
KAT schwach sauer	Hydroniumionen	Salzsäure w = 0,03
AAT stark basisch	Hydroxidionen Chloridionen	Natronlauge w = 0,04 Natriumchlorid w = 0,06
AAT schwach basisch	freie Base	Natronlauge w = 0,04

Mischbett–Laborgeräte zur Wasseraufbereitung werden in der Regel einer Grossregenerierungsanlage zugeführt.

Die Austauschkapazität von Ionenaustauscherharzen im regenerierten Zustand bleibt über Jahre erhalten; wird das Harz jedoch sehr häufig gebraucht, verringert sich die Kapazität.

Neue Harze werden in trockenem Zustand gelagert, während gebrauchte Harze nur feucht (wässrig) und in regeneriertem Zustand aufbewahrt werden; ein Zusatz von 1% – 3 % Toluol verhindert dabei den Befall mit Bakterien.

Ionenaustausch

Wasseraufbereitung

Um mineralhaltiges Wasser zu entsalzen, gibt es die Möglichkeit der Destillation oder der Behandlung mit Ionenaustauscherharzen.
Die wirksamste, rationellste und billigste Methode ist die Behandlung mit Ionenaustauscherharzen.

1. Vollentsalzung

Der Kationenaustauscher ist mit Hydroniumionen (oder Natriumionen) und der Anionenaustauscher mit Hydroxidionen (oder Chloridionen) beladen.
Das Wasser wird zunächst auf den Kationenaustauscher gegeben. Die Kationen der im Wasser gelösten Stoffe werden gegen die Hydroniumionen des Harzes ausgetauscht. Danach gelangt das Wasser in den Anionenaustauscher, wo die Anionen gegen die nur leicht gebundenen Hydroxidionen ausgetauscht werden. Aus den vom KAT- und vom AAT-Harz abgegebenen Ionen entstehen auf diese Weise Wassermoleküle.

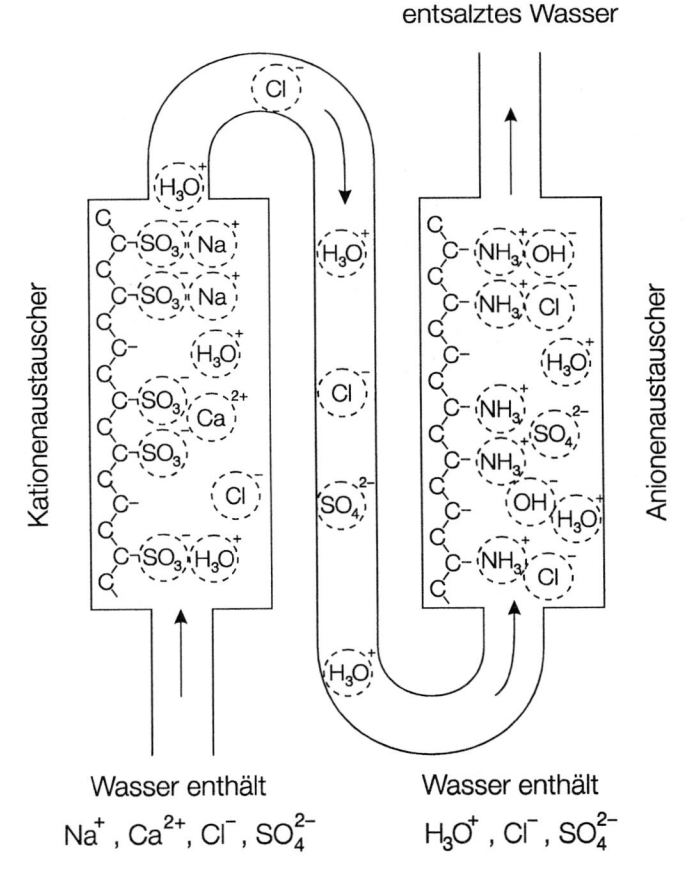

Wasser enthält
Na^+, Ca^{2+}, Cl^-, SO_4^{2-}

Wasser enthält
H_3O^+, Cl^-, SO_4^{2-}

Ionenaustausch

Wasseraufbereitung

1. Durchgang durch den Kationenaustauscher

$$\text{Matrix–SO}_3^-\text{H}_3\text{O}^+ + \text{Kat}^+ + \text{An}^- \longrightarrow \text{Matrix–SO}_3^-\text{Kat}^+ + \text{An}^- + \text{H}_3\text{O}^+$$

2. Durchgang durch den Anionenaustauscher:

$$\text{Matrix–NH}_3^+\text{OH}^- + \text{An}^- + \text{H}_3\text{O}^+ \longrightarrow \text{Matrix–NH}_3^+\text{An}^- + \text{H}_2\text{O}$$

Dieser Vorgang wird als Entionisierung oder Demineralisierung bezeichnet, das Produkt heisst deionisiertes oder entionisiertes (entsalztes) Wasser.

Durch hintereinanderschalten der beiden Systeme (KAT + AAT) oder durch Mischen der Harze kann eine Vollentsalzung erreicht werden (Mehrbett- resp. Mischbettentsalzung).

2. Teilentsalzung

Wird das Wasser nur mit einem Kationenaustauscher behandelt, so werden nur die Erdalkaliionen (Magnesium- und Calciumionen) durch Natriumionen ersetzt.

$$\text{Matrix}\begin{cases}\text{SO}_3^-\text{Na}^+\\ \text{SO}_3^-\text{Na}^+\end{cases} + \text{Ca}^{2+} \longrightarrow \text{Matrix}\begin{cases}\text{SO}_3^-\\ \text{SO}_3^-\end{cases}\text{Ca}^{2+} + 2\,\text{Na}^+$$

3. Qualität von entsalztem Wasser

Die Qualität des entsalzten Wassers kann durch Messen der elektrischen Leitfähigkeit (S = Siemens; reziproker Wert des elektrischen Widerstands) bestimmt werden; sie wird in µS/cm (20 °C) angegeben. Die elektrische Leitfähigkeit pro Zentimeter von entsalztem Wasser beträgt bis ca. 0,1 µS (doppelt destilliertes Wasser ca. 2 µS/cm).
Fremdstoffe können die Leitfähigkeit verändern, wenn dadurch eine Erhöhung der Ionenkonzentration stattfindet.
Wasser nimmt auch leicht Kohlenstoffdioxid aus der Luft auf; deshalb wird reinstes Wasser praktisch nie einen pH–Wert von 7,0 aufweisen.

Ionenaustausch

Spezielle Methoden

1. Massanalyse

Mit Hilfe von Ionenaustauscherharzen können Substanzen (Ionen) getrennt und anschliessend durch eine Titration bestimmt werden. Auf diese Weise lassen sich Kationen bzw. Anionen entfernen, welche sonst bei der Titration stören würden. Zudem lässt sich der Gesamtsalzgehalt einer Lösung bestimmen.

Zur Durchführung der Trennung gelangen verschiedene Verfahren zur Anwendung:
- Einrühren des Harzes in die Reaktionslösung
- Filtrieren der Reaktionslösung durch Ionenaustausch–Filter
- Durchfluss der Reaktionslösung durch eine mit einem Harz gefüllte Säule (gebräuchlichste Methode)

Je nach Art des Harzes beträgt die maximale Kapazität zwischen 0,5 und 4 mÄquivalent/mL Harz. In der Regel wird nur ca. 50 % dieser maximalen Kapazität genutzt.

Die berechnete Menge der Substanz wird als wässrige Lösung auf die vorbereitete Säule gegeben; die Durchlaufgeschwindigkeit soll 1–2 Harzvolumen/Stunde (HV/h) betragen.
Das von den ursprünglichen Ionen befreite Eluat wird aufgefangen. Ist die ganze Lösung durchgeflossen, wird mit entsalztem Wasser portionenweise nachgewaschen, bis das Eluat den gleichen pH–Wert zeigt, wie das verwendete Wasser.
Die durch den Ionenaustausch entstandene Säure oder Base kann in der üblichen Weise titriert werden.

2. Chromatographische Trennung

Mit Hilfe von Ionenaustauscherharzen können, durch die unterschiedliche Affinität der Ionen zum Harz, Lösungen aufgetrennt werden, die verschiedene Kationen bzw. Anionen enthalten.
Die Elution der gewünschten Ionen wird durch Abstufen der Säure- resp. Basenstärke des Elutionsmittels erreicht, wobei das Eluat fraktionenweise aufgefangen wird. Auf diese Weise lassen sich selbst chemisch sehr ähnliche Ionen einfach trennen.

Beispiel: Trennung eines Gemisches von Natrium- und Kaliumionen durch Austausch über einen stark sauren Kationenaustauscher.
Natriumionen werden mit Salzsäure $c(HCl) = 0,1$ mol/L eluiert, die Kaliumionen mit Salzsäure $c(HCl) = 0,5$ mol/L.

Spezielle Methoden

3. Katalyse

Kunstharz–Ionenaustauscher können, als Träger von austauschfähigen Gegenionen ebenso wie Mineralsäuren oder Alkalilaugen, katalytisch wirksame Hydronium- oder Hydroxidionen liefern und damit bei Veresterungen, Verseifungen etc. eine unmittelbare katalytische Wirkung zeigen.

Die Verwendung von Austauscherharzen hat den Vorteil, dass die wirksamen Ionen an unlösliche Makromoleküle gebunden und von diesen wieder leicht abzutrennen sind.

Bei der Katalyse mit Ionenaustauschern werden diese direkt dem Reaktionsmedium zugesetzt.

Zentrifugieren

Physikalische Grundlagen — **189**

   1. Gewichtskraft — 189

   2. Zentrifugalkraft — 189

   3. Kräfte bei der Rotation — 189

   4. Wirkung einer Zentrifuge — 191

Laborzentrifugen — **193**

   1. Vorgehen beim Einsatz von Zentrifugen — 193

   2. Tisch–Zentrifugen — 193

   3. Siebzentrifuge — 194

   4. Hochgeschwindigkeitszentrifuge — 194

   5. Ultrazentrifuge — 194

   6. Rotoren — 196

Zentrifugieren

Zentrifugieren (Schleudern) ist die Bezeichnung für ein in der Technik und im Haushalt viel gebrauchtes Verfahren zum Trennen von zwei- oder mehrphasigen Stoffgemischen.

Die Zentrifugalwirkung wird auf verschiedene Arten ausgenützt:
- Entwässern von feuchter Wäsche (Wäscheschleudern)
- Entfernen von Honig aus den Waben (Honigschleudern)
- Entrahmen von Milch
- Trennen von Blutbestandteilen
- Trennen von festen und flüssigen Teilchen in einer Suspension

Zentrifugieren

Physikalische Grundlagen

1. Gewichtskraft

Wird in einem mit Wasser gefüllten Gefäss Sand aufgewirbelt, kann man beobachten, dass sich der Sand am Boden absetzt. Dies beruht darauf, dass die Dichte, und bei gleichen Volumen auch die Gewichtskraft, des Sandes grösser sind als beim Wasser.

2. Zentrifugalkraft

Die Trennung der Teilchen wird beschleunigt, wenn auf ein Teilchen anstelle der Gravitation eine grössere Kraft, die Zentrifugalkraft (Fliehkraft) einwirkt. Diese wird wirksam, wenn ein Teilchen einer Kreisbewegung (Rotation) unterworfen wird.

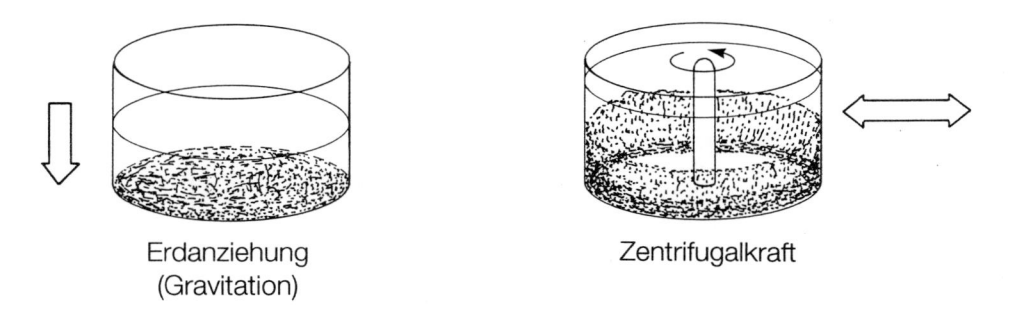

Erdanziehung
(Gravitation)

Zentrifugalkraft

Bewegt sich ein Körper auf einer Kreisbahn, so erfährt er ständig eine zum Kreismittelpunkt gerichtete Änderung der Geschwindigkeitsrichtung, die Radialbeschleunigung a_{rad}.

3. Kräfte bei der Rotation

Sobald eine Zentrifuge auf konstanter Drehzahl läuft, führt sie eine gleichförmige Kreisbewegung aus.
Eine gleichförmige Kreisbewegung erfährt eine dauernde Richtungsänderung der Geschwindigkeit, was eine Beschleunigung bewirkt: die Radialbeschleunigung a_{rad}. Der Betrag der Geschwindigkeit bleibt dabei konstant.

Die Radialbeschleunigung berechnet sich nach $$a_{rad} = \frac{v^2}{r}$$

Nach dem Aktionsprinzip gilt: Kraft = Masse · Beschleunigung ($F = m \cdot a$)

Zentrifugieren

Physikalische Grundlagen

Bei einer Rotation wirken zwei Kräfte gegeneinander:

Die Zentripetalkraft ist zum Zentrum hin gerichtet und zwingt den Körper auf seine Bahn (Zentripetalkraft F_r).

Die Zentrifugalkraft wirkt der Zentripetalkraft entgegen und ist somit nach aussen gerichtet. Sie ist gleich gross wie die Zentripetalkraft (Zentrifugalkraft F_z).

Die Grösse dieser Kräfte ist abhängig von:
- der Rotationsgeschwindigkeit
- dem Radius des Kreises
- der Masse des rotierenden Körpers

Diese "Kraft" berechnet sich nach

$$F = \frac{m \cdot v^2}{r}$$

F = Zentripetal- oder Zentrifugalkraft   N
m = Masse   kg
v = Geschwindigkeit   m/s
r = Radius   m

Beispiel:
- Ein Auto fährt mit hoher Geschwindigkeit in eine Kurve mit engem Radius.
- Ein leichter und ein schwerer Mann sitzen im gleichen rotierenden Karussell.

Fliegt der Körper infolge seiner Trägheit tangential weg, so sind Zentripetal- und Zentrifugalkraft aufgehoben, da beide Kräfte gleich gross, aber einander entgegengerichtet sind.

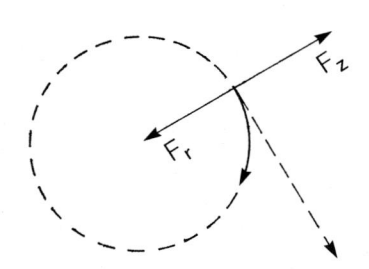

Zentrifugieren

Physikalische Grundlagen

4. Wirkung einer Zentrifuge

Die Wirkung einer Zentrifuge beruht auf der Radialbeschleunigung, die ein Teilchen in dem von der Maschine erzeugten Schwerefeld erfährt. Die Radialbeschleunigung wird auf die Erdbeschleunigung bezogen und als Vielfaches dieses Wertes (g) ausgedrückt.

$$g = \frac{v^2}{r \cdot 9{,}81 \text{ m/s}^2} \qquad \text{Erdbeschleunigung} = 9{,}81 \text{ m/s}^2 = 1 \text{ g}$$

Beispiel bei unterschiedlichen Drehzahlen:
Ein Gegenstand von 0,001 kg wird in einer Zentrifuge mit 0,1 m Radius bei zwei verschiedenen Geschwindigkeiten zentrifugiert.
Wie gross sind die Zentrifugalkräfte in N und die Radialbeschleunigungen in g?

Bei 3000 Umdrehungen pro Minute   Bei 15'000 Umdrehungen pro Minute

$$v = \frac{2\, r \cdot \pi \cdot \text{Umdrehungen}}{t}$$

Geschwindigkeit in m/s

$$v = \frac{2 \cdot 0{,}1 \text{ m} \cdot \pi \cdot 3000}{60 \text{ s}} \qquad\qquad v = \frac{2 \cdot 0{,}1 \text{ m} \cdot \pi \cdot 15'000}{60 \text{ s}}$$

$$= 31{,}416 \text{ m/s} \qquad\qquad\qquad\qquad = 157{,}08 \text{ m/s}$$

Zentrifugalkraft in N

$$F = \frac{0{,}001 \text{ kg} \cdot (31{,}416 \text{ m/s})^2}{0{,}1 \text{ m}} \qquad F = \frac{0{,}001 \text{ kg} \cdot (157{,}08 \text{ m/s})^2}{0{,}1 \text{ m}}$$

$$= 9{,}870 \text{ kg} \cdot \text{m/s}^2 = 9{,}870 \text{ N} \qquad = 246{,}7 \text{ kg} \cdot \text{m/s}^2 = 246{,}7 \text{ N}$$

Radialbeschleunigung a_{rad} in g

$$a_{rad} = \frac{(31{,}416 \text{ m/s})^2}{0{,}1 \text{ m} \cdot 9{,}81 \text{ m/s}^2} \qquad a_{rad} = \frac{(157{,}08 \text{ m/s})^2}{0{,}1 \text{ m} \cdot 9{,}81 \text{ m/s}^2}$$

$$= 1'006 \text{ g} \qquad\qquad\qquad\qquad = 25'152 \text{ g}$$

Zentrifugieren

Physikalische Grundlagen

Eine weitere Möglichkeit zur Ermittlung der g–Zahl ist die Verwendung eines Nomogramms.

Beispiel:

Nomogramm zur Ermittlung der g–Zahl von Zentrifugen

Man verbindet mit einer Geraden den Radius (linke Skala) mit der Zahl der Umdrehungen pro Minute (RPM, rechte Skala). Der Schnittpunkt der Geraden mit der mittleren Skala gibt die g–Zahl.

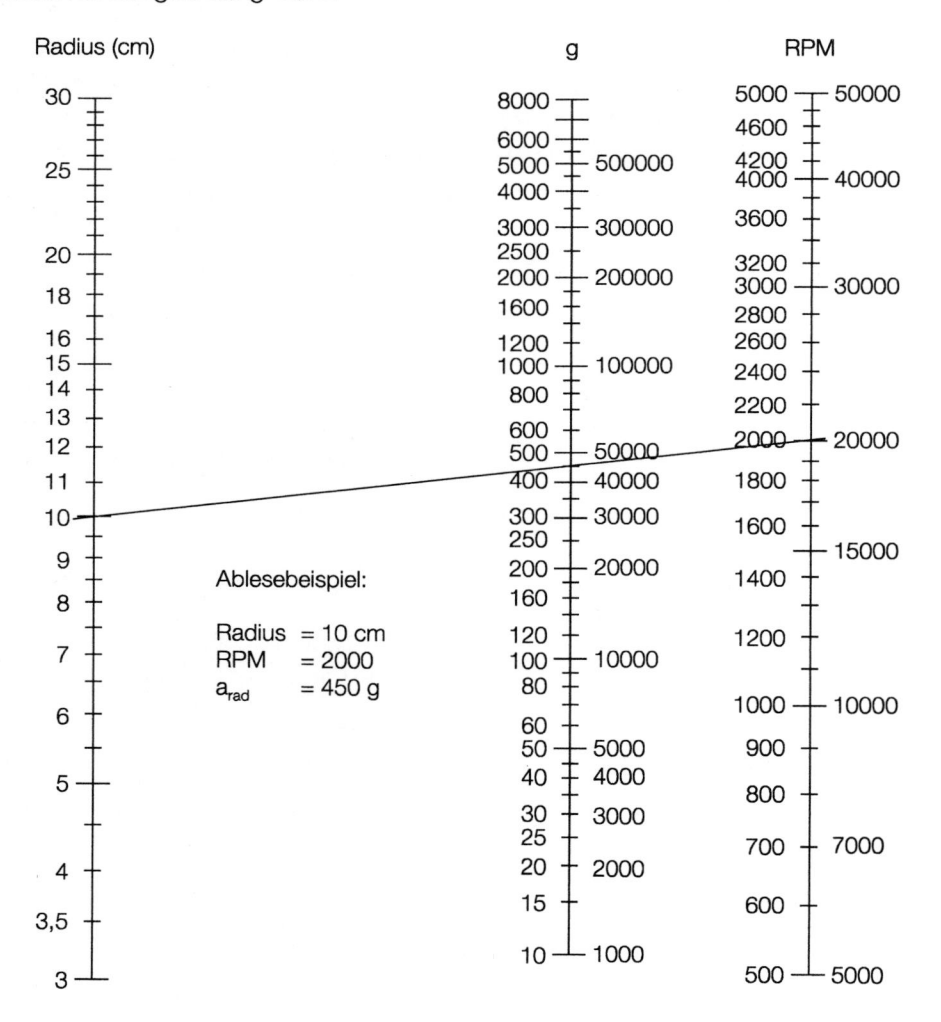

Ablesebeispiel:

Radius = 10 cm
RPM = 2000
a_{rad} = 450 g

Zentrifugieren

Laborzentrifugen

1. Vorgehen beim Einsatz von Zentrifugen

Vor dem Einschalten der Zentrifuge Schleuderraum auf Fremdkörper (Glassplitter etc.) kontrollieren.

Vor dem Einsetzen der Gläser in die Stahlbecher Gummipolster einlegen, um Glasbruch zu vermeiden. Die Zentrifuge muss mit Stahlbecher, Gummipolster und Glaseinsatz genau ausgewogen sein.

Die Zentrifuge gleichmässig beladen, d. h. gleiches Gewicht in den gegenüberliegenden Einsätzen.

Nennvolumen der Glaseinsätze in mL entsprechen auch der höchstzulässigen Füllmasse in g.

Die vorgeschriebene Maximaldrehzahl des Geräts darf in keinem Fall überschritten werden; sie richtet sich nach den verwendeten Einsätzen.

Der Trennvorgang kann verbessert werden durch:
- Vergrössern der Drehzahl
- Verlängern der Laufzeit
- Vergrössern des Dichteunterschieds zwischen den Phasen.

2. Tisch–Zentrifugen

Tisch–Zentrifugen sind die einfachsten Zentrifugen. Sie werden meist zur Konzentrierung schnell sedimentierender Substanzen benutzt. Die maximale Geschwindigkeit der meisten Tisch–Zentrifugen liegt unterhalb 3000 Umdrehungen pro Minute; sie arbeiten alle bei Raumtemperatur.

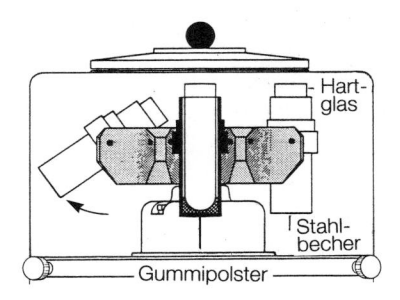

Die Becherzentrifuge hat frei ausschwingende Stahlbecher, in welchen sich die Hartglaseinsätze auf Gummipolstern befinden.

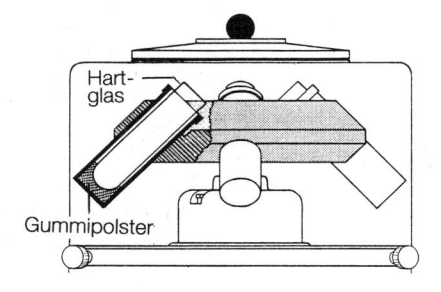

In der Winkelzentrifuge ist die Schräglage der Becher fixiert.
Es werden höhere Drehzahlen und g–Werte erreicht, als mit Becherzentrifugen.

Laborzentrifugen

3. Siebzentrifuge

Siebzentrifugen sind Feststoffabscheider und dienen vor allem zum Isolieren von Kristallisaten und schlechtfiltrierbaren Niederschlägen aus ihren Mutterlaugen.
Bei diesen Zentrifugen ist der umlaufende Zylindermantel als Sieb ausgebildet. Filtereinsätze zum Auswechseln halten feste Anteile zurück, während die flüssige Phase des Zentrifugiergutes Filter und Sieb passiert und ausserhalb derselben aufgefangen wird.
Siebzentrifugen müssen robust gebaut sein, da das Füllen des Filtereinsatzes mit Feststoffen stets bis zu einem gewissen Grad ungleichmässig erfolgt, was einen unregelmässigen Lauf der Zentrifuge bewirkt und zu Vibrationen führen kann.

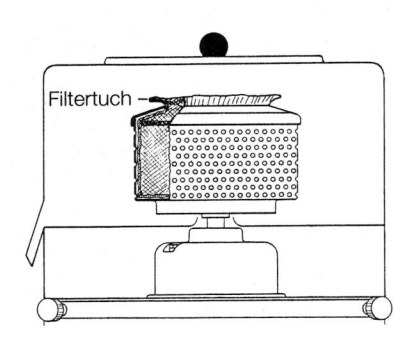

4. Hochgeschwindigkeitszentrifuge

Hochgeschwindigkeitszentrifugen werden meist für präparative Zwecke verwendet, man findet sie fast in jedem biochemisch orientierten Labor.
Bei diesen Geräten lässt sich die Geschwindigkeit wesentlich genauer regulieren als bei den Tisch–Zentrifugen; sie verfügen zudem über eine Bremsvorrichtung, um die Auslaufzeit zu verkürzen.

5. Ultrazentrifuge

Ultrazentrifugen werden hauptsächlich in der Agro- und Pharmabiologie verwendet. Sie werden oft eingesetzt zum Trennen oder Reinigen von Zellbestandteilen und Makromolekülen, welche durch Zentrifugieren mit geringerer Drehzahl nicht getrennt werden können.

Unterschiede gegenüber anderen Zentrifugensystemen:
- bis 600'000–fache Erdbeschleunigung möglich
- die rotierenden Teile befinden sich in einem evakuierten Behälter
- meist mikroprozessorgesteuert

Zentrifugieren

Laborzentrifugen

Die wichtigsten Teile einer Ultrazentrifuge:
- Rotorkammer
- Panzerplatte zum Schutz der Rotorkammer
- Elektronik zur Kontrolle von Temperatur, Geschwindigkeit und Unterdruck
- Vakuumpumpe
- Kühlvorrichtung
- Diffusionspumpe
- Getriebeölreservoir

5.1 Vakuumsystem

Ein wichtiger qualitativer Unterschied zwischen einer Hochgeschwindigkeitszentrifuge und einer Ultrazentrifuge ist das Vakuumsystem, welches nur die Ultrazentrifuge besitzt.

Bei Geschwindigkeiten unterhalb von 20'000 Umdrehungen pro Minute (rpm) wird durch die Reibung zwischen dem sich drehenden Rotor und der umgebenden Luft nur wenig Hitze erzeugt. Bei Geschwindigkeiten ab 40'000 rpm würde der Luftwiderstand jedoch zu einem Problem. Um die dabei entstehende Reibungswärme zu eliminieren, wird die Rotorkammer luftdicht verschlossen und durch zwei Pumpensysteme evakuiert.

5.2 Temperaturkontrolle

In der evakuierten Rotorkammer kann die Temperatur nur mit einem Infrarot–Sensor gemessen und kontrolliert werden. Der Sensor misst direkt neben dem Rotor.

5.3 Arbeitstechnische Hinweise

Bei Ultrazentrifugen können nur noch Röhrchen aus Kunststoff eingesetzt werden, sie haben ein Fassungsvermögen zwischen 1 mL bis 500 mL.
Eigenschaften einiger der verwendeten Kunststoffe:

- Polyallomer und Polypropylen   gute Beständigkeit für wässrige Lösungen, viele Alkohole und einige organische Lösemittel

- Polycarbonat und Ultra clear   nur für wässrige Lösungen mit pH–Wert < 8

Zentrifugieren

Laborzentrifugen

Im Gegensatz zu den niedertourigen Zentrifugen werden in hochtourigen Zentrifugen die Röhrchen verschlossen eingesetzt.

Dazu werden sie z. B. in speziellen Behältern mit Schraubverschluss eingesetzt oder verschweisst, mit einem Adapter abgedeckt und einem Deckel verschlossen (s. Abbildung).

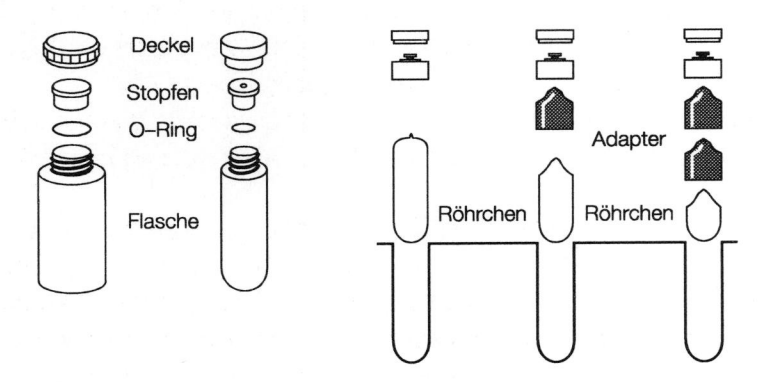

- Deckel
- Stopfen
- O-Ring
- Flasche
- Adapter
- Röhrchen
- Röhrchen

6. Rotoren

In modernen Zentrifugen können sehr unterschiedliche Rotoren verwendet werden. Sie sind in zwei Klassen unterteilt:
- Ausschwing–Rotoren (oder Schwingbecher–Rotoren) und
- Festwinkel–Rotoren

Beide Typen werden entweder aus Aluminiumlegierungen (für niedrige bis mittlere Geschwindigkeiten) oder aus Titan (für hohe Geschwindigkeiten) hergestellt.

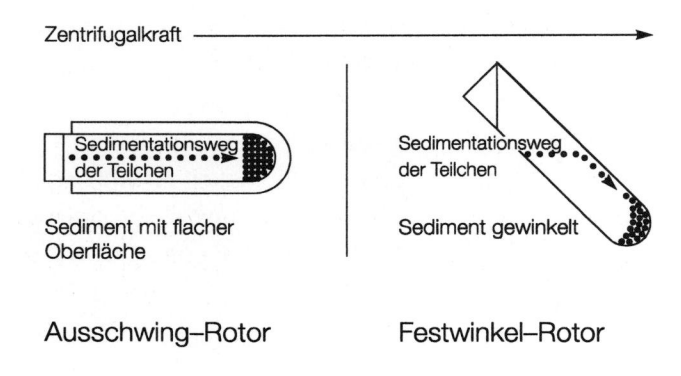

Zentrifugalkraft ⟶

Sedimentationsweg der Teilchen

Sediment mit flacher Oberfläche

Sedimentationsweg der Teilchen

Sediment gewinkelt

Ausschwing–Rotor   Festwinkel–Rotor

Zentrifugieren

Laborzentrifugen

Festwinkel–Rotoren bestehen aus einem Metallblock, in dem sich sechs bis zwölf Löcher in einem Winkel von 20–45° zur Rotationsachse befinden.
Diese Rotoren werden meist zur vollständigen Sedimentierung bestimmter Bestandteile verwendet. Ihr grösster Vorteil ist ihre hohe Volumenkapazität.

Der Ausschwing–Rotor besitzt drei bis sechs Halterungen. Daran werden die, die Zentrifugierröhrchen enthaltenden, Becher angehängt. Diese Becher hängen frei beweglich und haben in der Ruhestellung eine vertikale Lage.
Während des Zentrifugierens (ab 200–800 rpm) schwingen sie durch den Einfluss der Zentrifugalbeschleunigung in einem Winkel von 90° aus, so dass sie sich in horizontaler Lage befinden.
Diese Rotoren wurden für unvollständige Sedimentierung in einem Gradienten konstruiert. Der Vorteil dieser Rotoren ist, dass der Gradient sich vor dem Zentrifugieren in senkrechter Position in den Zentrifugierröhrchen befindet, jedoch während dem Zentrifugieren in horizontale Position gebracht wird. In dieser Lage bewegt sich das sedimentierende Material in Form von geraden Banden durch das Röhrchen.

6.1 Laden der Rotoren

Die Rotoren müssen so beladen werden, dass während dem Zentrifugieren keine Unwucht entsteht. Die austarierten Röhrchen (Becher) werden symmetrisch über die Rotationsachse (Mitte des Rotors) und die Ausschwingachse der Halterung angeordnet.

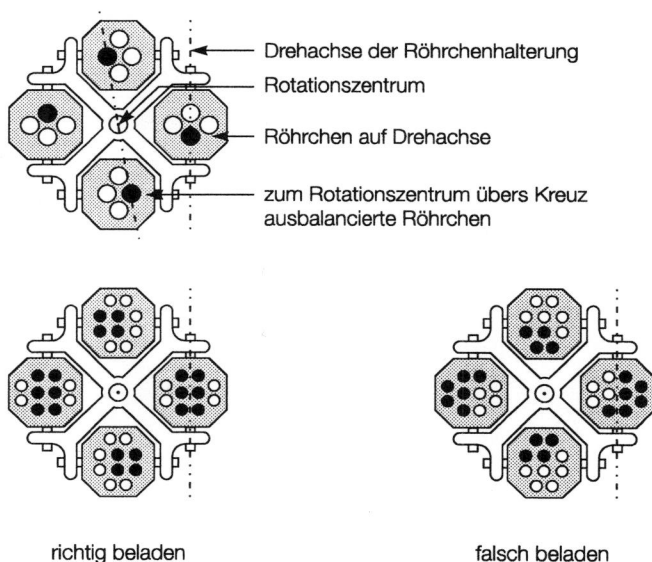

- Drehachse der Röhrchenhalterung
- Rotationszentrum
- Röhrchen auf Drehachse
- zum Rotationszentrum übers Kreuz ausbalancierte Röhrchen

richtig beladen 　　　　　　　　　　falsch beladen

Chromatographie, Grundlagen

Die chromatographische Trennung	**201**
1. Prinzip der Trennung	201
2. Physikalisch–chemische Effekte	202
Trennung durch Adsorption	**204**
1. Prinzip	204
Trennung durch Verteilung	**205**
1. Prinzip	205
2. Normal–Phase–Chromatographie	205
3. Reversed–Phase–Chromatographie	205
Polarität der mobilen Phasen	**206**
1. Adsorptionschromatographie	206
2. Reversed–Phase–Chromatographie	206
3. Polaritätsreihe von Eluiermitteln	206
4. Mischbarkeitstabelle	207
Stationäre Phasen	**208**
1. Adsorptionschromatographie	208
2. Reversed–Phase–Chromatographie	209
Chromatographische Trennverfahren	**210**
1. Inneres Chromatogramm	210
2. Äusseres Chromatogramm	210
3. Gegenüberstellung der wichtigsten chromatographischen Verfahren	211
Peakentstehung	**212**
1. Die Peakverbreiterung	212
Kenngrössen des Chromatogramms	**214**

Chromatographie, Grundlagen

Der Begriff Chromatographie stammt von Tswett (1906), welcher das Blattgrün Chlorophyll in seine Farben auftrennte.

chromos = Farben, graphein = schreiben

Chromatographie ist die Bezeichnung für analytische und präparative Trennungsmethoden, mit welchen Substanzgemische durch Verteilung über zwei miteinander nicht mischbaren Phasen in ihre Komponenten zerlegt werden. Die eine Phase ist immer unbeweglich (stationäre Phase), die andere strömt daran vorbei (mobile Phase). Durch den chromatographischen Prozess, der auf verschiedenen physikalischen Prinzipien beruht, erfolgt die Auftrennung in die einzelnen Komponenten.

Einige Begriffe und Erklärungen:
- stationäre Phase (unbewegliche Phase) → kann fest oder flüssig sein
- mobile Phase (bewegliche Phase) → kann flüssig oder gasig sein
  Für die flüssige mobile Phase werden verschiedene Bezeichnungen wie Eluiermittel, Eluent, Fliessmittel oder Laufmittel verwendet.
  In den nachfolgenden Kapiteln wird nur noch die Bezeichnung Eluiermittel benützt.

Chromatographische Methoden sind schonend, schnell, empfindlich (bis in den ng–Bereich) und universell anwendbar. Sie werden heute in allen Bereichen der Chemie eingesetzt.

Einige Einsatzbeispiele:
- Produktionsüberwachung und Routineanalysen qualitativer und quantitativer Art
- Charakterisieren und Identifizieren von Substanzen
- Nachweis von Stoffen im Spurenbereich
- Umweltschutz, klinische Chemie, Lebensmittelchemie
- Gewinnen von Wirkstoffen aus komplexen Gemischen im präparativen Massstab.

Das Auftrennen von Substanzgemischen mittels Chromatographie findet Anwendung in der
- Dünnschichtchromatographie
- Säulenchromatographie
- Flüssigchromatographie
- Mitteldruckchromatographie
- Gaschromatographie

Chromatographie, Grundlagen

Die chromatographische Trennung

1. Prinzip der Trennung

Bei allen chromatographischen Verfahren wird das zu trennende Stoffgemisch am Anfang einer Trennstrecke, die aus der stationären Phase besteht, aufgegeben.

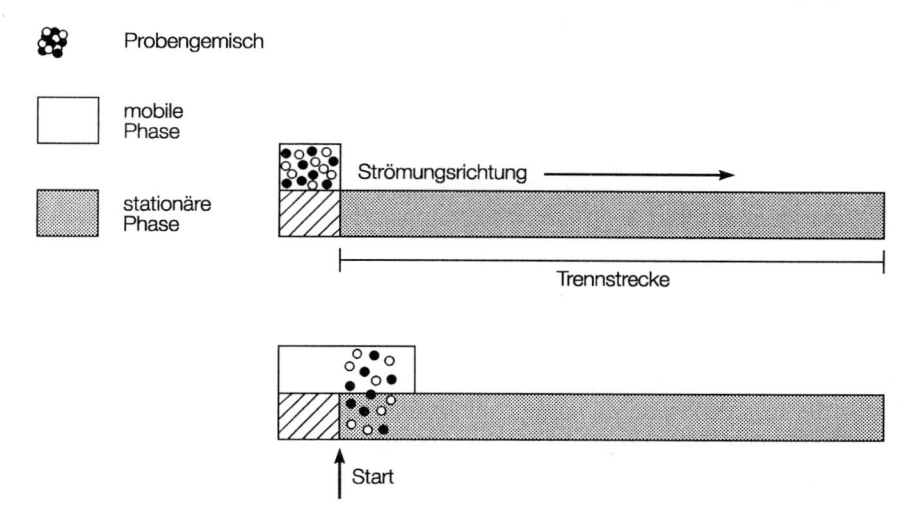

Die einzelnen Komponenten des Gemischs werden dann von der mobilen Phase entlang der stationären Phase transportiert und es kommt zu einer Verteilung der Stoffe zwischen den beiden Phasen.

Die Stoffmoleküle können mit der stationären Phase in verschiedene Wechselwirkungen treten und verringern gegenüber der reinen mobilen Phase ihre "Wander"-Geschwindigkeit.

Da diese Wechselwirkungen stark substanzabhängig sind, bewegen sich die einzelnen Komponenten der Probe unterschiedlich schnell entlang der stationären Phase: Es kommt zu einer Trennung der Stoffe.

Das Verzögern der "Wander"-Geschwindigkeit durch den Aufenthalt in der stationären Phase wird als Retention (engl. retention = zurückhalten) bezeichnet. Die Retentionszeit ist bei konstanten Bedingungen eine charakteristische Grösse.

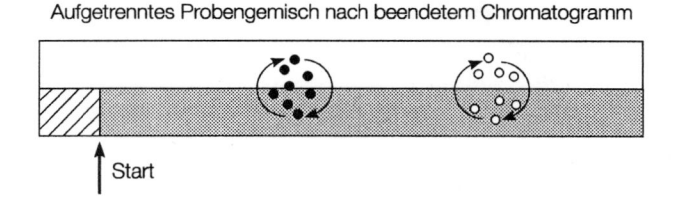

Chromatographie, Grundlagen

Die chromatographische Trennung

2. Physikalisch–chemische Effekte

Bei chromatographischen Trennverfahren werden verschiedene physikalisch–chemische Vorgänge wirksam.

2.1 Adsorptionschromatographie
Der durch die mobile Phase herangetragene Stoff lagert sich an die Oberfläche der festen stationären Phase an. Diese Grenzflächenreaktion muss reversibel sein.

2.2 Verteilungschromatographie
Bei der Verteilungschromatographie beruht die Stofftrennung auf den unterschiedlichen Löslichkeiten der Komponenten in zwei miteinander nicht mischbaren Phasen. Bei diesem Verfahren ist die stationäre Phase immer flüssig.

2.3 Ionenaustauschchromatographie
Die stationäre Phase enthält ionische Gruppen (z. B. $-NR_3^+$ oder $-SO_3^-$), welche mit ionischen Gruppen der Probenmoleküle in Wechselwirkung treten. Diese Methode eignet sich z. B. zum Trennen von Aminosäuren, Stoffwechselprodukten und anorganischen Salzen.

2.4 Ionenpaarchromatographie
Diese Methode eignet sich ebenfalls zum Trennen von ionischen Stoffen, eliminiert jedoch gewisse Probleme, die bei der Ionenaustauschchromatographie auftreten. Bei der Ionenpaarchromatographie werden die ionischen Probenmoleküle durch ein geeignetes Gegenion "markiert". Die Vorteile gegenüber der Ionenaustauschchromatographie sind die längere Lebensdauer der Trennsäulen, eine bessere Reproduzierbarkeit und die Möglichkeit, Säuren, Basen und Neutralstoffe gleichzeitige trennen zu können.

2.5 Gelchromatographie
Bei der Gelchromatographie werden die Probenmoleküle nach ihrer Grösse, d. h. nach ihrem Molekulargewicht, getrennt. Die grössten Moleküle werden am schnellsten und die kleinsten Moleküle am langsamsten eluiert; sie sollen sich in ihrem Molekulargewicht um mindestens 10 % unterscheiden.
Bei der Gel–Permeations–Chromatographie wird mit organischen Lösemitteln eluiert, bei der Gel–Filtrations–Chromatographie werden wässrige Eluiermittel verwendet.

2.6 Affinitätschromatographie

Bei der Affinitätschromatographie beruht die Stofftrennung auf einer hochspezifisch biochemischen Wechselwirkung. Die stationäre Phase enthält bestimmte Molekülgruppen, die nur dann eine Probe adsorbieren können, wenn gewisse räumliche (sterische) und ladungsmässige Voraussetzungen erfüllt sind.

Mit der Affinitätschromatographie lassen sich Proteine (Enzyme wie auch Strukturproteine), Lipide usw. ohne grossen Aufwand aus komplexen Mischungen isolieren.

Trennung durch Adsorption

1. Prinzip

Bei der Trennung duch Adsorption strömt die mobile Phase und das zu trennende Stoffgemisch an der festen stationären Phase vorbei.

Die mobile Phase kann flüssig oder gasig sein.

Die stationäre Phase besteht aus einem festen körnigen Adsorbens. Als Adsorptionsmittel werden Materialien mit grossen und polaren Oberflächen verwendet (Kieselgel, Aluminiumoxid u. ä.); sie adsorbieren die polaren Komponenten des zu trennenden Gemisches stärker als die unpolaren.

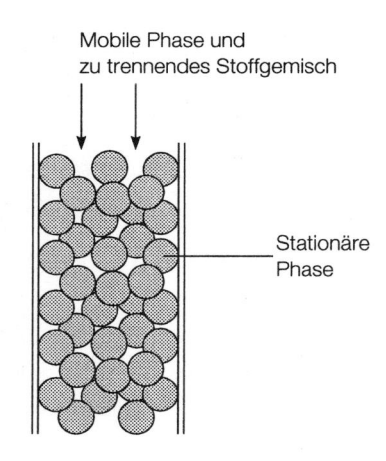

Dieser Vorgang muss reversibel sein, damit sich zwischen den beiden Phasen ein Gleichgewicht einstellen kann.

Bei der Flüssigchromatographie verwendet man als mobile Phase meist schwach polare Eluiermittel, in welchen die adsorbierten Komponenten schlechter löslich sind.

- Je polarer ein Stoff, desto stärker wird er adsorbiert und umso später wird er eluiert.

Chromatographie, Grundlagen

Trennung durch Verteilung

1. Prinzip

Bei der Trennung duch Verteilung strömt die mobile Phase und das zu trennende Stoffgemisch an einer flüssigen stationären Phase vorbei. Die beiden Phasen sind miteinander nicht mischbar.

Die mobile Phase kann flüssig oder gasig sein.
Die stationäre Phase ist eine Flüssigkeit, die als dünner Film auf ein festes Trägermaterial mit definierter Korngrösse aufgebracht wird.

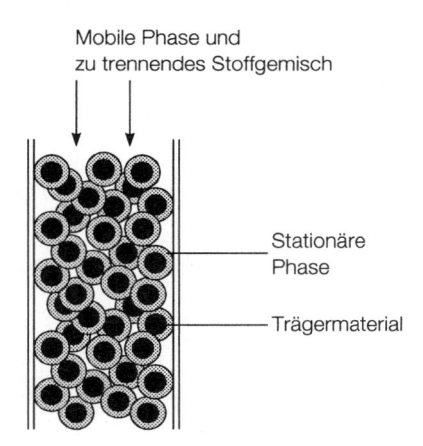

Der Trenneffekt beruht auf der unterschiedlichen Löslichkeit der Komponenten des zu trennenden Gemisches in der mobilen und der stationären Phase.

2. Normal–Phase–Chromatographie

Die stationäre Phase ist in der Regel polar und als dünner Flüssigkeitsfilm auf einem Trägermaterial (z. B. Silikagel) aufgebracht. In diesem polaren Flüssigkeitsfilm lösen sich vor allem die polaren Komponenten des zu trennenden Gemisches.

Bei der Flüssigchromatographie verwendet man als mobile Phase schwach polare Eluiermittel, in welchen sich die in der stationären Phase befindlichen Komponenten relativ schlecht lösen.
- Je unpolarer ein Stoff, desto rascher "wandert" er und umso kürzer ist seine Retentionszeit.

3. Reversed–Phase–Chromatographie

Bei der Reversed–Phase–Chromatographie, auch als Phasenumkehr–Chromatographie bezeichnet, werden die schwach bis unpolaren funktionellen Gruppen als dünner Flüssigkeitsfilm chemisch an das Trägermaterial (z. B. Kieselgel) gebunden. Dadurch erhält man eine schwach- bis unpolare stationäre Phase, die bei der Flüssigchromatographie (z. B. HPLC) mit einer polaren mobilen Phase kombiniert wird.
- Je polarer ein Stoff, desto rascher "wandert" er und umso kürzer ist seine Retentionszeit.

Polarität der mobilen Phase

1. Adsorptionschromatographie

Bei der Adsorptionschromatographie verdrängen die Eluiermittel die Substanzen mehr oder weniger stark von den aktiven Stellen der stationären Phase.
Bei unpolaren Eluiermitteln (z. B. n–Hexan; kein Dipol) ist diese Eigenschaft sehr schwach, bei polaren Eluiermitteln (z. B. Methanol) ist sie stark: man spricht von schwacher und von starker Elutionskraft der Eluiermittel.

2. Reversed–Phase–Chromatographie

Im Gegensatz zur Adsorptionschromatographie ist bei der Phasenumkehr–Chromatographie die stationäre Phase unpolar. Deshalb wirken sich die Eigenschaften der mobilen Phase umgekehrt aus. Wasser wird dabei zum schwächsten und n–Hexan zum stärksten Eluiermittel: die Elutionskraft steigt mit abnehmender Polarität.

3. Polaritätsreihe von Eluiermitteln

Eluotrope Reihe Polarität nach unten zunehmend	Adsorptions- chromatographie Elutionsvermögen	Reversed–Phase– Chromatographie Elutionsvermögen
n–Hexan Cyclohexan Tetrachlorkohlenstoff Toluol Dichlormethan Chloroform Isopropylether Essigsäurebutylester 1–Octanol Diethylether Essigsäureethylester 1–Butanol Ethyl–methylketon 2–Butanol Isobutanol Tetrahydrofuran 1,4–Dioxan 1–Propanol Ethanol Essigsäure Acetonitril Methanol Ameisensäure Formamid Wasser	↓ (zunehmend)	↑ (zunehmend nach oben)

- Diese Angaben gelten bei Verwendung von polaren Sorptionsmittel (Kieselgel, Aluminiumoxid), wobei je nach Sorptionsmittel Verschiebungen in der eluotropen Reihe entstehen können.

Chromatographie, Grundlagen

Polarität der mobilen Phase

4. Mischbarkeitstabelle

n–Pentan																			
	n–Hexan																		
		Isooctan																	
			Petrolether																
				Cyclohexan															
					Xylol														
						Isopropylether													
							Toluol												
								Diethylether											
									Chloroform										
										Dichlormethan									
											Tetrahydrofuran								
												Aceton							
													Dioxan						
														Ethylacetat					
▓	▓														Acetonitril				
																n–Propanol			
																	Ethanol		
▓	▓	▓																Methanol	
▓	▓	▓	▓	▓	▓			▓											Wasser

☐ Mischbar

▓ Nicht mischbar

Stationäre Phasen

1. Adsorptionschromatographie

Als stationäre Phasen werden stark polare Sorptionsmittel wie z. B. Kieselgel (SiO_2), Aluminiumoxid und Polyamide eingesetzt.
Folgende Eigenschaften haben einen Einfluss auf die Trennung:
- Korngrösse
- Porengrösse
- pH–Wert (bei Aluminiumoxid)
- Aktivität (Wassergehalt)

Beim Einsatz von Kieselgelsäulen werden verschiedene Substanzen etwa in dieser Reihenfolge eluiert:

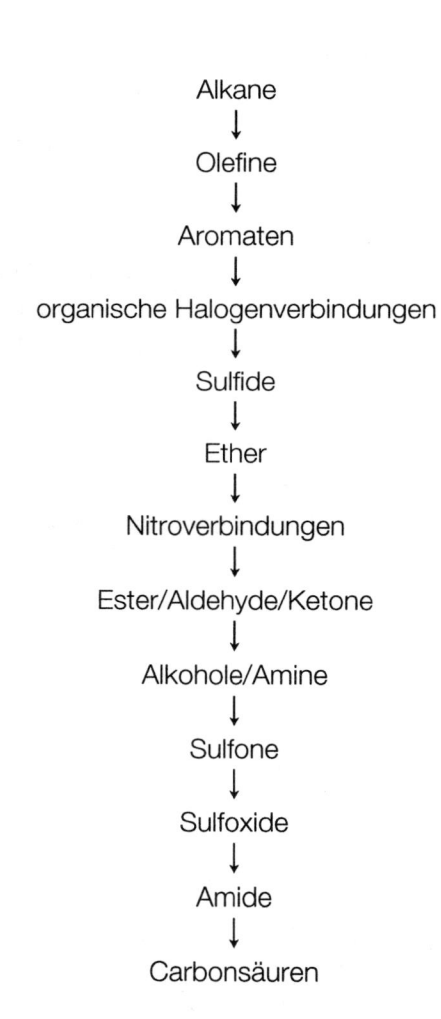

Alkane
↓
Olefine
↓
Aromaten
↓
organische Halogenverbindungen
↓
Sulfide
↓
Ether
↓
Nitroverbindungen
↓
Ester/Aldehyde/Ketone
↓
Alkohole/Amine
↓
Sulfone
↓
Sulfoxide
↓
Amide
↓
Carbonsäuren

Chromatographie, Grundlagen

Stationäre Phasen

2. Reversed–Phase–Chromatographie

Als stationäre Phasen werden chemisch modifizierte Kieselgele eingesetzt. Dabei werden an die Silanolgruppen des Kieselgels unpolare organische Gruppen, meist Octadecyl- (C_{18}) oder Octylreste (C_8), gebunden. Die Bindung erfolgt dabei über die sehr stabile Si–O–Si–C– Bindung.

R = Octadecyl (C_{18})
Octyl (C_8)

Nebst den aufgeführten Gruppen sind noch weitere modifizierte Phasen erhältlich, zum Beispiel solche mit Phenyl- oder Cyclohexangruppen.
Die Wechselwirkung kommt also bei diesen Phasen zwischen den hydrophoben Teilen der Probenmoleküle und den unpolaren Gruppen der stationären Phase zustande.

Die Elutionsreihenfolge bei Reversed–Phase–Säulen ist etwa wie nebenstehend (gut wasserlösliche Substanzen werden also rascher eluiert als hydrophobe).

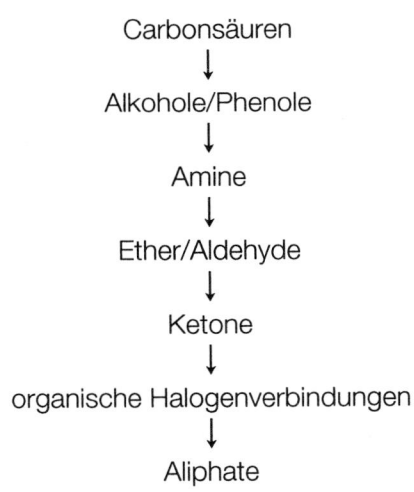

Carbonsäuren
↓
Alkohole/Phenole
↓
Amine
↓
Ether/Aldehyde
↓
Ketone
↓
organische Halogenverbindungen
↓
Aliphate

Reversed–Phase–Chromatographie weist gegenüber Normal–Phase–Chromatographie einige Vorteile auf, wie
- rasche Einstellung eines Gleichgewichts
- wässrige Lösungen (z. B. Extrakte) können direkt eingesetzt werden
- gute Trennung bei polaren Komponenten

Chromatographische Trennverfahren

Chromatographische Trennverfahren unterscheiden sich untereinander hauptsächlich in den ablaufenden physikalisch–chemischen Vorgängen und in ihren Phasensystemen.
Eine Unterteilung kann somit nach diesen Kriterien oder auch nach der Ausführungstechnik erfolgen.

Mobile Phase	Stationäre Phase	Phasensystem	Ausführungstechnik	Verfahren
flüssig (liquid)	fest (solid)	LSC liquid–solid–Chromatographie	Adsorptionschromatographie Ionenaustauschchromatographie Gelchromatographie	DC Säule (LC)
flüssig (liquid)	flüssig (liquid)	LLC liquid–liquid–Chromatographie (Flüssigchromatographie)	Verteilungschromatographie	DC HPLC Säule (LC) Papier
gasig (gaseous)	fest (solid)	GSC gas–solid–Chromatographie	Gas-Adsorptionschromatographie	GC
gasig (gaseous)	flüssig (liquid)	GLC gas–liquid–Chromatographie	Gas-Verteilungschromatographie	GC

Die aufgeführten chromatographischen Verfahren lassen sich in zwei Gruppen einteilen.

1. Inneres Chromatogramm

Beim inneren Chromatogramm wird der Trennvorgang abgebrochen, bevor die mobile Phase das Ende der Trennstrecke erreicht hat.
Die aufgetrennten Komponenten eines Gemisches bleiben innerhalb der Trennstrecke und werden dort ausgewertet.

Beispiel: Dünnschichtchromatographie (DC)

2. Äusseres Chromatogramm

Beim äusseren Chromatogramm wird der chromatographische Prozess solange fortgesetzt, bis die getrennten Komponenten nacheinander mit der mobilen Phase die Trennstrecke verlassen und dann, meist mit einem Detektor, erfasst werden.

Beispiel: Liquidchromatographie (HPLC), Gaschromatographie (GC)

3. Gegenüberstellung der wichtigsten chromatographischen Verfahren

Kriterium	Dünnschicht-Chromatographie	Säulen-, MPLC-Chromatographie	HPLC High-Performance-Liquid-Chromatographie	GC Gas-Chromatographie
Verwendbare Substanzen	nichtflüchtige Stoffe in Lösung	nichtflüchtige Stoffe in Lösung	nichtflüchtige und temperaturempfindliche lösliche Stoffe	Gase, Dämpfe, flüchtige Stoffe mit Sdp. bis 450 °C
Trennfähigkeit	gut	mässig	sehr gut	sehr gut
Empfindlichkeit (Richtwerte)	10^{-6} g	gering	10^{-12} g/s	10^{-12} g/s
Analysendauer	Minuten bis 1 Stunde	Minuten bis Stunden	Minuten	Minuten
Eignung für quantitative Analyse	möglich	möglich (kompliziert)	sehr gut	sehr gut
Eignung für präparative Arbeiten	möglich	gut geeignet	gut geeignet	möglich
Automatisierung	möglich	möglich	möglich	möglich

Chromatographie, Grundlagen

Peakentstehung

Nach dem Aufgeben oder der Injektion des gelösten Probengemisches wandern die einzelnen Komponenten mehr oder weniger schnell durch die Trennsäule. Dabei legen die einzelnen Teilchen unterschiedliche Weglängen zurück, was eine Streuung bewirkt und als Peak auf dem Chromatogramm erscheint.

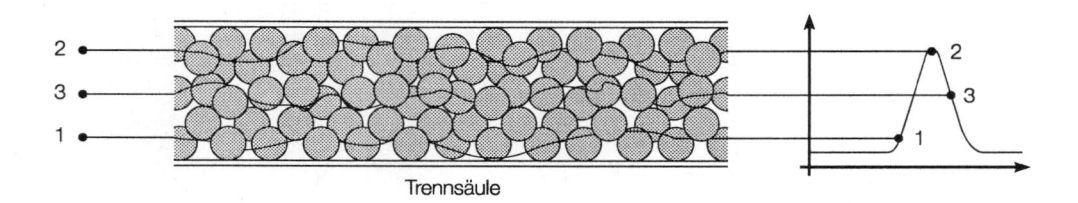

Beispiel der Trennung eines Zweiergemisches

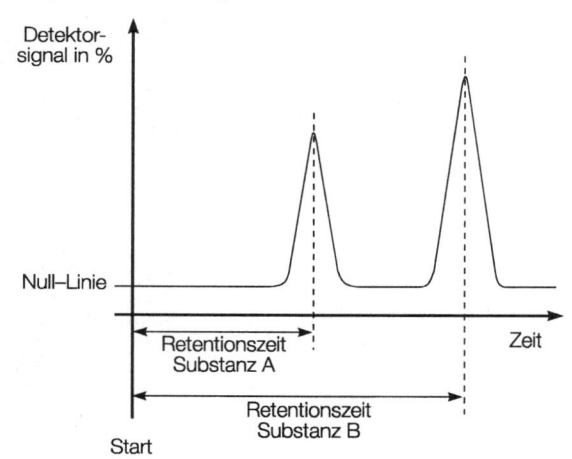

In diesem Beispiel hat eine vollständige Trennung des Zweiergemisches stattgefunden.

1. Die Peakverbreiterung

Ausgehend von einer einzigen Mischzone zu Beginn des Trennvorganges entstehen, je nach Anzahl der trennbaren Komponenten, mehrere einzelne Zonen (Peaks). Die Breite dieser Zonen ist am Ende der chromatographischen Trennung immer grösser als unmittelbar nach der Probenaufgabe.

Chromatographie, Grundlagen

Peakentstehung

Die Verbreiterung der Peaks entsteht hauptsächlich durch die nachfolgend beschriebenen Effekte.

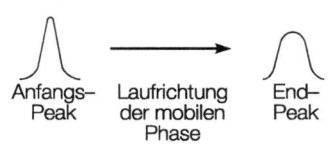

1.1 Streudiffusion (Eddy-Diffusion)
Unterschiedliche Weglänge für Probenmoleküle aufgrund unterschiedlicher Korngrösse der Packung.

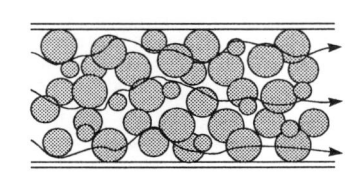

1.2 Strömungsverteilung
In der Strommitte von Kanälen ist die Geschwindigkeit der mobilen Phase am grössten.

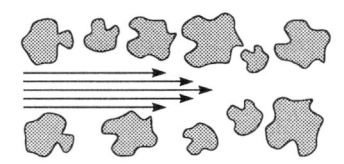

1.3 Nicht-durchströmte Poren
Probenmoleküle werden durch die in nicht-durchströmten Poren stehende mobile Phase nicht weitertransportiert. Sie können nur durch Diffusion wieder in die vorbeifliessende mobile Phase gelangen.

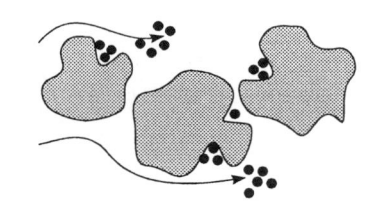

Die Diffusionseffekte sind u. a. abhängig von der Strömungsgeschwindigkeit der mobilen Phase, der zeitlichen Dauer des Chromatogramms und der Selektivität der stationären Phase.
Da sich eine Peakverbreiterung grundsätzlich nachteilig auf die Qualität einer chromatographischen Trennung auswirkt, ist sie durch Wahl einer geeigneten stationären Phase und der richtigen Strömungsgeschwindigkeit auf ein Minimum zu beschränken.

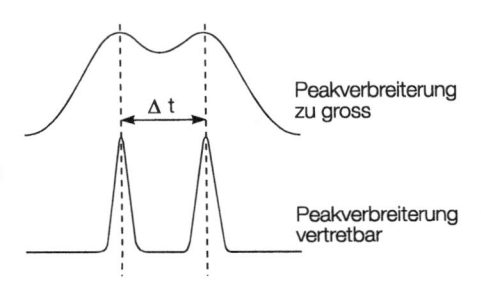

Chromatographie, Grundlagen

Kenngrössen des Chromatogramms

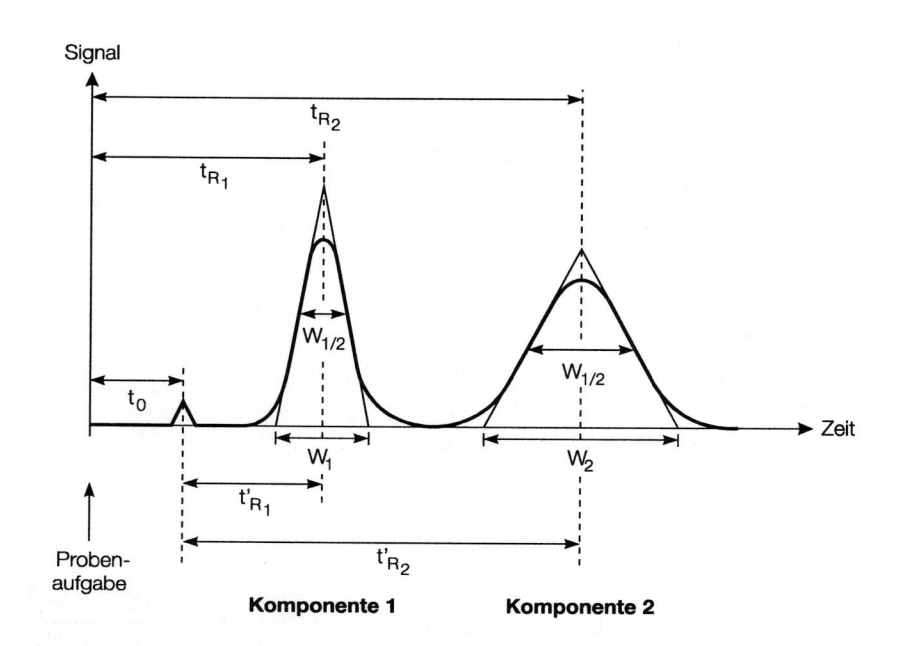

t_0	Totzeit	R	Auflösung (ab 1,5 beginnt Basislinientrennung)
t_R	Bruttoretentionszeit		
t'_R	Nettoretentionszeit	N	Trennstufenzahl/Bodenzahl
k'	Kapazitätsfaktor	H	Trennstufen- oder Bodenhöhe
α	Relative Retention, Trennfaktor	W_1	Peakbreite an der Basis
		$W_{1/2}$	Peakbreite auf halber Höhe

Chromatographie, Grundlagen

Kenngrössen des Chromatogramms

Nettoretentionszeit

$$t'_R = t_R - t_0$$

Kapazitätsfaktor
Der Kapazitätsfaktor ist vergleichbar mit dem Rf–Wert in der Dünnschichtchromatographie; er ist von Säulenlänge und Fliessgeschwindigkeit der mobilen Phase unabhängig.

$$k' = \frac{t'_R}{t_0} = \frac{t_R - t_0}{t_0}$$

Relative Retention
Die relative Retention ist ein Mass für die Eigenschaft des chromatographischen Systems zwei Stoffe trennen zu können, d. h., für seine Selektivität. Die relative Retention lässt sich durch die stationäre und die mobile Phase beeinflussen.

$$\alpha = \frac{k'_2}{k'_1}$$

Auflösung
Die Auflösung ist ein Mass für die Trennung von zwei benachbarten Peaks.

$$R = \frac{2(t_{R_2} - t_{R_1})}{W_1 + W_2}$$

oder $\dfrac{1{,}18(t_{R_2} - t_{R_1})}{W_{1/2_1} + W_{1/2_2}}$

oder $\dfrac{t_{R_2} - t_{R_1}}{W_2}$

Trennstufenzahl/Bodenzahl
Die Trennstufen- oder Bodenzahl ist ein Mass für die Güte der Packung einer Trennsäule.

$$N = 16\left(\frac{t_R}{W}\right)^2$$

oder $5{,}54\left(\dfrac{t_R}{W_{1/2}}\right)^2$

Trennstufenhöhe/Bodenhöhe
Die Trennstufen- oder Bodenhöhe ist die Strecke, auf welcher sich das theoretische Gleichgewicht einmal einstellt (HETP = height equivalent to a theoretical plate).
L = Länge der Säule

$$H = \frac{L}{N}$$

Dünnschichtchromatographie (DC)

Dünnschichtplatten

5. Auftragen der Probenlösung

Die Probenlösungen werden mit Mikropipetten oder Mikrocaps auf die Startlinie der vorbereiteten Dünnschichtplatte gebracht.
- Mikropipette oder Microcap senkrecht halten
- Microcap muss vollständig gefüllt und entleert werden
- Für jede neue Probenlösung muss ein neues Röhrchen verwendet werden

Die Substanzflecken sollen möglichst klein sein; das zum Auftragen bevorzugte Volumen beträgt deshalb 2–5 µL.
Bei grösserem Volumen (über 5 µL) portionenweise auftragen und Lösemittel jedesmal verdampfen (evtl. mit dem Fön kalt trocknen: Nicht bei leichtflüchtigen Substanzen!).

Das Auftragen der Probe kann als Punkt oder Band erfolgen.
Das punktförmige Auftragen erfolgt hauptsächlich mit Microcaps, während das bandförmige Auftragen praktisch nur mit Auftraggeräten möglich sind.

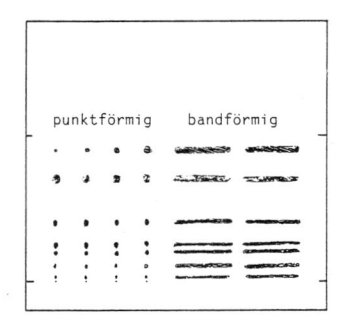

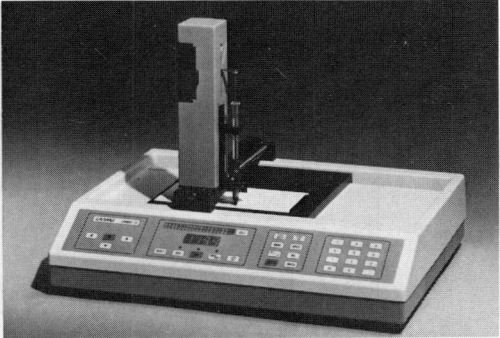

221

Dünnschichtchromatographie (DC)

Dünnschichtplatten

5.1 Platten mit Konzentrierungszone
Fertigplatten werden auch mit einer Konzentrierungszone angeboten. Diese Platten sind auf den unteren 25 mm mit einer inaktiven Schicht aus Kieselgur oder synthetischem Siliziumoxid belegt.
Die Probenlösungen werden in der Mitte der Konzentrierungszone aufgetragen und "laufen" am oberen Rand dieser Zone zur Startlinie zusammen: übergangslos beginnt dann die "normale" Chromatographie.
Alle Substanzen starten auf gleicher Höhe und liegen sehr konzentriert vor.

Dünnschichtchromatographie (DC)

Eluiermittel

1. Mobile Phase

Das Eluiermittel eluiert die zu chromatographierende Substanz aus der Sorptionsschicht und transportiert sie weiter.
Als Eluiermittel werden reine Lösemittel und Lösemittelgemische eingesetzt. Die verwendeten Eluiermittel müssen mischbar sein und dürfen die Sorptionsschicht nicht von der Trägerplatte ablösen.

2. Wahl des Eluiermittels

Bei der Wahl des geeigneten Eluiermittels wird mit Vorversuchen in der Regel zuerst mit einem unpolaren Eluiermittel begonnen, das die Adsorptionskräfte des Sorptionsmittels voll zur Wirkung kommen lässt. Hierbei wird die Auftrennung der schwach adsorbierten Substanzen ermöglicht. Durch Steigern der Polarität der verwendeten Eluiermittel analog der eluotropen Reihe, werden auch die stark adsorbierten Komponenten zum Laufen gebracht.
Ist die Trennung mit einzelnen Eluiermitteln nicht befriedigend, können Eluiermittel-Gemische zum Ziel führen. Es werden Mischungen von zwei oder mehreren ineinander mischbaren Eluiermitteln verschiedener Polarität hergestellt. Die einzelnen Komponenten eines Eluiermittelgemisches dürfen nicht miteinander reagieren.
Um reproduzierbare Resultate zu erhalten, müssen für jedes Chromatogramm frische Mischungen eingesetzt werden.

2.1 Mikrozirkulationstechnik

Auf einer Dünnschichtplatte wird das zu trennende Substanzgemisch in gelöstem Zustand im Abstand von einigen Zentimetern mehrmals punktförmig nebeneinander aufgetragen.
Nach dem Trocknen wird auf das Zentrum jedes Punktes eine dünne, mit Eluiermittel gefüllte Kapillare aufgesetzt; es muss für jeden Punkt gleich viel Eluiermittel verwendet werden. Die austretende Flüssigkeit breitet sich rasch kreisförmig aus und kann eine Trennung des Gemisches bewirken.

Nach diesem Vorversuch wird die Trennung mit dem so ermittelten, geeigneten Eluiermittel auf einer Dünnschichtplatte durchgeführt.

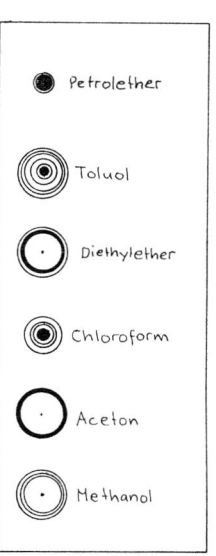

Toluol zeigt die beste Auftrennung

Dünnschichtchromatographie (DC)

Eluiermittel

2.2 Vorproben auf Dünnschichtplatten

Das Eluiermittel ist so zu ermitteln, dass sich die Substanzen in der Laufstrecke gut unterscheiden, nicht am Start bleiben und nicht an der Front mitlaufen. Es sollen möglichst runde, unverzerrte Flecken entstehen.

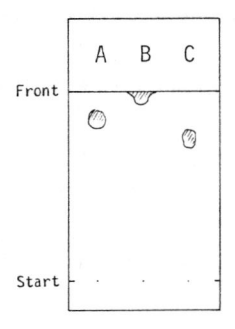

| Eluiermittel ungeeignet Substanzen laufen zu weit: schlechte Auftrennung | Eluiermittel ungeeignet Substanzen laufen zuwenig weit: schlechte Auftrennung | Eluiermittel geeignet Gute Auftrennung, ideale Laufstrecken |

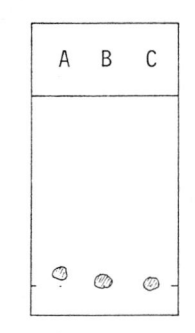

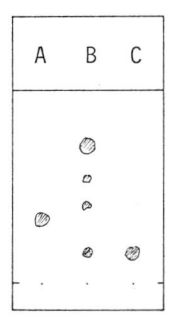

2.3 Selektivitätsgruppen nach Snyder

Ein Hilfsmittel zur Evaluation einer optimalen mobilen Phase ist die von Snyder erstellte Einteilung der gebräuchlichsten Eluiermittel in acht sog. Selektivitätsgruppen. Die nachfolgenden Betrachtungen gelten für Kieselgel als stationäre Phase.

Selektivitätsgruppe	Eluiermittel
I	Diethylether, Isopropylether, Triethylamin
II	Ethanol, Methanol, Propanol
III	Tetrahydrofuran
IV	Essigsäure
V	Formamid
VI	Dioxan, Ethylacetat, Aceton, Methylethylketon, Acetonitril
VII	Toluol
VIII	Chloroform, Wasser
"Bremser"	Hexan, Pentan, Petrolether, Cyclohexan

Dünnschichtchromatographie (DC)

Eluiermittel

Beispiel einer Eluiermittel-Evaluation nach dem 3-Schrittverfahren

1. Schritt
Aus den Selektivitätsgruppen I, II, V, VI und VIII wird je ein Eluiermittel ausgesucht und damit ein DC entwickelt.

2. Schritt
Eluiermittel, welche einen Rf-Wert über 0,8 ergaben, werden mit einem "Bremser" (normalerweise Hexan oder Petrolether) im Verhältnis 1:3 bis 1:4 gemischt.

3. Schritt
Bestes Eluiermittel auswählen.
Findet man Eluiermittel, die bei der Trennung jeweils spezifische Vorteile zeigen, werden diese in gleichen Volumenteilen gemischt und für ein weiteres Chromatogramm verwendet.
Bei guter Trennung die Rf-Werte gegebenenfalls durch Zugeben oder Weglassen von "Bremser" optimieren.

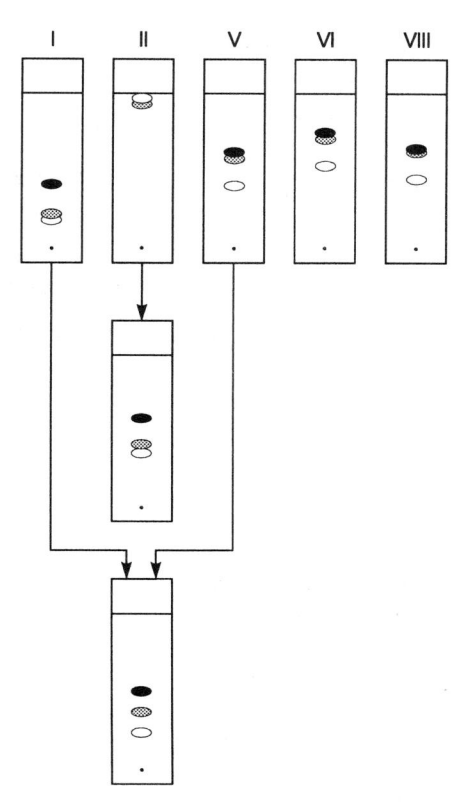

Entwickeln

1. Trennkammer

Das Entwickeln des Chromatogramms erfolgt in einer abgedeckten Trennkammer aus Glas.
Das Eluiermittel wird in die Trennkammer eingefüllt und diese zugedeckt. Die Füllhöhe darf nicht mehr als ca. 1 cm betragen; dadurch wird das Eintauchen der aufgetragenen Proben in das Eluiermittel verhindert.
Die Atmosphäre in der Trennkammer muss sich — je nach Dampfdruck und Kammergrösse — 10–60 Minuten mit Eluiermitteldämpfen sättigen können.

1.1 Kammersättigung

Bei ungenügender Kammersättigung kann das Chromatogramm ein verzerrtes Bild zeigen, da die Durchflussmenge am Rand der Dünnschichtplatte infolge der Verdunstung des Eluiermittels grösser ist.
Die Substanzen werden am Rand weiter transportiert als in der Mitte der Platte.
Dieses "Randphänomen" wird mit Eluiermittelgemischen beobachtet, weil sich die einzelnen Eluiermittel des Gemisches in Polarität, Dampfdruck und Dichte unterscheiden.

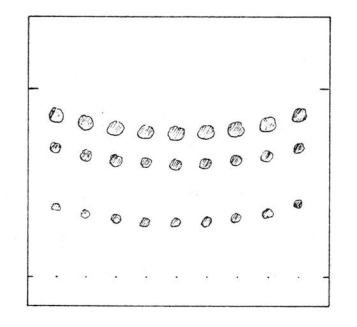

Die Auflösung ist mit Kammersättigung oft besser.
In diesem Fall kann die Trennkammer mit einem Filterpapier ausgekleidet werden. Das Filterpapier taucht in das Eluiermittel ein, saugt sich voll, und das verdampfende Eluiermittel sättigt auf diese Weise die Atmosphäre in der Trennkammer gleichmässig.

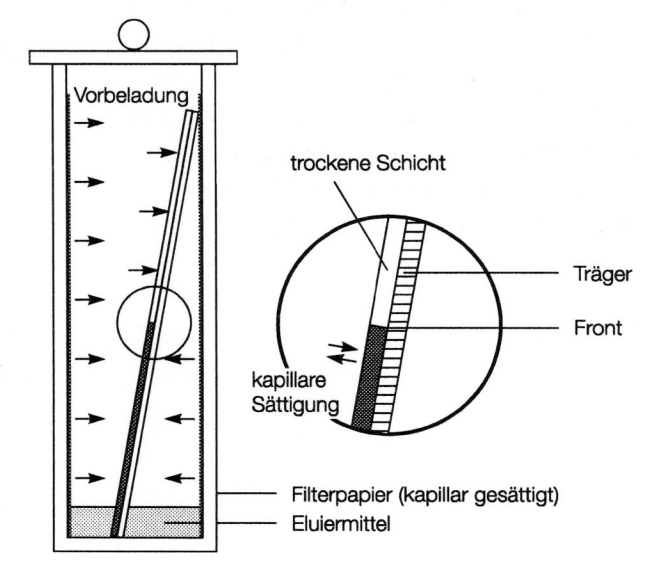

Dünnschichtchromatographie (DC)

Entwickeln

1.2 Temperatur in der Trennkammer

Der Standort für die Trennkammer muss so gewählt werden, dass diese nicht einseitig erwärmt oder abgekühlt wird (Sonneneinstrahlung, Zugluft!).

Schon geringe Temperaturdifferenzen innerhalb der Kammer können zu einem "Schräglaufen" der Eluiermittelfront führen.

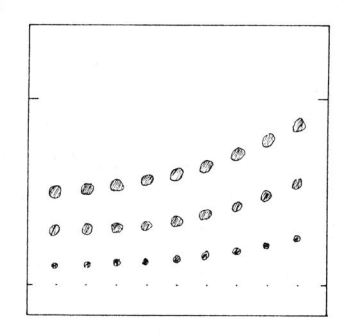

2. Entwickeln des Chromatogramms

Die vorbereitete Dünnschichtplatte wird in die Trennkammer gestellt und diese sofort wieder verschlossen. Die Bedingungen während dem Entwickeln müssen gleichbleiben, die Trennkammer darf nicht mehr geöffnet oder bewegt werden.

Erreicht die Eluiermittelfront den gewünschten Bereich, wird die Platte aus der Kammer gehoben und die Eluiermittelfront sofort mit Bleistift eingezeichnet. Anschliessend wird die feuchte Dünnschichtplatte im Abzug entsprechend den Eigenschaften von Substanz und Eluiermittel getrocknet (z. B. mit dem Fön).

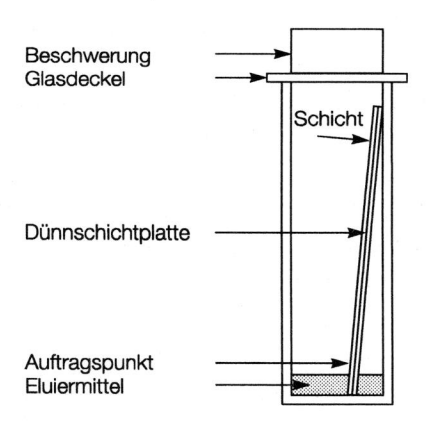

Dünnschichtchromatographie (DC)

Entwickeln

2.1 Konditionieren der Sorptionsmittelschicht
Bei speziellen Trennproblemen ist ein Vorkonditionieren der Sorptionsmittelschicht notwendig. Dabei wird die Schicht an die erforderlichen Bedingungen, bezogen auf Temperatur und Sättigung mit Eluiermitteldämpfen, angepasst.

Die zur Trennung vorbereitete Dünnschichtplatte wird dazu in der sog. Doppeltrog–Trennkammer einige Zeit in der mit Eluiermitteldämpfen gesättigten Atmosphäre konditioniert.

Danach wird die Trennkammer kurz angekippt, wodurch das Eluiermittel in den leeren Trog überläuft. Die Trennkammer muss dabei nicht mehr geöffnet werden.

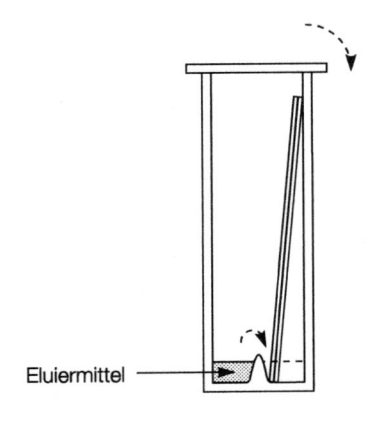

Eluiermittel

Auswerten

1. Sichtbarmachen der Substanzflecken

Um eine optische Auswertung nach der Auftrennung auf der Sorptionsmittelschicht durchführen zu können, müssen farblose Substanzen sichtbar gemacht werden. Dazu werden die Flecken unter ultravioletter Strahlung betrachtet und markiert oder mit spezifischen Reagenzien durch Farbreaktionen sichtbar gemacht.

1.1 Ultraviolette Strahlung

In der oberen Gehäuseöffnung befindet sich eine UV–Lampe mit zwei separat einstellbaren Wellenlängen (366 nm und 254 nm).

Ein Glasfilter schützt die Augen des Betrachters vor reflektierter kurzwelliger UV–Strahlung.

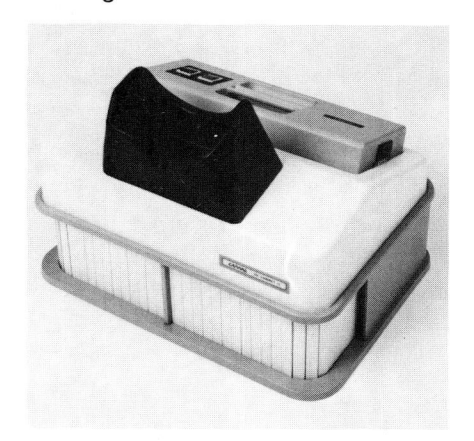

- UV–Strahlung 366 nm
  Diese langwellige UV–Strahlung eignet sich zum Erkennen von fluoreszierenden Substanzen. Die Substanzflecken erscheinen als helleuchtende, farbige Flecken auf der dunklen Platte.
- UV–Strahlung 254 nm
  Die kurzwellige UV–Strahlung dient zum Erkennen von Substanzen, die ultraviolette Strahlung absorbieren.
  Auf der mit einem Leuchtstoffindikator imprägnierten Sorptionsmittelschicht (z. B. Kieselgel 60 F 254) erscheinen ultraviolette Strahlung absorbierende Substanzen als dunkle Flecken auf der hellgrün fluoreszierenden Platte.

1.2 Anfärbereagenzien

Farblose Substanzen können durch eine chemische Reaktion in farbige oder ultraviolettaktive Substanzen umgewandelt werden.

Die Dünnschichtplatte wird dazu zum Beispiel in eine mit Dämpfen gesättigte Trennkammer gestellt.
Beispiel: Iodkammer
      Geeignet für Substanzen mit aliphatischen Doppelbindungen.
      Die Substanzen erscheinen als braune Flecken.

Auswerten

Eine andere Methode ist das Besprühen der Platte mit entsprechenden Reagenzien.

Beispiel: Diazotieren und Kuppeln
Geeignet für primäre aromatische Amine.
Die entstehenden Farbflecken sind je nach Substanz und Kupplungskomponente verschieden.

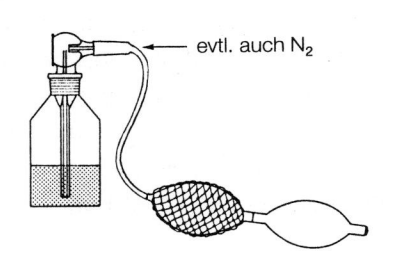

Angaben über geeignete Reagenzien sind der Fachliteratur zu entnehmen.

2. Qualitative Auswertung

Die qualitative Auswertung erfolgt durch Vergleichen der Rf–Werte der Proben mit dem der reinen Vergleichssubstanz.

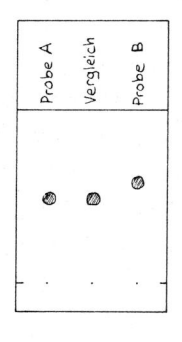

Probe A $\triangleq$ Vergleich

2.1 Der Rf–Wert

Rf = Retentionsfaktor

$$\text{Berechnung Rf–Wert} = \frac{\text{Entfernung vom Fleckenmittelpunkt zum Start}}{\text{Entfernung der Eluiermittelfront zum Start}}$$

Rf–Werte sind immer kleiner als 1,0 und werden auf zwei Dezimalen berechnet.
Der Rf–Wert ist u.a. abhängig von
- der Art des Sorptionsmittels (Hersteller, Vorbehandlung),
- der Korngrösse des Sorptionsmittels,
- den Eigenschaften des Eluiermittels,
- der Kammersättigung,
- der Arbeitstechnik,
- der Temperatur und
- der Menge der aufgetragenen Probe (Kapazität des Sorptionsmittels).

Bedingt durch diese vielen Abhängigkeitsfaktoren kann es schwer sein, Rf–Werte eindeutig zu reproduzieren.

Dünnschichtchromatographie (DC)

Auswerten

3. Halbquantitative Auswertung

Die halbquantitative Auswertung eines Chromatogramms beschränkt sich in den meisten Fällen auf das Bestimmen des prozentualen Anteils einer bekannten Verunreinigung in einem Gemisch.

3.1 Visueller Vergleich

Verunreinigungen von ca. 0,01–10 % werden visuell aufgrund der Fleckengrösse ausgewertet.
Neben dem zu untersuchenden Gemisch werden Proben einer Verdünnungsreihe der bekannten Verunreinigung auf der gleichen Platte mitchromatographiert.
Stimmt ein Fleck der Verdünnungsreihe in Grösse und Farbintensität mit dem zu bestimmenden Fleck des Gemisches überein, kann dessen prozentualer Anteil visuell geschätzt werden.

Damit sich die Flecken in Grösse und Intensität unterscheiden, muss ein günstiger Substanzmengenbereich gewählt werden. Zu bestimmende Komponenten, welche diesen Bereich überschreiten, müssen entsprechend verdünnt werden.
Soll z. B. der prozentuale Anteil an Substanz B in einem Probengemisch mittels halbquantitativer Auswertung ermittelt werden, müssen folgende Grössen bekannt sein:
- Auftragmenge Probenlösung
- günstiger Substanzmengenbereich Substanz B
- maximale Konzentration Substanz B im Gemisch

Aus diesen Angaben lässt sich die Konzentration der Stammlösung berechnen; durch Verdünnen erhält man die Verdünnungsreihe.

Beispiel: Auftragmenge Probenlösung 2 µL
günstiger Substanzmengenbereich 0,1–1,0 µg
Maximale Konzentration 10 % im Probengemisch

Berechnung zum Herstellen der Stammlösung der Vergleichssubstanz B
  2 µL Stammlösung enthalten maximal 1 µg Substanz B
  200 mL Stammlösung enthalten 100 mg Substanz B

Von dieser Stammlösung können entsprechende Verdünnungen hergestellt werden, welche als Vergleichslösungen eingesetzt werden.

Dünnschichtchromatographie (DC)

Auswerten

- Verdünnungsreihe (Vergleichslösungen)

  A 7,5 mL Stammlösung auf 10 mL verdünnen = 7,5 % Substanz B im Gemisch
  B 5 mL Stammlösung auf 10 mL verdünnen = 5,0 % Substanz B im Gemisch
  C 2,5 mL Stammlösung auf 10 mL verdünnen = 2,5 % Substanz B im Gemisch
  D 1 mL Stammlösung auf 10 mL verdünnen = 1,0 % Substanz B im Gemisch

- Berechnung zum Herstellen der Stammlösung der Vergleichssubstanz B
  Da die maximale Konzentration an Verunreinigung 10 % beträgt, muss die Musterlösung in 10facher Konzentration (im Vergleich zur Stammlösung = 100 %) hergestellt werden.

  2 µL Musterlösung enthalten 10 µg Gemisch (= 1 µg Substanz B)
  10 mL Musterlösung enthalten 50 mg Gemisch

- Auftragmengen

2 µL Musterlösung(Gemisch)	entsprechen	100 % Gemisch
2 µL Stammlösung(Substanz B)	entsprechen	10 % Verunreinigung
2 µL Verdünnung A	entsprechen	7,5 % Verunreinigung
2 µL Verdünnung B	entsprechen	5 % Verunreinigung
2 µL Verdünnung C	entsprechen	2,5 % Verunreinigung
2 µL Verdünnung D	entsprechen	1 % Verunreinigung

Musterlösung und Vergleichslösungen werden abwechselnd auf eine Dünnschichtplatte aufgetragen, getrocknet und mit einem geeigneten Eluiermittel entwickelt.

Durch Vergleichen der Grösse und der Farbintensität der korrespondierenden Flecken wird der prozentuale Anteil an Verunreinigung geschätzt.
In diesem Beispiel liegt der Gehalt an Verunreinigung zwischen 5 % und 7,5 %.

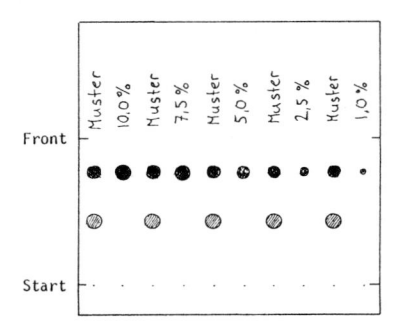

Mit einem zweiten Chromatogramm kann der prozentuale Anteil mit einer weiteren Verdünnungsreihe genauer bestimmt werden (z. B. 5,0 %, 5,5 %, 6,0 %, 6,5 %, 7,0 %, 7,5 %).

Dünnschichtchromatographie (DC)

Auswerten

4. Quantitative Auswertung

4.1 Auswerten mit Scanner

Mit dem optischen Scanner werden die Substanzflecken direkt auf der Platte gemessen. Durch das Vergleichen der Flecken kann der prozentuale Anteil direkt ermittelt werden.

Die am meisten verwendeten Methoden sind die Fluoreszenz- und die Remissionsmessung, bei welchen die Sorptionsschicht mit monochromatischem Licht bestrahlt wird. Das von der Substanz reflektierte Licht (Remission) wird mit dem von der Schicht reflektierten Licht verglichen und ausgewertet.

4.2 Auswerten mit UV-Photometer

Die zu bestimmende Substanz wird nach dem Entwickeln des Chromatogramms auf der Platte markiert und diese Zone abgekratzt. Danach wird die am Sorptionsmittel adsorbierte Substanz mit einem geeigneten Lösemittel eluiert.

Der prozentuale Anteil an Substanz wird anschliessend mit spektroskopischen Methoden ermittelt.

5. Dokumentieren

Chromatogramme müssen unmittelbar nach dem Sichtbarmachen dokumentiert werden. Möglichkeiten dazu sind:

- Durchzeichnen auf transparentes Papier. In diesem Fall sind die einzelnen Flecken, vor allem bei der Betrachtung unter ultravioletter Strahlung, mit einem Bleistift direkt auf der Platte zu markieren.
- Photographieren mit der Polaroid-Sofortbildkamera, schwarz-weiss oder farbig; wenn nötig unter UV-Licht.
- DC-Platten in eine Plastikmappe legen und mit einem Fotokopierer kopieren.

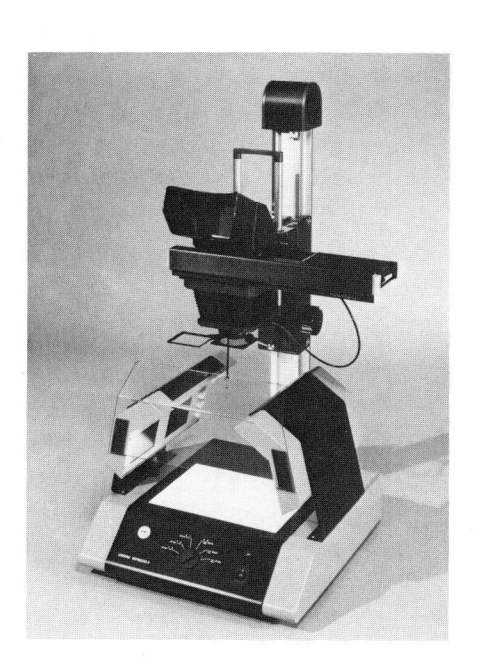

Dünnschichtchromatographie (DC)

Auswerten

6. Interpretieren

Das entwickelte Chromatogramm muss sofort interpretiert werden. Nachfolgend vier, voneinander unabhängige Interpretationsbeispiele.

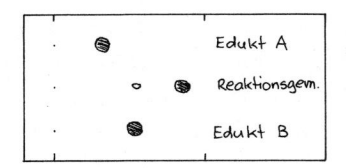

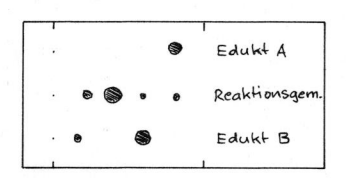

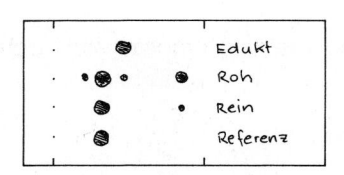

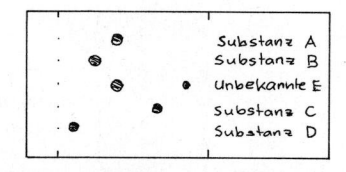

- **Verfolgen eines Reaktionsverlaufs**

  Das Reaktionsgemisch enthält nebst dem Produkt noch wenig Edukt B, Nebenprodukte sind keine sichtbar:
  Die Reaktion ist beendet.

  Im Reaktionsgemisch sind noch beide Edukte, das Produkt und ein Nebenprodukt zu erkennen; das Edukt B enthält eine Verunreinigung, welche im Reaktionsgemisch nicht mehr sichtbar ist:
  Die Reaktion ist noch nicht beendet.

- **Reinheitskontrolle**

  Das Rohprodukt enthält nebst wenig Edukt noch Nebenprodukte, das Reinprodukt enthält immer noch etwas Nebenprodukt:
  Nochmals reinigen.

- **Identifikation**

  Die unbekannte Substanz E ist identisch mit der Substanz A und enthält zusätzlich eine unbekannte Verunreinigung.

Mangelhafte Chromatogramme

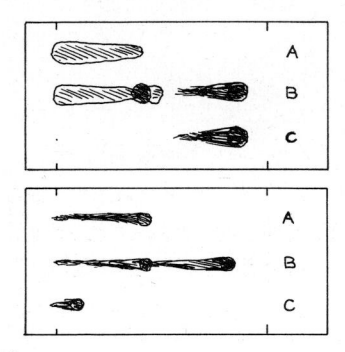

Die Substanzen sind in zu hoher Konzentration aufgetragen worden. Die Platte ist überladen, die Flecken laufen ineinander.

Die Substanzen zersetzen sich beim Entwickeln. Sorptionsmittel oder Eluiermittel sind ungeeignet.

Dünnschichtchromatographie (DC)

Spezielle Techniken

1. Mehrfachentwicklung

Diese Methode gelangt dann zur Anwendung, wenn in einem Gemisch die Rf–Werte nur sehr wenig voneinander abweichen und kein geeignetes Eluiermittel ermittelt werden konnte.

Bei der Mehrfachentwicklung wird das Chromatogramm mehrmals mit dem gleichen Eluiermittel entwickelt; zwischen jeder Entwicklung wird die Platte getrocknet.

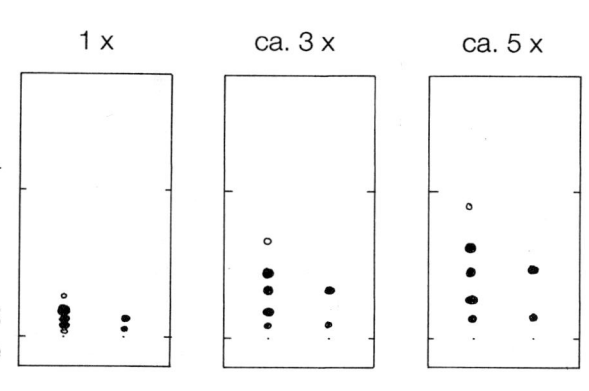

2. Stufentechnik

Liegen in einem Gemisch mehrere Substanzgruppen vor, die sich in ihrem Adsorptions- oder Verteilungsverhalten erheblich voneinander unterscheiden, gelingt keine zufriedenstellende Trennung aller Substanzen.

Wird jedoch nacheinander mit zwei verschiedenen Eluiermitteln unterschiedlich hoch entwickelt, lässt sich oft eine Trennung erzielen.

In der ersten Stufe wird ein Teil des Gemisches in seine Komponenten aufgeteilt.

Der Rest des Gemisches läuft als einheitlicher Fleck mehr oder weniger in der Eluiermittelfront mit und wird erst in der zweiten Stufe mit einem anderen Eluiermittel in seine Bestandteile zerlegt.

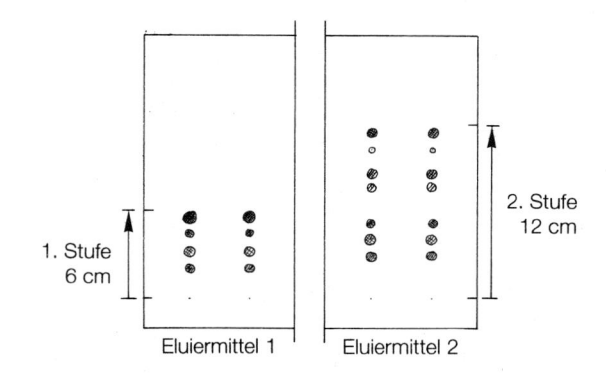

3. Zweidimensionale Trennung

Bei Vielstoffgemischen kann die zweidimensionale Entwicklung eine bessere Auftrennung bewirken. Dazu wird das Gemisch im Abstand von 3–4 cm von einer Ecke der Platte aufgetragen, wie üblich entwickelt und anschliessend getrocknet. Danach wird die Platte um 90° gekippt und in der zweiten Laufrichtung mit einem anderen Eluiermittel entwickelt.

235

Dünnschichtchromatographie (DC)

Spezielle Techniken

Durch die Wahl des zweiten Eluiermittels können andersartige Trenneffekte erzielt werden.

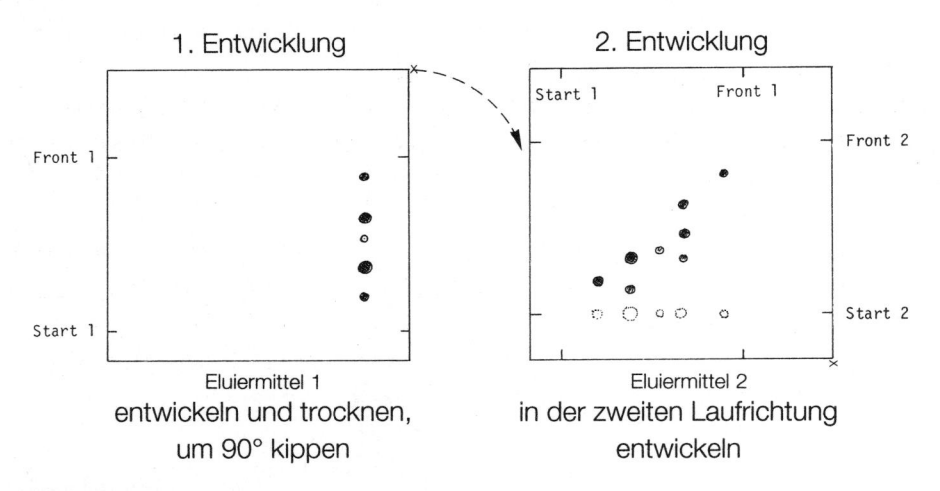

1. Entwicklung — Eluiermittel 1 — entwickeln und trocknen, um 90° kippen

2. Entwicklung — Eluiermittel 2 — in der zweiten Laufrichtung entwickeln

4. TRT–Technik

Bei der TRT–Technik (Trennung–Reaktion–Trennung) kann auf einfache Art festgestellt werden, ob sich die Substanzen während des Entwickelns durch Licht, Luft oder Eluiermittel chemisch verändern. Dazu wird das Gemisch im Abstand von 3–4 cm von einer Ecke der Platte aufgetragen, wie üblich entwickelt und anschliessend getrocknet. Danach wird die Platte um 90° gekippt und in der zweiten Laufrichtung mit dem gleichen Eluiermittel entwickelt. Wenn sich die Substanzen während des Entwickelns nicht zersetzt haben, müssen die Flecken auf einer Linie (Diagonale) liegen.

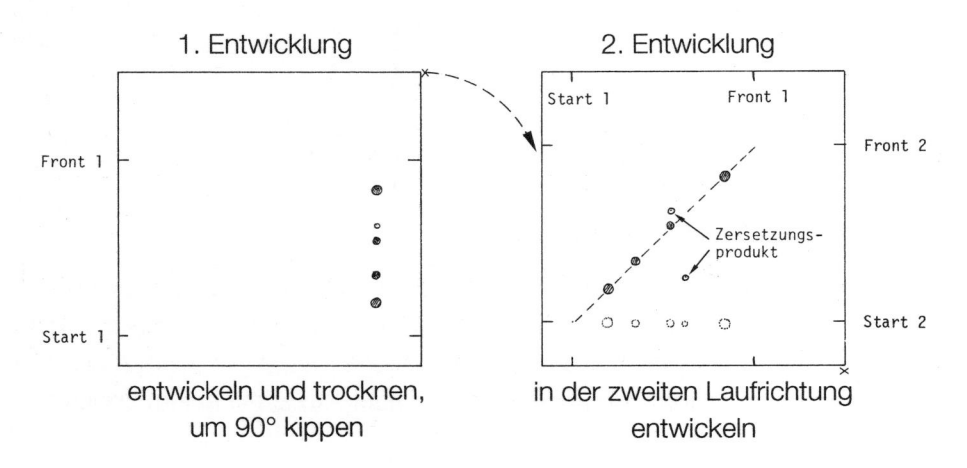

1. Entwicklung — entwickeln und trocknen, um 90° kippen

2. Entwicklung — in der zweiten Laufrichtung entwickeln — Zersetzungsprodukt

5. Präparative Dünnschichtchromatographie

Mit einer dickeren Sorptionsmittelschicht (bis ca. 5 mm) ist es möglich, Substanzgemische in der Grössenordnung von einigen Milligrammen bis zu Grammen zu trennen und zu isolieren.
Das zu trennende Gemisch wird möglichst konzentriert, strichförmig aufgetragen.
Die Laufzeit des Chromatogramms verlängert sich durch die dickere Sorptionsmittelschicht um ein Mehrfaches.

Beim Sichtbarmachen der getrennten Zonen ist darauf zu achten, dass die einzelnen Substanzen nicht chemisch verändert werden. Geeignet ist oftmals die Verwendung von UV–aktiven Sorptionsmitteln.
Die einzelnen Zonen werden mit einem Spatel vorsichtig von der Platte geschabt und die Substanz anschliessend aus dem Sorptionsmittel extrahiert.

Da beim Trocknen eine relativ grosse Lösemittelemission entsteht, ist es aus ökologischen Gründen sinnvoll, Alternativmethoden wie z. B. Säulenchromatographie einzusetzen.

Säulen-/Flashchromatographie (SC/LC)

Apparaturen	**241**
1. Normaldruck–Säulenchromatographie	241
2. Flashchromatographie	242
Trennsäule	**244**
1. Stationäre Phase	244
2. Wahl des Sorptionsmittels	244
3. Füllen einer Trennsäule	245
4. Auftragen der Substanzen	246
Eluiermittel	**247**
1. Mobile Phase	247
2. Wahl des Eluiermittels	247
Trennen und Aufarbeiten	**248**
1. Säulenchromatographie bei Normaldruck	248
2. Flashchromatographie	248
Auswerten	**249**
1. Auswerten der gesammelten Fraktionen	249
Entsorgen des Sorptionsmittels	**250**

Säulen-/Flashchromatographie (SC/LC)

Die Säulenchromatographie wird hauptsächlich für präparative Zwecke eingesetzt und eignet sich zum Trennen und Reinigen fast aller Substanzgemische, wie auch von temperaturempfindlichen Stoffen. Es lassen sich Substanzgemische von wenigen Milligramm bis zu mehr als 100 Gramm trennen.

Der Unterschied zur Dünnschichtchromatographie besteht darin, dass das pulverförmige Sorptionsmittel in eine Säule eingefüllt wird und das Eluiermittel über die stationäre Phase fliesst, dies erfolgt bei Normaldruck oder bei Überdruck.

Bei der Normaldruck–Säulenchromatographie besteht die Apparatur aus einer mit Sorptionsmittel gefüllten senkrechten Säule. Das zu trennende Substanzgemisch wird oben eingefüllt. Das Eluiermittel durchläuft die Säule aufgrund der Schwerkraft und trennt das Gemisch auf.

Die Flashchromatographie (Niederdruck–Säulenchromatographie) ist eine schnelle und einfache Methode zum routinemässigen Trennen von Substanzgemischen. Das zu trennende Gemisch wird mit leichtem Überdruck von 0,1–0,5 bar über die Säule gepresst. Da das Eluiermittel mit Druck durchgepresst wird, kann feinkörnigeres Sorptionsmittel verwendet werden.

Um vergleichbare Trennleistungen wie bei der Normaldruck–Säulenchromatographie zu erreichen, benötigt man weniger Eluiermittel und nur etwa ein Drittel der Sorptionsmittelmenge.

Säulen-/Flashchromatographie (SC/LC)

Apparaturen

1. Normaldruck–Säulenchromatographie

Für die Normaldruck–Säulenchromatographie wird eine Säule aus Glas mit einem Auslaufhahn eingesetzt.

Damit kontinuierlich Eluiermittel auf die Säule nachfliesst, werden oft Scheidetrichter oder kugelförmige Vorratsgefässe über der Säule montiert.

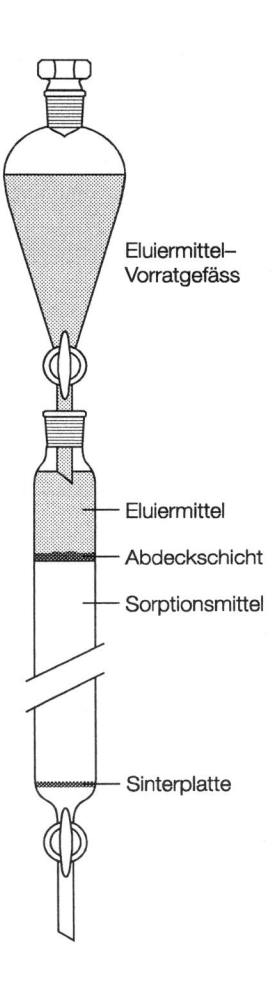

- Eluiermittel–Vorratgefäss
- Eluiermittel
- Abdeckschicht
- Sorptionsmittel
- Sinterplatte

Es gibt Säulen mit eingebauter Sinterplatte; diese verhindert ein Auslaufen des Sorptionsmittels.
Ist keine solche Sinterplatte eingebaut, muss das Auslaufen mit Glaswatte, Rundfilter und Quarzsand verhindert werden.

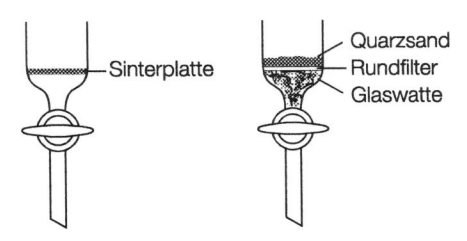

- Sinterplatte
- Quarzsand
- Rundfilter
- Glaswatte

Säulen-/Flashchromatographie (SC/LC)

Apparaturen

2. Flashchromatographie

2.1 Chromatographiesäulen

Als Säulen werden auf Druck geprüfte Glasrohre mit Auslaufhahn verwendet. Der Auslauf ist verjüngt, dadurch werden Totvolumen und seitliche Spritzer verhindert. Die Säulen sind mit einer Sinterplatte ausgerüstet.

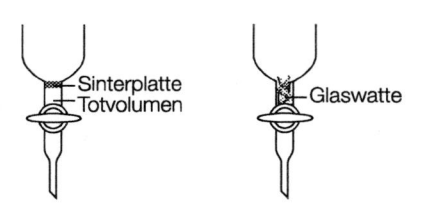

– Sinterplatte
– Totvolumen
– Glaswatte

Bei diesen Säulen ist jedoch zu beachten, dass das Volumen zwischen Sinterplatte und Auslaufhahn (Totvolumen) möglichst klein ist, um eine Vermischung der aufgetrennten Substanzen möglichst zu vermeiden.
Es können auch Säulen ohne Sinterplatte verwendet werden. Bei diesen Säulen wird über dem Auslaufhahn ein Stück Glaswatte oder Watte plaziert.

2.2 Komplette Apparatur

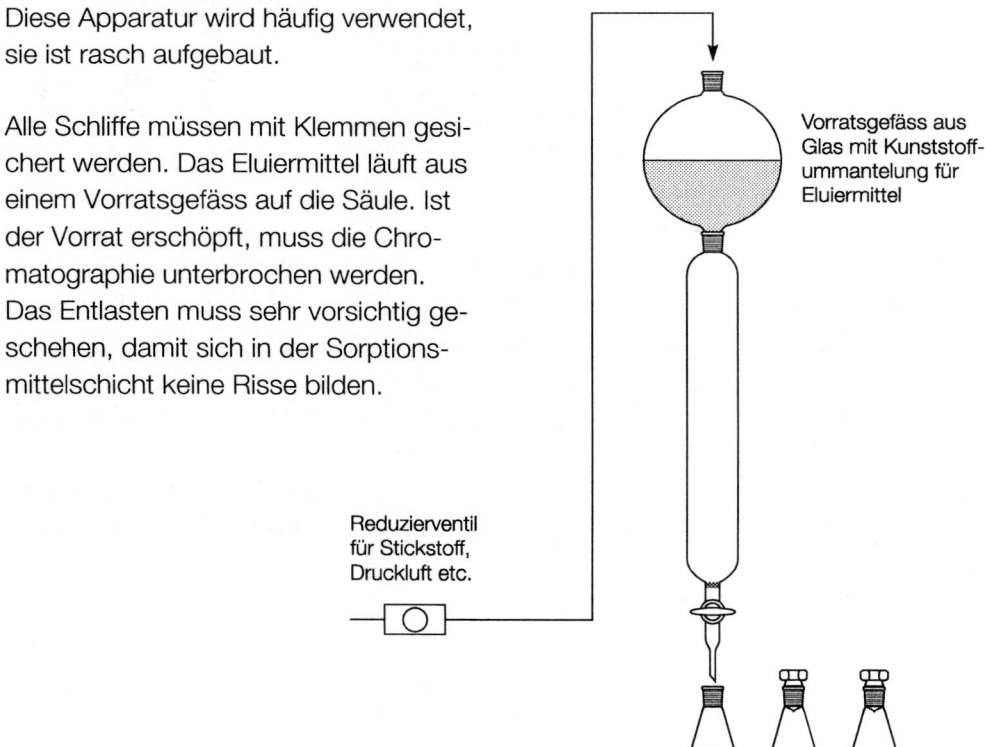

Diese Apparatur wird häufig verwendet, sie ist rasch aufgebaut.

Alle Schliffe müssen mit Klemmen gesichert werden. Das Eluiermittel läuft aus einem Vorratsgefäss auf die Säule. Ist der Vorrat erschöpft, muss die Chromatographie unterbrochen werden. Das Entlasten muss sehr vorsichtig geschehen, damit sich in der Sorptionsmittelschicht keine Risse bilden.

Vorratsgefäss aus Glas mit Kunststoffummantelung für Eluiermittel

Reduzierventil für Stickstoff, Druckluft etc.

Säulen-/Flashchromatographie (SC/LC)

Apparaturen

Das Beispiel zeigt eine komplette Apparatur, wie sie zum routinemässigen Trennen von Substanzgemischen eingesetzt wird.

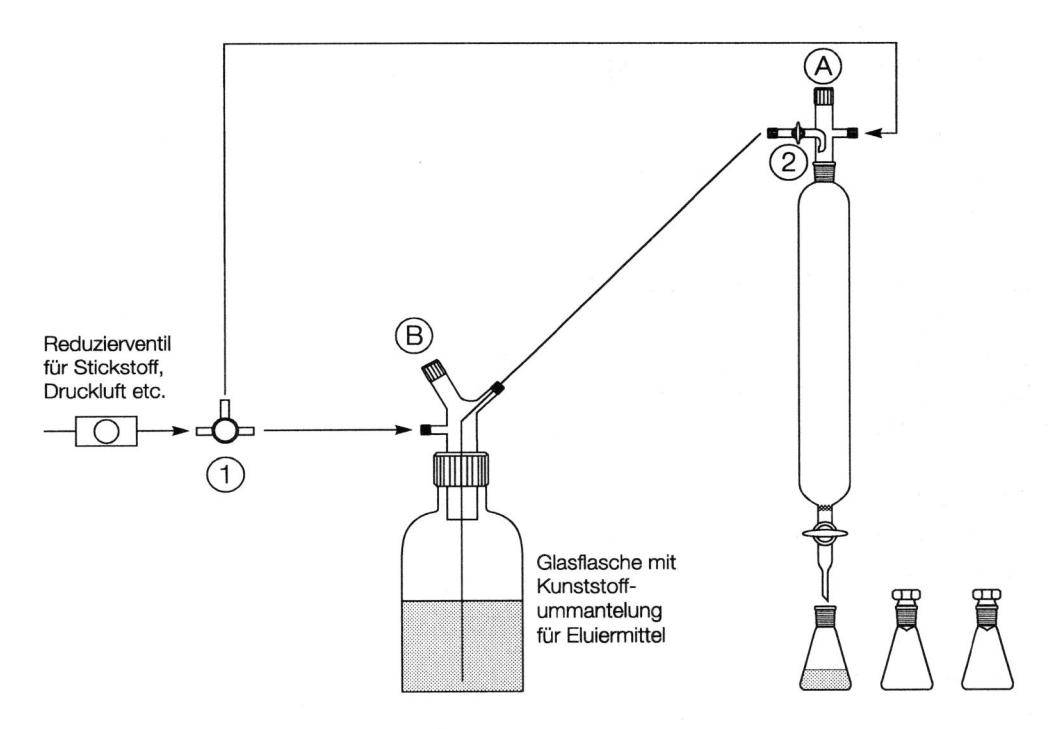

Reduzierventil für Stickstoff, Druckluft etc.

Glasflasche mit Kunststoffummantelung für Eluiermittel

- Die Säule kann über die verschliessbare Öffnung Ⓐ gefüllt werden
- Ist der Hahn ① in Richtung Flasche geöffnet, presst das einströmende Gas das Eluiermittel durch die Schlauchleitung und den geöffneten Hahn ② in die Säule
- Soll Eluiermittel nachgefüllt werden, oder soll die Polarität des Eluiermittels durch Zugabe eines anderen Eluiermittels verändert werden, wird der Hahn ② geschlossen und Hahn ① in Richtung Säule geöffnet; durch die verschliessbare Öffnung Ⓑ kann nun die Flüssigkeit eingefüllt werden (homogenisieren)
- Wird die Öffnung Ⓑ wieder geschlossen und der Hahn ① in Richtung Flasche geöffnet, kann nach Öffnen von Hahn ② das neue Gemisch auf die Säule gepresst werden.

Trennsäule

1. Stationäre Phase

Die stationäre Phase besteht aus einem feinkörnigen Pulver mit einem definierten Korngrössenbereich. Die zu trennenden Substanzen werden von der Oberfläche des Sorptionsmittels verschieden stark zurückgehalten, was eine Trennung bewirkt.
Die Trennwirkung wird besser, je feiner und gleichmässiger die Körnung des Sorptionsmittels ist; für eine gleichbleibende Durchflussrate muss dann jedoch mehr Druck aufgebracht werden.
Die Trennleistung einer Säule ist sehr unterschiedlich. Sie ist abhängig
- von der Aktivität und der Korngrösse des Sorptionsmittels
- vom Mengenverhältnis (Substanz/Sorptionsmittel)
- von der Fliessgeschwindigkeit
- vom Durchmesser und der Länge der Trennstrecke

1.1 Sorbtionsmittel
Es werden die gleichen Sorptionsmitteln eingesetzt, wie für die Dünnschichtchromatographie; sie enthalten jedoch keine Zusätze (Bindemittel, Fluoreszenzindikator usw.). Es wird hauptsächlich Kieselgel in unterschiedlicher Korngrösse verwendet.

1.2 Aktivität der Sorptionsschicht
Bei anorganischen Sorptionsmitteln wie Kieselgel oder Aluminiumoxid spielt die von der Luftfeuchtigkeit abhängige Aktivität (Wassergehalt) der Sorptionsschicht eine wichtige Rolle: Je geringer der Wasseranteil, desto höher die Aktivität.
Sorbtionsmittel müssen trocken gelagert werden.

2. Wahl des Sorptionsmittels

Um für eine erfolgreiche Trennung das geeignete Sorptionsmittel zu finden, sind Vorabklärungen mittels DC oder Vorversuche notwendig. Es gelten dabei die gleichen Auswahlkriterien wie für die Dünnschichtchromatographie.

- Sorptionsmittel für Normaldruck
  In der Regel werden Sorptionsmittel mit der Korngrösse von 0,063–0,200 mm (70–230 mesh) eingesetzt, da bei kleineren Korngrössen die Durchflussgeschwindigkeit erheblich abnimmt.
  Die Trennleistung ist abhängig vom Verhältnis der Substanzmenge zur Sorptionsmittelmenge: Je grösser die aufgetragene Substanzmenge, desto schlechter die Trennung. In der Praxis hat sich ein Verhältnis von ca. 1:100 als optimal erwiesen.

Säulen-/Flashchromatographie (SC/LC)

Trennsäule

- Sorptionsmittel für die Flashchromatographie
  In der Regel werden Sorptionsmittel mit der Korngrösse von 0,040–0,063 mm (230–400 mesh) verwendet. Die Sorptionsmittelmenge steht zur Substanzmenge meist in einem Verhältnis von ca. 30:1. Bei komplizierten Trennproblemen (geringe Unterschiede der Rf–Werte) kann die Sorptionsmittelmenge entsprechend erhöht werden.

3. Füllen einer Trennsäule

3.1 Füllen für Normaldruck

Wenn möglich wird eine Säule verwendet, bei der das Verhältnis Höhe:Durchmesser etwa 30:1 beträgt; sie wird zu etwa zwei Drittel gefüllt.

Zum Füllen der Säule sind folgende Varianten üblich:
- Beim Einschlämmverfahren (Slurry–Methode) wird die Säule zu 1/3 mit Eluiermittel gefüllt. Das Sorptionsmittel wird als Suspension (angeschlämmt im Eluiermittel) möglichst ohne Unterbruch in die Säule gegossen. Man lässt das Sorptionsmittel unter leichtem Anklopfen der Säule absetzen, bis keine Volumenänderung mehr stattfindet. Das überstehende Eluiermittel wird bis ca. 1/2 cm oberhalb der Sorptionsmittelschicht abgelassen und mit einem Filterpapier und etwas Quarzsand abgedeckt
- Die Säule wird zu ca. 3/4 mit Eluiermittel gefüllt. Bei wenig geöffnetem Hahn wird das Sorptionsmittel langsam, unter stetem Rühren oder Klopfen, in das Eluiermittel eingestreut. Das Eluiermittel wird bis ca. 1/2 cm oberhalb der Sorptionsmittelschicht abgelassen.
  Um Lufteinschlüsse zu verhindern, darf auch während des Füllvorganges das Flüssigkeitsniveau nie unter die Oberfläche des Sorptionsmittels sinken.
  Die auf diese Weise gefüllte Säule muss man noch "setzen" lassen, d. h. klopfen an der Säule bis keine Niveauabnahme beim Sorptionsmittel mehr stattfindet — oder über Nacht stehen lassen. Die Sorptionsmittelschicht wird mit einem Filterpapier und etwas Quarzsand abgedeckt.

3.2 Füllen für Flashchromatographie

In der Flashchromatographie werden Säulen verwendet, deren Durchmesser/Längenverhältnis zwischen 1:15 und 1:30 liegt.
Die Säule wird in der Regel 2/3 hoch gefüllt. Bei grösserer Füllhöhe besteht die Gefahr, dass der Trennvorgang zu stark verlangsamt wird und dadurch zwei oder mehr Komponenten ineinanderfliessen (tailing).

Säulen-/Flashchromatographie (SC/LC)

Trennsäule

Zum Füllen der Säule sind folgende Varianten üblich:
- Das Sorptionsmittel wird als Suspension (Slurry) eingefüllt.
- Das Sorptionsmittel wird trocken eingefüllt und durch leichtes Anklopfen der Säule, oder, bei geöffnetem Hahn, mit Pressluft, verdichtet.
- Eine weitere Methode ist das Einfüllen von Eluiermittel in die mit Sorptionsmittel gefüllte und evakuierte Säule. Diese Methode eignet sich vor allem für grosse Säulen.

Nach dem Füllen wird das Eluiermittel auf die Säule gebracht und mit erhöhtem Druck von 0,1– 0,5 bar durch die Sorptionsmittelschicht gepresst, bis die eingeschlossene Luft vollständig entfernt worden ist.
Die Säule muss homogen und ohne eingeschlossene Luft gefüllt sein, um eine gute Trennung zu ermöglichen. Die Sorptionsmittelschicht wird mit einem Filterpapier und etwas Quarzsand abgedeckt.

4. Auftragen der Substanzen

Das Auftragen des zu trennenden Substanzgemisches kann auf zwei verschiedene Arten erfolgen.

4.1 Auftragen in flüssiger Form
Im Eluiermittel gut lösliche Substanzen werden möglichst konzentriert gelöst, die Lösung mit einer Pipette auf das Sorptionsmittel gebracht und zwei- bis dreimal mit wenig Eluiermittel in das Sorptionsmittel gespült.
Im gleichen Arbeitsgang wird auch die Säulenwand gespült.
Flüssige Proben, die im Eluiermittel gut löslich sind, können direkt auf die Säule gegeben werden.

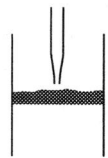

4.2 Auftragen in festem Zustand
Im Eluiermittel schlecht lösliche Feststoffe werden in einem beliebigen Lösemittel möglichst konzentriert gelöst. Diese Lösung wird mit etwa der gleichen Menge Sorptionsmittel versetzt und anschliessend das Lösemittel abgedampft. Das erhaltene Pulver wird sorgfältig auf die Säule gebracht und mit etwas Quarzsand abgedeckt. Anschliessend wird die Substanz zwei- bis dreimal mit wenig Eluiermittel in das Sorptionsmittel gespült. Im gleichen Arbeitsgang wird auch die Säulenwand gespült.

Säulen-/Flashchromatographie (SC/LC)

Eluiermittel

1. Mobile Phase

Es können alle Lösemittel oder Lösemittelgemische verwendet werden, die beim entsprechenden Sorptionsmittel in der Dünnschichtchromatographie eingesetzt werden. Zusätzlich besteht die Möglichkeit, das Verhältnis des Lösemittelgemisches während der Trennung zu verändern.

2. Wahl des Eluiermittels

Das geeignete Eluiermittel zur Trennung eines Substanzgemisches über eine Säule kann mittels Dünnschichtchromatographie gefunden und optimiert werden, da sich die Trennung auf der Säule ähnlich verhält. Grosse Unterschiede im Rf–Wert ergeben meist eine erfolgreiche Trennung auf der Säule.

- DC–Vorabklärung: Gegenüberstellung

Säulenchromatographie	Flashchromatographie
Die Trennung ist in der Regel schlechter als bei der Dünnschichtchromatographie.	Im Gegensatz zur "normalen" Säulenchromatographie ist die Trennung meist besser.
Die Rf–Werte der einzelnen Substanzen müssen sich bereits im DC wesentlich voneinander unterscheiden.	Man wählt ein Eluiermittel, womit die zu isolierenden Komponenten bis zu einem Rf–Wert von 0,35 laufen und mit einer Rf–Wert–Differenz von mindestens 0,15 getrennt sind.

- Eluiermittel mit abgestufter Polarität

  Substanzen mit sehr kleinen Rf–Werten benötigen sehr lange, bis sie die gesamte Länge der Säule passiert haben. Dieser langsame Trennungsvorgang kann beschleunigt werden, indem stufenweise auf ein polareres Eluiermittel gewechselt wird. Bedingung dafür ist, dass beide Eluiermittel in jedem Verhältnis ineinander löslich sind. Ein nicht stufenweiser Wechsel kann eine Spaltung der Säulenfüllung zur Folge haben oder die Elutionswirkung ungünstig beeinflussen.

  Beispiel: Eluiermittel I = Toluol, Eluiermittel II = Methanol
  Vorgehen: Toluol → Toluol/Methanol 8 + 2 → Toluol/Methanol 6 + 4 → Toluol/Methanol 4 + 6 → Toluol/Methanol 2 + 8 → Methanol

Trennen und Aufarbeiten

1. Säulenchromatographie bei Normaldruck

Während der Trennung des Chromatogramms darf die Trennsäule nie trocken laufen. Der Flüssigkeitsspiegel muss immer höher sein als die Oberfläche der Sorptionsmittelschicht; es ist deshalb immer frisches Eluiermittel nachzufüllen.

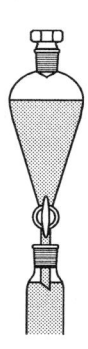

1.1 Fraktionieren

Vom abtropfenden Eluat werden in regelmässigen Abständen kleine Proben entnommen, auf eine Dünnschichtplatte aufgetragen, getrocknet und ohne zu entwickeln sichtbar gemacht.
Solange das Eluat keine Substanz enthält, ist auf der Platte kein Fleck zu erkennen. Wenn diese Probe Substanz anzeigt, wird das Eluat in einzelnen, gleich grossen Fraktionen aufgefangen, die z. B. mittels Dünnschichtchromatogramm verglichen werden können.
Fraktionen gleichen Inhalts und gleicher Qualität werden vereinigt und eingedampft.

Bei gefärbten Substanzen kann aufgrund des unterschiedlichen Aspekts getrennt werden.

2. Flashchromatographie

Das Eluiermittel wird mit einem Überdruck von ca. 0,1 bis 0,5 bar kontinuierlich durch die Säule gepresst; durch Druckänderung kann die Durchflussgeschwindigkeit reguliert werden. Der Vorgang darf nicht unterbrochen werden, da sonst eine Diffusion in der Säule entsteht, was eine schlechtere Trennung zur Folge hat.

2.1 Fraktionieren

Der Wechsel der Fraktionen kann manuell oder mit einem Fraktionensammler automatisch vorgenommen werden. Die Grösse der einzelnen Fraktionen ist abhängig vom Trennproblem, sie wird analog der Säulenchromatographie bei Normaldruck bestimmt.
Identifikation: visuell, Durchlicht oder ultraviolette Strahlung, UV-Detektor, Refraktion

Auswerten

1. Auswerten der gesammelten Fraktionen

Zur qualitativen und quantitativen Auswertung eignen sich folgende Methoden:
- Gaschromatographie
- HPLC
- Dünnschichtchromatographie
- Photometrie

Entsorgen des Sorptionsmittels

Die Chromatographiesäulen halten auch nach dem Auslaufen des Eluiermittels ungefähr so viel Lösemittel zurück wie das eingesetzte, trockene Sorptionsmittel wog. Deshalb ist beim Entleeren der Säule und beim Entsorgen des Sorptionsmittels darauf zu achten, dass möglichst keine Lösemittelemission entsteht.

In der Praxis haben sich u. a. folgende Methoden bewährt:

- Nach Beendigung des Chromatographievorgangs wird die Säule mit einem Stopfen verschlossen und das Sorptionsmittel durch Schütteln mit dem noch vorhandenen Eluiermittel durchmischt. Die so entstehende Suspension wird direkt in einen Rundkolben entleert und das Lösemittel am Rotationsverdampfer abdestilliert. Das trockene Sorptionsmittel wird anschliessend entsorgt.

- Das Lösemittel wird bis zum Sorptionsmittel ablaufen gelassen, die Säule auf den Kopf gestellt und das feuchte Sorptionsmittel mit Stickstoff herausgepresst. Das Sorptionsmittel wird in einem Rundkolben am Rotationsverdampfer vom Lösemittel befreit und anschliessend entsorgt.

- Das Lösemittel wird vorsichtig mit Stickstoff aus dem Sorptionsmittel herausgepresst, bis keine Flüssigkeit mehr austritt. Die Säule wird anschliessend auf den Kopf gestellt und durch Klopfen oder Herauskratzen das verbleibende, lösemittelfeuchte Sorptionsmittel entnommen, bis zur weiteren Entsorgung gesammelt und verschlossen aufbewahrt.
Um eine Säule so entleeren zu können, muss sie einen möglichst grossen Innendurchmesser aufweisen.

Hochleistungsflüssigchromatographie (HPLC)

Aufbau einer HPLC–Anlage   **252**
- 1. Komplette HPLC–Anlage   252
- 2. Niederdruck–Gradientenmischung   252
- 3. Hochdruck–Gradientenmischung   253
- 4. Pumpen   253
- 5. Pulsationsdämpfer   254
- 6. Einspritzventil/Dosierschlaufe   254

Trennsäulen   **255**
- 1. Vorsäule   255
- 2. Stationäre Phase   255
- 3. Aufbau einer Säule   255

Eluiermittel   **256**
- 1. Anforderungen an das Eluiermittel   256
- 2. Isokratisch/Gradient   256

Detektion   **257**
- 1. Detektoren   257
- 2. Absorptionsmaxima verschiedener Chromophore   258
- 3. Minimale UV–Messwellenlänge verschiedener Eluiermittel   258

Vorgehensweise/Auswertung   **259**
- 1. Vorgehensweise zur Ermittlung einer HPLC–Methode   259
- 2. Identifikation von isolierten Substanzen   260
- 3. Massenanteilbestimmung   261

Hochleistungsflüssigchromatographie (HPLC)

Aufbau einer HPLC-Anlage

1. Komplette HPLC-Anlage

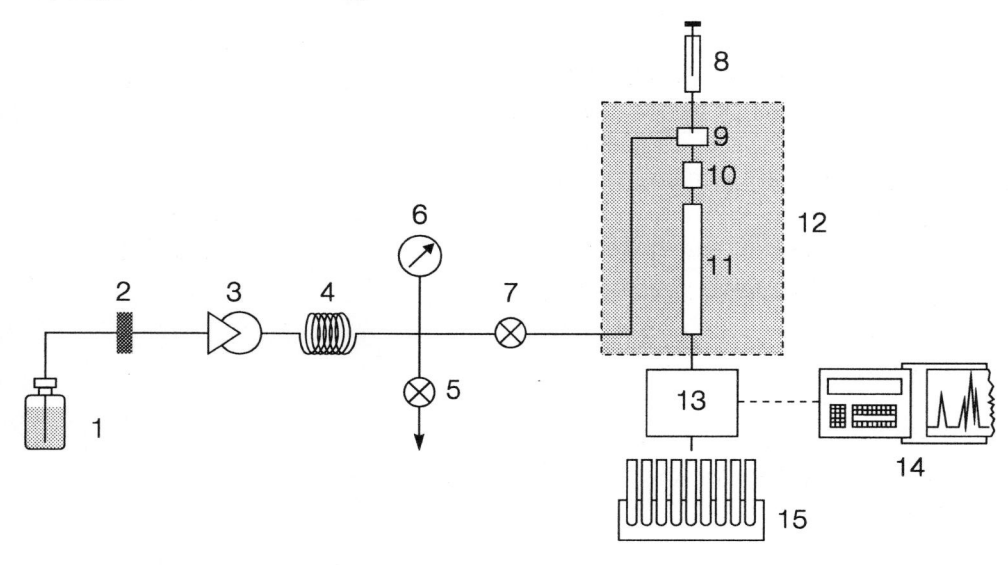

1 Eluiermittel–Vorratsgefäss	9 Einspritzventil
2 Fritte aus Sintermetall	10 Vorsäule (empfehlenswert)
3 Hochdruckpumpe (evtl. mit Durchflussanzeige)	11 Säule
	12 Thermostatisierofen (kann fehlen)
4 Pulsationsdämpfer	13 Detektor
5 Spülventil	14 Signalerfassung
6 Manometer	(Integrator, Schreiber)
7 Absperrventil	15 Fraktionensammler (kann fehlen)
8 Injektionsspritze	

2. Niederdruck-Gradientenmischung

- Vorteile:
  Für mehrere Eluiermittel braucht es nur eine Pumpe.

- Nachteile:
  Es können Luftblasen in der Mischkammer entstehen.

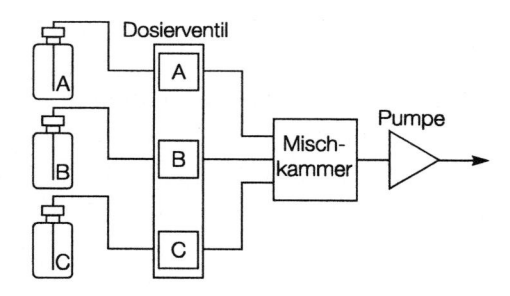

Hochleistungsflüssigchromatographie (HPLC)

Aufbau einer HPLC-Anlage

3. Hochdruck-Gradientenmischung

- Vorteile:
  Durch das Mischen der Eluiermittel unter hohem Druck entstehen praktisch keine Luftblasen.
  Schnelle Eluiermittelwechsel, da internes Volumen sehr klein.
  Effektive Eluiermittelzusammensetzung stimmt mit der programmierten Zusammensetzung praktisch überein.
- Nachteile:
  Wartungsintensiver.
  Für das separate Zudosieren von drei Eluiermitteln ist zusätzlich eine dritte Pumpe notwendig.

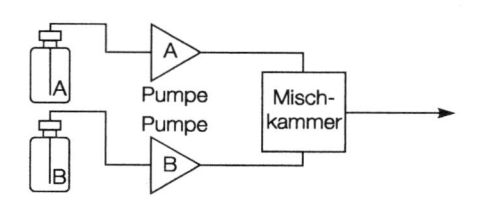

4. Pumpen

Es werden hauptsächlich Einkolben- oder Doppelkolbenpumpen mit kurzem Hub verwendet.

Durch das Steuern der Motorgeschwindigkeit und das Verändern der Form der Exzenterscheiben auf der Welle wird ein praktisch pulsationsfreies Pumpen erreicht. Kugelventile und Dichtungen müssen gewartet werden.

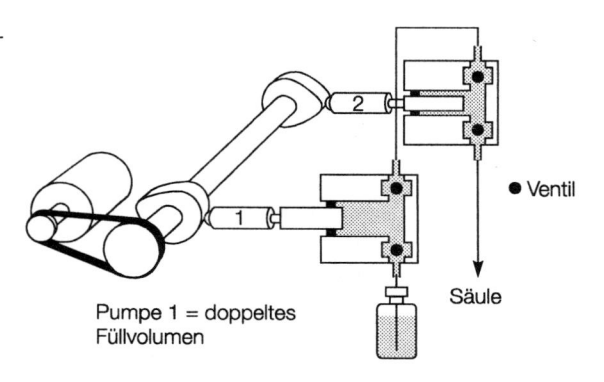

Pumpe 1 = doppeltes Füllvolumen

4.1 Mögliche Pumpenstörungen

Das erfolgreiche Durchführen einer chromatographischen Trennung ist abhängig von der optimalen Funktion der Pumpe. Störungen, die innerhalb einer HPLC-Anlage auftreten, können auf eine fehlerhafte Funktion einer Pumpe hinweisen.

Hochleistungsflüssigchromatographie (HPLC)

Aufbau einer HPLC–Anlage

Beispiele für Störungen:
- Anstieg der Retentionszeiten
- Retentionszeiten schlecht reproduzierbar
- Druckabfall
- Flussgeschwindigkeit nicht konstant
- Basislinie unregelmässig
- Luftblasen in der Leitung nach der Pumpe
- undichte Verschraubungen beim Pumpenanschluss

5. Pulsationsdämpfer

Der Pulsationsdämpfer hat die Aufgabe, mögliche Druckschwankungen zu verringern; er ist unmittelbar nach der Pumpe montiert. Diese Dämpfung wird durch eine federförmige Metallschlaufe erreicht.

6. Einspritzventil/Dosierschlaufe

Als Einspritzventil wird meist ein Sechswegventil verwendet, welches manuell oder automatisch betätigt werden kann.

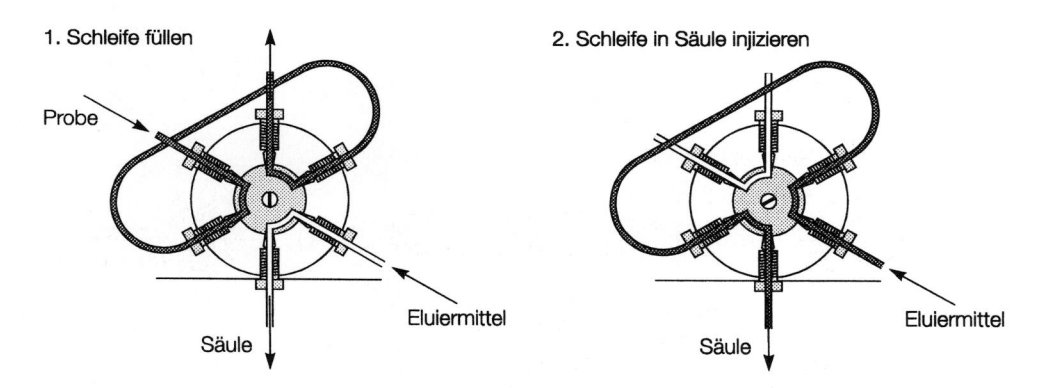

Die Probe wird mit einer Spritze in eine Probenschleife mit definiertem Volumen gegeben (Skizze 1). Durch das Umschalten des Ventils (Skizze 2) wird die Probenschleife in den Eluiermittelstrom geschaltet und dadurch die Probe in die Säule gespült. Bei der vollständigen Füllung der Probenschleife ist darauf zu achten, dass mit einem Überschuss an Probe gespült wird, um die Eluiermittelrestmenge zu reduzieren (Verdünnungseffekt).

Für analytische Trennungen sind Probenschlaufen mit Volumen von 1 µL bis 250 µL erhältlich.

Hochleistungsflüssigchromatographie (HPLC)

Trennsäulen

1. Vorsäulen

Die Trennsäulen sind anfällig gegen Verunreinigungen, d. h., die Trennleistung kann beeinträchtigt werden. Um die Trennsäule vor Verunreinigung zu schützen, empfiehlt es sich, eine Vorsäule zu verwenden.
Die Vorsäule soll mit dem gleichen Sorbtionsmittel belegt, den gleichen Innendurchmesser aufweisen, und in der Länge nicht grösser als 1/5 der Trennsäule sein.

2. Stationäre Phase

Viele Trennungen in der HPLC lassen sich mit Umkehrphasen (Reversed Phase) durchführen.
Einer der Vorteile dieses Phasentyps ist, dass mit polaren wässrigen Eluiermitteln gearbeitet wird. Aus der Vielzahl der angebotenen Phasen ist jeweils durch Vorversuche oder Erfahrungswerte abzuklären, welche für das spezifische Trennproblem am geeignetsten ist.

3. Aufbau einer Säule

Säulen haben einen Innendurchmesser von 2–8 mm und eine Länge von 50–300 mm.

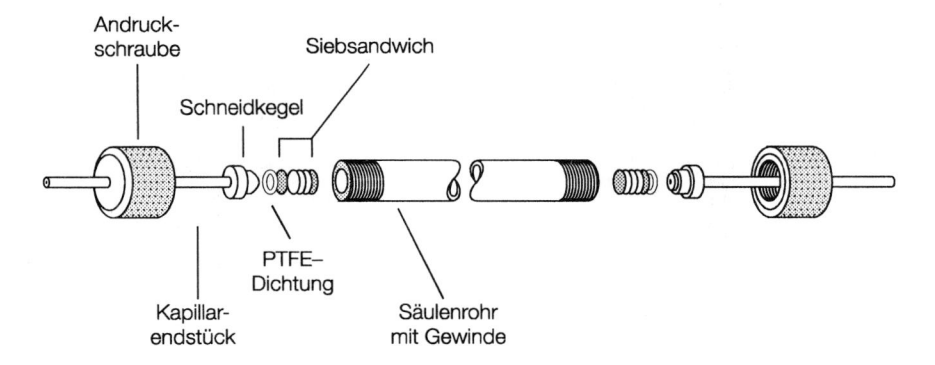

Um Totvolumen und Undichtigkeit zu vermeiden, ist eine vorschriftsgemässe Verschraubung der Kapillare mit der Säule notwendig. Dabei spielt die Plazierung des Schneidkegels eine wichtige Rolle.

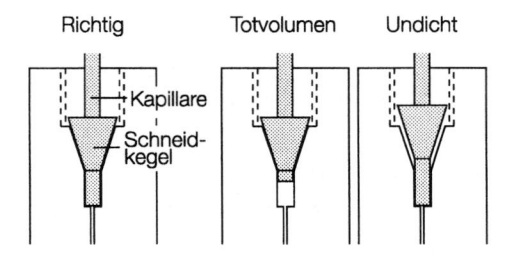

Hochleistungsflüssigchromatographie (HPLC)

Eluiermittel

1. Anforderungen an das Eluiermittel

Das Eluiermittel ist mitverantwortlich dafür, dass sich zwischen der gelösten Probe und den beiden Phasen ein Verteilungsgleichgewicht einstellt.
Es dürfen nur Eluiermittel mit entsprechender Reinheit (HPLC–Grade) verwendet werden. Für wässrige Eluiermittel benützt man Wasser in Nanopur oder vergleichbarer Qualität: Deionisiertes oder bidestilliertes Wasser erfüllt diese Reinheitsanforderungen nicht!

Das Eluiermittel muss die Substanz vollständig lösen, die stationäre Phase benetzen und gewährleisten, dass die Substanz die Trennsäule vollständig verlässt.

Die gebräuchlichsten Eluiermittel sind:
- Wasser
- Methanol
- Acetonitril
- wässrige Pufferlösungen

Es gibt noch eine Vielzahl anderer Eluiermittel, welche spezifisch für die gegebenen Trennprobleme eingesetzt werden.

Wässrige Pufferlösungen sollen nie länger als eine Woche aufbewahrt (→ möglicher Pilzbefall) und im Zweifelsfall immer frisch hergestellt werden.
Vor der Benützung der Eluiermittel müssen darin gelöste Gase entfernt werden. Dazu eignet sich z. B. ein Ultraschallbad, ein Entgasungsgerät (z. B. Degasser) oder das Einleiten von Helium durch eine Fritte.

2. Isokratisch/Gradient

In der Regel werden Eluiermittelgemische verwendet. Man bezeichnet diese als binär (aus zwei Eluiermitteln bestehend), tertiär (drei Eluiermittel) oder quarternär (vier Eluiermittel).

Als isokratisch bezeichnet man Eluiermittelgemische, deren Zusammensetzung während der chromatographischen Trennung gleich bleibt.

Als Gradient bezeichnet man Eluiermittelgemische, deren Zusammensetzung während der chromatographischen Trennung geändert wird; dabei ändert sich die Eluiereigenschaft und der Druck.

Hochleistungsflüssigchromatographie (HPLC)

Detektion

1. Detektoren

Mit dem Detektor lässt sich die Zusammensetzung des aufgetrennten Probegemisches und die Menge der einzelnen Komponenten erfassen.

Einige Beispiele von Detektoren:
- UV–Detektoren
- Fluoreszenz–Detektoren
- Brechungsindex–Detektoren
- Elektrochemische Detektoren

UV–Detektoren werden am häufigsten verwendet. Man unterscheidet dabei zwischen
- Detektoren mit fester Wellenlänge,
- Detektoren mit variabler Wellenlänge oder
- Photodiodenarray–Detektoren.

1.1 Funktion von UV–Detektoren

UV–Detektoren bestimmen die durch die Substanzen bewirkte Absorption im ultravioletten (190–400 nm) oder sichtbaren (400–800 nm) Wellenlängenbereich.
Die von den Detektoren erhaltenen Signale sind abhängig von der Konzentration und der Schichtdicke bzw. der Weglänge der Messzelle (Lambert–Beer'sches Gesetz), es soll deshalb mit Konzentrationen von 1mg/mL gearbeitet werden.

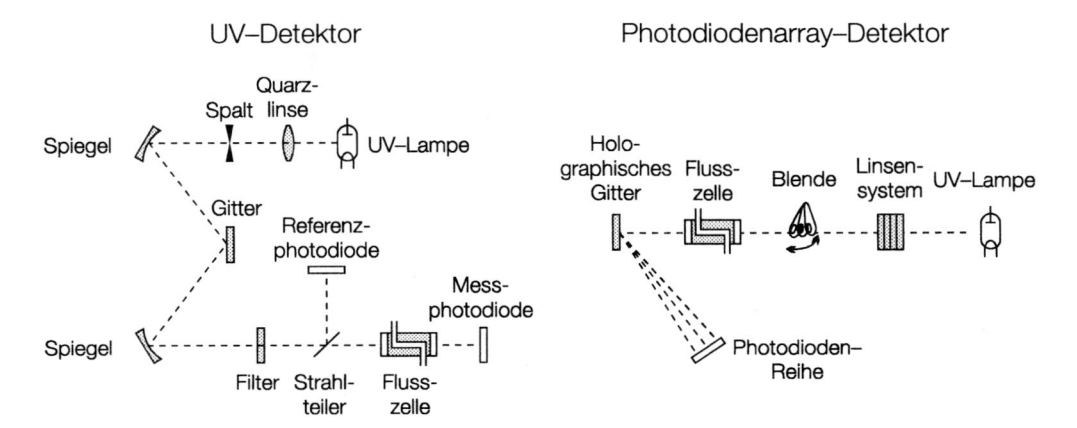

UV–Detektor

Spektrenaufnahme nicht möglich,
Detektion bei einer Wellenlänge

Photodiodenarray–Detektor

Spektrenaufnahme innert Millisekunden
über den ganzen UV/VIS–Bereich

Detektion

2. Absorptionsmaxima verschiedener Chromophore

Chromophore Gruppe	Formel	Wellenlänge λ max.
Amin–	–NH$_2$	195 nm
Ethylen–	–C=C–	190 nm
Keton–	>C=O	195 nm
Ester–	–COOR	205 nm
Aldehyd–	–CHO	210 nm
Carboxyl–	–COOH	200–210 nm
Nitro–	–NO$_2$	310 nm
Phenyl–	(C$_6$H$_5$)	202 nm, 255 nm
Naphthyl–	(C$_{10}$H$_7$)	220 nm, 275 nm

3. Minimale UV-Messwellenlänge verschiedener Eluiermittel

Eluiermittel	Minimale Messwellenlänge
Acetonitril	190 nm
Wasser	190 nm
Cyclohexan	195 nm
n–Hexan	200 nm
Methanol	205 nm
Ethanol	205 nm
Ether	215 nm
Dichlormethan	220 nm
Chloroform	240 nm

Hochleistungsflüssigchromatographie (HPLC)

Vorgehensweise/Auswertung

1. Vorgehensweise zur Ermittlung einer HPLC-Methode

- Eigenschaften der im Probengemisch enthaltenen Komponenten abklären:
  Löslichkeit, Polarität, Substanzart (Säure, Alkohol usw.)
  Nachweismöglichkeit (UV-Aktivität, Brechungsindex usw.)
- Geeignetes System, Säule und Eluiermittel bereitstellen.
- Pumpen mit Eluiermittel purgen, luftfrei spülen.
- Parameter eingeben und System konditionieren.
  Ohne spezielle Vorkenntnisse wählt man ein Eluiermittelverhältnis von 50 % / 50 %
  Die Flussrate ist meist 1 mL/Minute.
- Bei UV-Detektion die Wellenlänge 254 nm einstellen, sofern nicht duch Vorversuche die entsprechenden Wellenlängen photometrisch bestimmt wurden.
  Bei Geräten, die mit einem Photodiodenarray-Detektor ausgerüstet sind, können während der Analyse Spektren aufgenommen und somit die komponentenspezifischen Absorptionsmaximas ermittelt werden. Das Ausdrucken der Spektren ist ebenfalls möglich.
- Die Probe unter Berücksichtigung des analytischen Wägefehlers im geeigneten Lösemittel lösen und die Lösung vor der Injektion entsprechend verdünnen.
  Die verwendbare Konzentration liegt bei max. ca. 1 mg/mL (in der Praxis wird jedoch meist verdünnter gearbeitet), wobei das Lambert-Beer'sche Gesetz zu berücksichtigen ist.
- Probenbezeichnung dem Gerät zuordnen und Probe einspritzen.
- Je nach Chromatogramm die Eluiermittelzusammensetzung und die Analysendauer ändern.
- Nach optimierter Methode die entsprechenden Komponenten mit Referenzsubstanzen identifizieren.
  Quantitative Bestimmungen sind mittels externem Standard durchzuführen.

Beispiel:		
	Säule:	Innendurchmesser 4 mm, Länge 12 cm
	Stationäre Phase:	Nucleosil C18, Partikelgrösse 5 µm
	Mobile Phase:	Methanol/Wasser 7 : 3
	Durchflussrate:	1 mL/Minute
	Detektor:	UV 254 nm
	Injektionsvolumen:	10 µL
	Prüfmuster:	je 0,01 mg Methyl-/Ethyl-/Propylparaben pro mL gelöst in Methanol/Wasser 7 : 3

Hochleistungsflüssigchromatographie (HPLC)

Vorgehensweise/Auswertung

2. Identifikation von isolierten Substanzen

HPLC–Geräte, welche mit einem Photodiodenarray–Detektor ausgerüstet sind, bieten die Möglichkeit, die isolierten Einzelkomponenten im selben Arbeitsgang photometrisch zu identifizieren.

Beispiel Ethylparaben

Im Chromatogramm ist aus den unterschiedlichen Retentionszeiten die Anzahl der Komponenten des Gemisches ersichtlich.
Aus der Fläche der einzelnen Peaks kann der Gehalt der betreffenden Substanz ermittelt werden.

Jede vom Detektor erfassbare Substanz hat ein oder mehrere Absorptionsmaxima.
In der HPLC ist dies ein wichtiger Anhaltspunkt für das richtige Erfassen und Identifizieren der jeweiligen Substanzen.

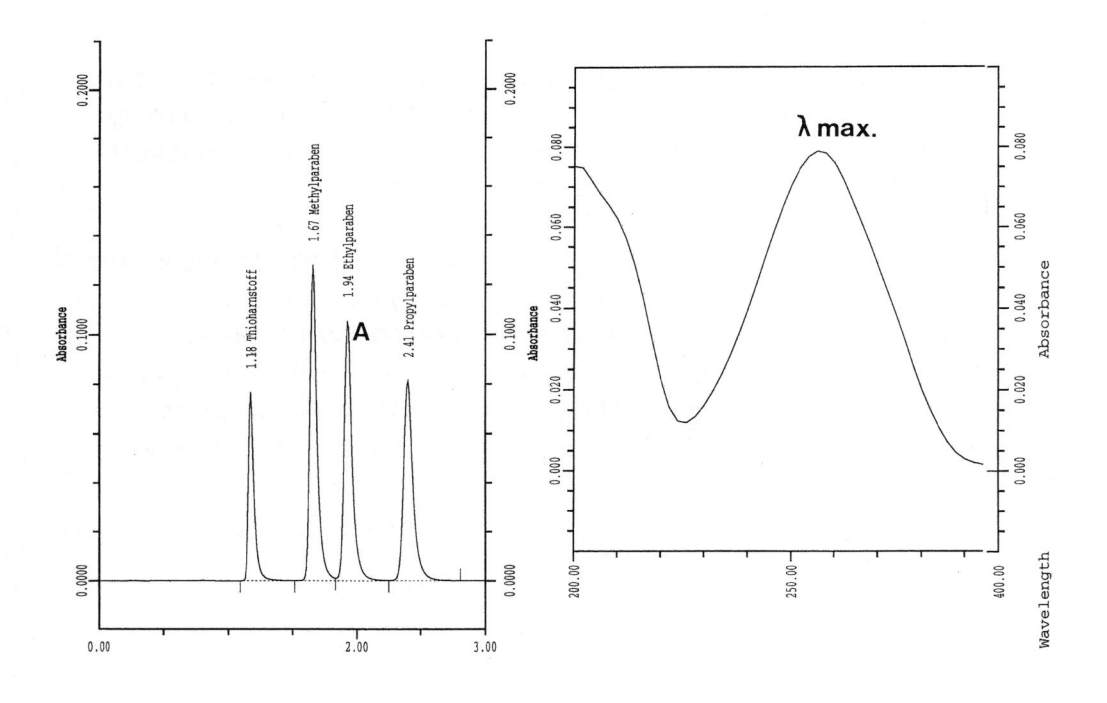

A = Ethylparaben im Chromatogramm
Extinktion zur Zeit (feste Wellenlänge)

Ethylparaben als UV–Spektrum
Extinktion zu Wellenlängenbereich

260

Hochleistungsflüssigchromatographie (HPLC)

Vorgehensweise/Auswertung

3. Massenanteilbestimmung

Massenanteilbestimmungen werden meist nach der Externen Standard Methode durchgeführt.
Diese Methode bedingt eine exakte Vorbereitung der Probe. Die zu untersuchende Substanz und die Vergleichssubstanz sollten möglichst in gleicher Konzentration in einem geeigneten analytischen Messgefäss eingemessen werden.

Folgende Punkte sind im allgemeinen von Bedeutung:
- Linearität des Detektors
- reproduzierbare Volumenaufgabe
- Löslichkeit der Referenz- und der Probenkomponenten
- inertes Verhalten der Referenz- und der Probenkomponenten gegenüber der mobilen Phase
- Konzentration von max. 1 mg/mL
- substanzspezifische Wellenlänge

Von der Referenzsubstanz wird eine genau bekannte Menge gelöst und anschliessend chromatographiert. Aufgrund der Peakfläche und der eingewogenen Menge erhält man ein stoffspezifisches Verhältnis; dieses ist abhängig von der Ansprechempfindlichkeit des Detektors auf die jeweilige Substanz.

Von der zu untersuchenden Probe wird ebenfalls eine genau bekannte Menge gelöst und chromatographiert. Aufgrund der Peakfläche kann nun im Vergleich zum ermittelten Verhältnis der Referenzsubstanz der Massenanteil berechnet werden.
Wenn Kalibrier- und Analysenlösung in gleicher Weise hergestellt werden (gleiche Einwaage, Verdünnung, Einspritzmenge), kann direkt über die Einwaage der Referenz gerechnet werden, andernfalls muss der Massenanteil über die Konzentration ermittelt werden.

$$\text{Menge Substanz A (Probengemisch)} = \frac{\text{Fläche A (Probe)} \cdot \text{Einwaage A (Kalibrierlösung)}}{\text{Fläche A (Kalibrierlösung)}}$$

Hochleistungsflüssigchromatographie (HPLC)

Vorgehensweise/Auswertung

3.1 Berechnungsbeispiel

124,8 mg einer Substanz A (Referenz) werden auf 200 mL verdünnt.

20 µL dieser Lösung werden chromatographiert und ergeben eine Peakfläche von 213'680 Counts.

130,6 mg des Probengemisches werden ebenfalls auf 200 mL verdünnt.

20 µL dieser Lösung werden chromatographiert und ergeben für die Substanz A eine Peakfläche von 176'440 Counts.

Wie gross ist der Massenanteil der Substanz A im Probengemisch?

213'680 Counts entsprechen 124,8 mg Substanz A
176'440 Counts entsprechen x mg Substanz A

$$\text{Menge Substanz A in der Probe} = \frac{176'440 \cdot 124,8 \text{ mg}}{213'680} = 103,05 \text{ mg Substanz A}$$

$$\text{Massenanteil in der Probe} = \frac{103,05 \text{ mg}}{130,6 \text{ mg}} \quad w = 0,789 \text{ Substanz A}$$

Mitteldruckchromatographie (MPLC)

Aufbau einer MPLC-Anlage   265
    1. Isokratisches System ohne Detektion   265
    2. Gradienten System mit Detektion und Peak-Fraktionierung   265
    3. Funktion der verschiedenen Bauteile   266

Trennsäulen   268
    1. Stationäre Phasen   268
    2. Handhabung von MPLC-Säulen   270
    3. Druckempfehlung   270
    4. Vorsäule   271

Füllen einer Trennsäule   272
    1. Trockenfüllen einer Trennsäule   272
    2. Nassfüllen einer Trennsäule   273
    3. Konditionieren einer Trennsäule   275
    4. Säulentest   276

Eluiermittel   277
    1. Vorabklärung mittels Dünnschichtchromatographie   277
    2. Abhängigkeit des Kapazitätsfaktors vom Rf-Wert   278
    3. Wahl des Eluiermittels   278

Detektion/Fraktionierung   281
    1. UV-Detektor   281
    2. Peakdetektor   281
    3. Fraktionensammler   282

Auswerten   283
    1. Auswerten der gesammelten Fraktionen   283

Mitteldruckchromatographie (MPLC)

Die Mitteldruckchromatographie ist eine relativ junge Methode (1980) und eine Weiterentwicklung der Säulen- und Flashchromatographie.

Die MPLC–Methode ist eine präparative Technik, um Stoffgemische mit kürzeren Laufzeiten und besserer Auflösung als herkömmlichen Methoden in ihre Einzelkomponenten zu trennen. Im Vergleich zur HPLC–Methode, Betriebsdrücke bis 400 bar, arbeitet man bei der MPLC mit Betriebsdrücken bis ca. 60 bar. Die Trennkapazität dieser Methode hängt von verschiedenen Faktoren ab; sie liegt im Milligramm– bis 100 Gramm–Bereich.

Mitteldruckchromatographie (MPLC)

Aufbau einer MPLC–Anlage

Die wichtigsten Elemente einer Anlage:

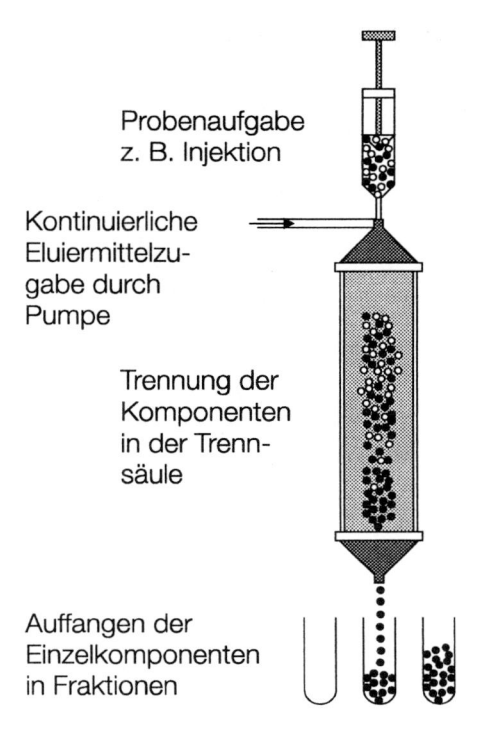

Probenaufgabe z. B. Injektion

Kontinuierliche Eluiermittelzugabe durch Pumpe

Trennung der Komponenten in der Trennsäule

Auffangen der Einzelkomponenten in Fraktionen

1. Isokratisches System ohne Detektion

1 Eluiermittelvorrat
2 Pumpe
3 6–Weg–Umstellhahn mit Probenschlaufe
4 Vorsäule
5 Trennsäule
6 Fraktionensammler

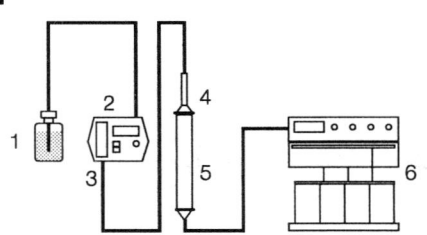

2. Gradienten System mit Detektion und Peak–Fraktionierung

1 Eluiermittelvorrat
2 Pumpe
3 Gradientenformer
4 6–Weg–Umstellhahn mit Probenschlaufe
5 Vorsäule
6 Trennsäule
7 UV–Filterphotometer
8 Schreiber
9 Peakdetektor
10 Fraktionensammler

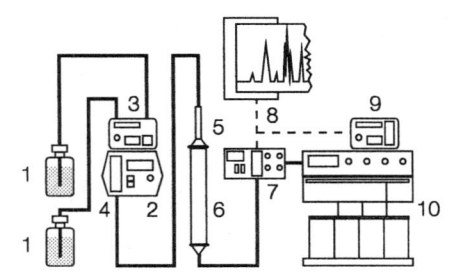

Mitteldruckchromatographie (MPLC)

Aufbau einer MPLC–Anlage

3. Funktion der verschiedenen Bauteile

3.1 Die Pumpe

Die Pumpe ist ein wichtiger Bestandteil einer MPLC–Anlage. Sie hat die Aufgabe, das Eluiermittel mit der nötigen Flussrate und Gegendruck durch das System zu pumpen; dabei sollte die Flussmenge möglichst konstant bleiben. Bei einer guten Pumpe kann ein minimaler und ein maximaler Druck eingestellt werden. Dies hat die Vorteile, dass bei einer möglichen Verstopfung sowie bei einem Leck die Pumpe abstellt. Viele Pumpen (Einkolbensystem) haben zur Schonung der Pumpe und des Trägermaterials eine integrierte Pulsdämpfung. Bei der Zweikolbenpumpe, bei der die Pulsationsschwankungen wesentlich geringer sind, hat die praktische Erfahrung gezeigt, dass der Pulsationsdämpfer dabei beinahe keine Rolle mehr spielt. Es werden heute zur Herstellung der Pumpenköpfe spezielle chemisch inerte Materialien verwendet, welche die entstehende Kompressionswärme nicht aufnehmen. Dies hat den Vorteil, dass die entstandene Wärme mit dem Eluiermittel abgeführt werden kann und somit auch tiefsiedende Lösemittel eingesetzt werden können.

3.2 Der Gradientenformer

Mit dem Gradientenformer ist die Möglichkeit gegeben, ein Programm für die Eluiermittel–Zusammensetzung während des Chromatographierens zu erstellen. Der Gradientenformer wird in Zusammenhang mit einer Mischkammer vor allem für binäre Gemische betrieben; dabei soll das Mischungsverhältnis möglichst hohe Reproduzierbarkeit aufweisen. Weiter sollten auch verschiedene Gradientenarten wie z. B. linearer oder Stufengradient gefahren werden können.

3.3. Die Probenaufgabe

Grundsätzlich kann das zu trennende Substanzgemisch auf zwei Arten auf die Säule gebracht werden. Einerseits in Form einer Lösung und andererseits als Feststoff; letzterer muss jedoch im Eluiermittel löslich sein. Meistens verwendet man dabei einen 6–Weg–Umstellhahn (Six–port–Ventil).
Die Probenvorbereitung bei der Festprobenaufgabe geschieht folgendermassen:
• mischen der Substanz mit Adsorbens im Verhältnis 1 + 2
• anschlämmen im Lösemittel und Luftblasen entfernen
• am Rotationsverdampfer einengen und in Probensäule (Prep–Elut) füllen

Bei grösseren Stoffmengen hat sich gezeigt, dass eine Chromatographie in Portionen auf kleiner Säule derjenigen auf einer grossen Säule vorzuziehen ist. Bei Einmal–Beladung auf grosser Säule fallen grosse Mengen an Lösemittel an, welche verarbeitet werden müssen.

Mitteldruckchromatographie (MPLC)

Aufbau einer MPLC–Anlage

Mögliche Varianten zur Probenaufgabe

- Mengen bis 5 mL
  Mittels Spritze und
  Einspritzkopf direkt
  auf die Säule

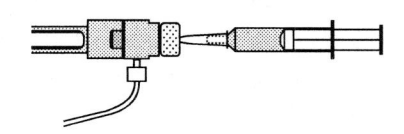

- Mengen bis 250 mL
  Mittels Probenschlaufe über Six–port–Ventil

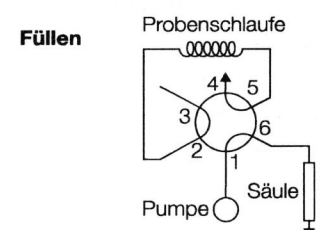

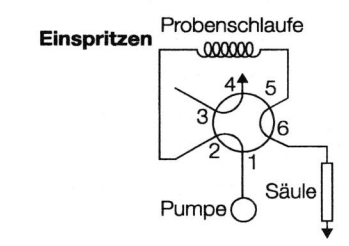

- Mengen bis 1000 mL
  Mittels Probenkammer über Six–port–Ventil

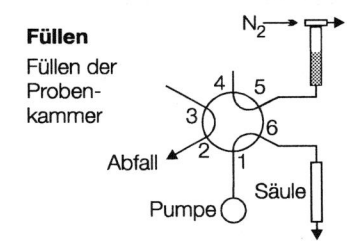

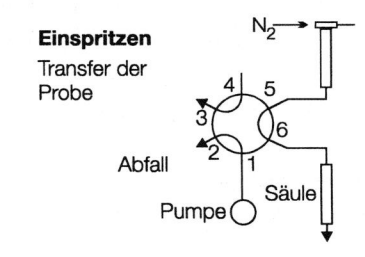

  Füllen: Füllen der Probenkammer

  Einspritzen: Transfer der Probe

- Komplexe und schwerlösliche Stoffe
  Mittels Prep–Elut über Six–port–Ventil auf die Trennsäule

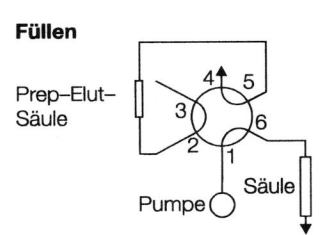

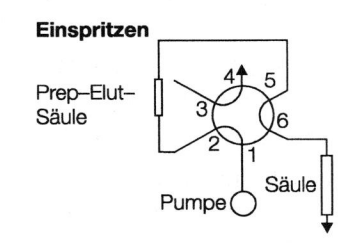

267

Mitteldruckchromatographie (MPLC)

Trennsäulen

Das Angebot an Säulen ist gross; es gibt praktisch für alle Probleme eine Säule. Sie werden jedoch meistens leer (ohne Phasenmaterial) angeboten. Die Säulen bestehen aus dickwandigem Borosilikatglas, welches zusätzlich mit einer Kunststoffummantelung gegen mechanische Einflüsse geschützt werden kann.

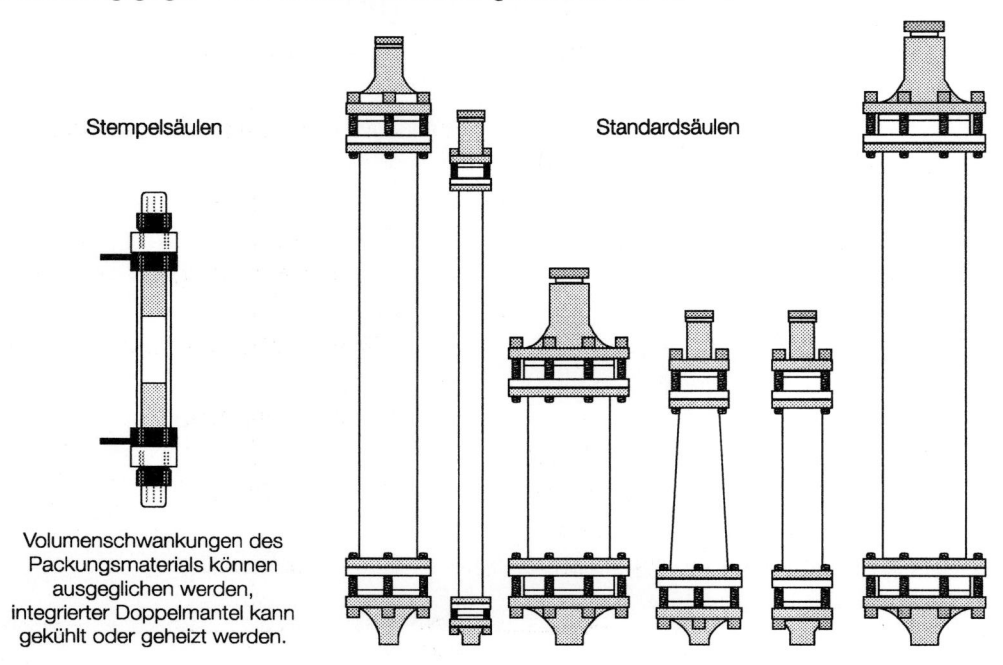

Stempelsäulen

Standardsäulen

Volumenschwankungen des Packungsmaterials können ausgeglichen werden, integrierter Doppelmantel kann gekühlt oder geheizt werden.

1. Stationäre Phasen

Grundsätzlich unterscheidet man dabei zwischen Normalphasen– (Adsorption) und Umkehrphasen– (Verteilung) Chromatographie. Das erhältliche Phasenangebot ist sehr gross und fast für jedes Trennproblem gibt es ein entsprechendes Material. Dabei spielen die Korngrösse und die Porengrösse eine wesentliche Rolle: Je feiner das Sorbtionsmittel, desto höher die erreichbare Trennleistung und der resultierende Gegendruck.

Mitteldruckchromatographie (MPLC)

Trennsäulen

1.1 Normalphasen

Als stationäre Phasen dienen relativ polare Materialien mit hoher spezifischer Oberfläche. Es wird meist Kieselgel (Silicagel) eingesetzt, aber auch Aluminiumoxid oder Magnesiumoxid und in speziellen Fällen Polyamide.

Struktur von Kieselgel:

Die Tabelle zeigt die Reihenfolge mit welcher verschiedene Substanzklassen aus Kieselgelsäulen eluiert werden (polare Stoffe werden dabei stärker zurückgehalten als unpolare).

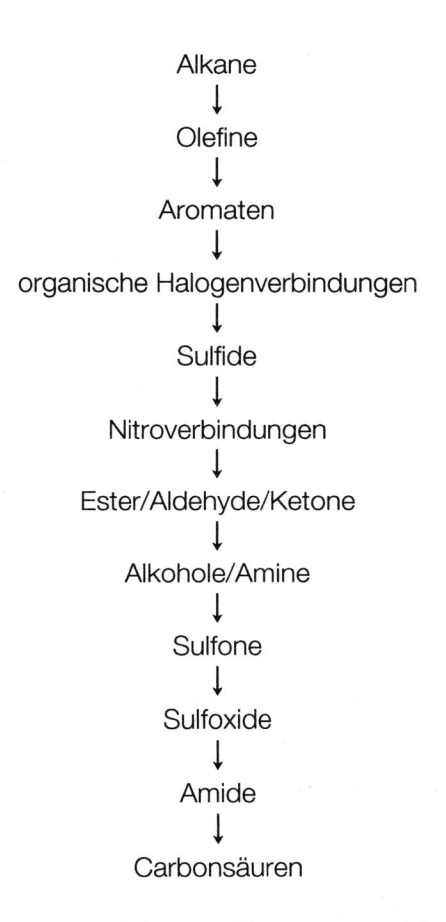

Alkane
↓
Olefine
↓
Aromaten
↓
organische Halogenverbindungen
↓
Sulfide
↓
Nitroverbindungen
↓
Ester/Aldehyde/Ketone
↓
Alkohole/Amine
↓
Sulfone
↓
Sulfoxide
↓
Amide
↓
Carbonsäuren

1.2 Umkehrphasen (Reversed–Phase)

Die verwendeten Phasen sind im Gegensatz zur Normalphasen–Chromatographie unpolar, also gerade umgekehrt; dies erreicht man durch die chemische Modifizierung von Kieselgelen. Dabei werden an die Silanolgruppen des Kieselgels unpolare, organische Reste gebunden.

Art des Restes:	Anwendung:
Octyl– (C_8)	polare Verbindungen
Octadecyl– (C_{18})	unpolare Verbindungen
Butyl–	Trennung von Peptiden
Phenyl–	mässig polare Verbindungen
Cyano–	andere Selektivität als C_{18}
Amino–	Zucker und polare Stoffe
Diol–	Peptide und Proteine

Mitteldruckchromatographie (MPLC)

Trennsäulen

Die meisten Trennprobleme können mit C_8 und C_{18} Phasen gelöst werden.

Die Tabelle zeigt die Reihenfolge mit welcher verschiedene Substanzklassen eluiert werden (unpolare Stoffe werden dabei stärker zurückgehalten als polare).

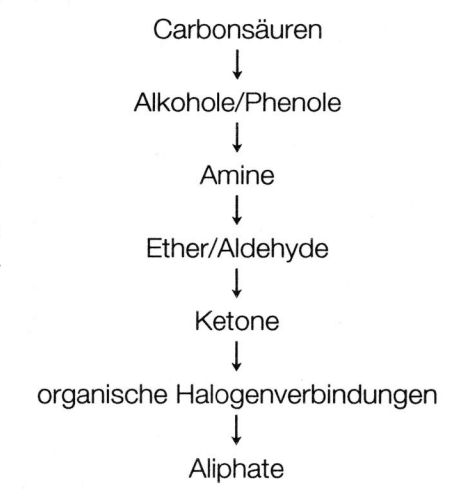

Carbonsäuren
↓
Alkohole/Phenole
↓
Amine
↓
Ether/Aldehyde
↓
Ketone
↓
organische Halogenverbindungen
↓
Aliphate

2. Handhabung von MPLC–Säulen

- Glasteil auf Beschädigungen wie Kratzer, abgeschlagene Splitter, Sternchen usw. prüfen. Wichtig: beschädigte Glasteile dürfen unter keinen Umständen weiter verwendet werden; sie müssen durch einwandfreie Teile ersetzt werden.
- Die Schrauben der Metallflanschen mit dem beigelegten Innensechskantschlüssel übers Kreuz anziehen.
  Wichtig: Sollte eine Stelle der Säule während des Betriebs undicht werden, die Schrauben resp. den Einlassnippel oder die Vorsäule fester anziehen.
- Säule mit dem gewünschten Packmaterial füllen.
- Säule am Chromatographiesystem anschliessen und mit dem vorgesehenen Eluiermittel konditionieren.

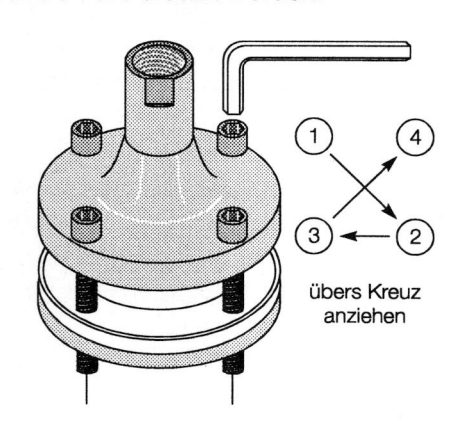

übers Kreuz anziehen

3. Druckempfehlung

Gerade Rohre aus Geräteglas mit Abschlussflanschen haben eine relativ hohe Festigkeit gegenüber Innendrücken. Diese kann jedoch nicht garantiert werden, da geringe Verletzungen der Oberfläche oder Spannungen im Glas eine massgebliche Verminderung verursachen.

Mitteldruckchromatographie (MPLC)

Trennsäulen

3.1 Maximaler Eingangsdruck mit Flüssigkeiten

Innen-durchmesser	Standardsäule		Stempelsäule
	ohne Vorsäule	mit Vorsäule	
15 mm	40 bar	–	–
26 mm	40 bar	40 bar	20 bar
36 mm	33 bar	40 bar	16 bar
49 mm	20 bar	40 bar	10 bar
70 mm	15 bar	40 bar	8 bar
100 mm	10 bar	20 bar	–

Wichtig:
- Säulen nie geschlossen komprimieren, d. h. die untere Öffnung muss immer offen sein.
- Bei Betrieb der Säule mit der Flüssigkeitspumpe muss die Säule vollständig mit Flüssigkeit gefüllt sein (im Falle von Glasbruch unter Flüssigkeitsdruck werden keine Splitter weggeschleudert, da die Kompressibilität von Flüssigkeiten sehr klein ist).

Druckverlauf innerhalb einer Säule in Betriebszustand
(Richtwerte für Silicagel 40–63 µm)

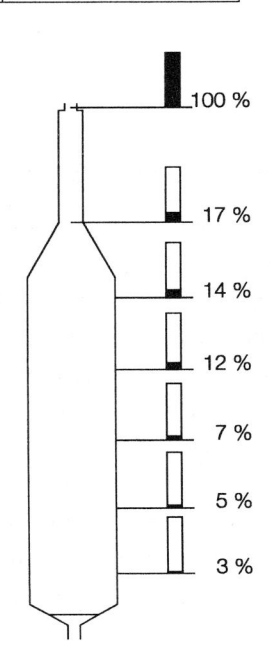

100 %
17 %
14 %
12 %
7 %
5 %
3 %

4. Vorsäule

Die Vorsäule dient hauptsächlich dazu, die Trennsäule zu schonen. Sie ist mit dem gleichen Phasenmaterial gepackt wie die Trennsäule. Verunreinigungen, welche evtl. auf der Trennsäule zurückbleiben würden, werden von der Vorsäule zurückgehalten. Ein übermässiger Druckanstieg oder eine nachlassende Trennleistung kann möglicherweise mit dem Auswechseln der Vorsäule behoben werden.

Mitteldruckchromatographie (MPLC)

Füllen einer Trennsäule

1. Trockenfüllen einer Trennsäule

- Das trockene Füllen der Säule darf nur im Abzug oder hinter einem Schutzschild durchgeführt werden.

Glasteil auf Beschädigung wie Kratzer, abgeschlagene Splitter, Sternchen usw. prüfen. Beschädigte Glasteile dürfen auf keinen Fall weiterverwendet werden; sie müssen durch einwandfreie Teile ersetzt werden. Die maximale Druckbelastung des Trockenfüllsets beträgt 10 bar. Diese darf bei der Füllung nicht überschritten werden. Bei Betrieb der Säule mit der Flüssigkeitspumpe muss die Säule vollständig mit Flüssigkeit gefüllt sein.

Methode nach T. Moerker, Ciba–Geigy AG, Basel
Material:
- Trennsäule mit aufgeschraubter Vorsäule Trockenfüllset komplett
- Sorptionsmittel
- Stickstoff–Flasche mit Druckreduzierventil
- Trichter

1.1 Vorbereitung
- Säule waschen und trocknen
- Fritte im Säulenboden kontrollieren
- Alle Verbindungen überprüfen und falls nötig nachziehen

1.2 Füllen
- Säulen mit Vorsäule senkrecht einspannen
- Füllset mit Dichtung aufschrauben
- Sorptionsmittel mittels Trichter einfüllen bis auch das Füllset zu 1/3 gefüllt ist; Säule nie seitwärts klopfen, da dies zu Kornentmischung führen kann.

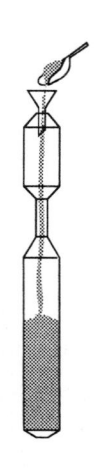

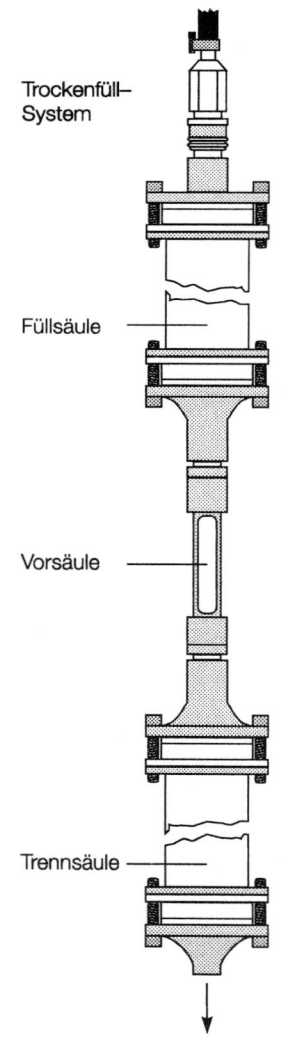

Trockenfüll–System
Füllsäule
Vorsäule
Trennsäule

Mitteldruckchromatographie (MPLC)

Füllen einer Trennsäule

1.3 Verdichten
- Druckreduzierventil auf Einstellung von 10 bar kontrollieren
- Prüfen, ob Säulenausgang offen ist
- Stickstoff–Flasche mittels Schnellverschluss an das Füllset anschliessen
- Druckreduzierventil öffnen und Stickstoff so lange durch die Säule strömen lassen, bis kein Knistern mehr hörbar ist (ca. 20 Sekunden)
- Hauptventil schliessen und Druck ganz abfliessen lassen
  bei Korngrösse 25–40 µm mindestens 30 min
  bei Korngrösse 40–65 µm mindestens 15 min
  Kontrolle: Ein am Säulenausgang befestigter Schlauch wird in Wasser eingetaucht. Entweichen keine Luftblasen mehr, kann das Füllset entfernt und die Säule konditioniert werden.

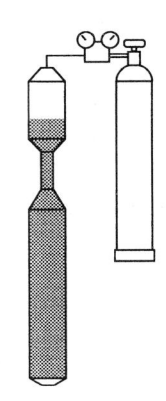

2. Nassfüllen einer Trennsäule

Da Korngrössen <20 µm durch elektrostatische Aufladung oder Bildung von Silanol-wasserstoffbrücken stark zu Agglomeratbildung neigen, ist eine homogene Packung nach der Trockenfüll–Methode kaum möglich. Bei Verwendung kleiner Korngrössen empfiehlt sich daher die Slurry–Fülltechnik.

Slurry–Methode nach R. Wille, Ciba–Geigy AG, Basel

2.1 Herstellen eines Kieselgel–Slurry
Eine bestimmte Menge Kieselgel wird in einem Birnenkolben vorgelegt (Feinstaub! im Abzug arbeiten) und mit der dreifachen Volumenmenge Methanol techn. versetzt (Kolbengrösse so bemessen, dass er höchstens zu 2/3 gefüllt ist). Suspension gut umschwenken und im Ultraschallbad behandeln, bis der Slurry homogen ist, d. h. keine Agglomerate mehr enthält. Anschliessend wird kurz evakuiert, um mögliche Luft aus den Kieselgelporen zu entfernen.

Kieselgel Merck: LiChroprep 60, 15–25 µm oder 25–40 µm.
Slurry–Mengen:
MPLC–Säule Ø 15 mm Länge 230 mm: 40 g Kieselgel und 120 mL Methanol
MPLC–Säule Ø 26 mm Länge 230 mm: 80 g Kieselgel und 240 mL Methanol
MPLC–Säule Ø 36 mm Länge 230 mm: 150 g Kieselgel und 450 mL Methanol

Mitteldruckchromatographie (MPLC)

Füllen einer Trennsäule

2.2 Vorbereiten der Trennsäule und der Einfüllvorrichtung
- Die Boden–Fritte der Trennsäule vor dem Füllen mit Methanol gegenspülen
- Flansch–Schrauben der Trennsäule nachziehen
- Auf die Trennsäule wird eine Vorsäule und auf diese das Slurry–Gefäss montiert
- Der Säulenausgang ist mit dem "Abfallgefäss" verbunden
- Pumpe und Probenaufgabesystem mit Methanol spülen
- Säule, Vorsäule und Slurry–Gefäss bis zum unteren Flansch des letzteren mit Methanol füllen (um einen Methanolausfluss zu verhindern, ist der Schlauch des Säulenausganges hoch zu halten)

2.3 Füllen der Trennsäule und Verdichten
Achtung: Es darf keine Luft im System sein (Unfallgefahr beim Bersten eines Glasteiles).
- Slurry in die Füllvorrichtung einfüllen, vollständig mit Methanol luftblasenfrei auffüllen, Pumpenschlauch anschliessen und Pumpe sofort einschalten
- Druck beachten; er darf für das betreffende Slurry–Gefäss (Grösse 1 = 33 bar) nicht überschritten werden! (FLOW entsprechend einstellen)
- Am Slurry–Gefäss den Stand des Slurry markieren
- Sobald das Slurry–Niveau konstant bleibt, Pumpe abstellen und Slurry–Gefäss abschrauben
- Schlauch von der Pumpe direkt an die Vorsäule anschliessen und Säule mit Methanol spülen (Methanol kann im Kreislauf gepumpt werden)
- Durch entsprechende Einstellung des FLOW wird der Druck nun auf 40 bar erhöht, wodurch die Packung verdichtet wird (die Vorsäule dient dabei als Slurry–Vorratsgefäss, damit in der Trennsäule kein Totvolumen entsteht)
- Nach erfolgter Verdichtung Vorsäule entfernen
- Die Trennsäule ist bis zum Überlaufen mit Methanol nachzufüllen

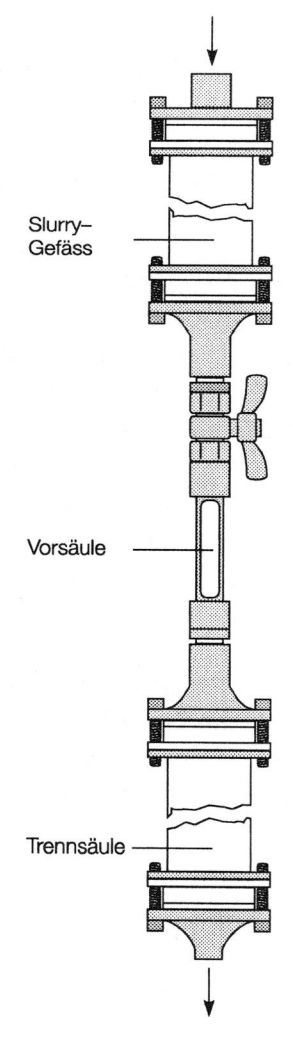

Die Säule ist nun bereit zum Konditionieren (zulässigen Säulendruck beachten, der je nach Säulengrösse unterschiedlich ist).

3. Konditionieren einer Trennsäule

Eine Säule konditionieren heisst, die stationäre Phase der Säule mit der für die Trennung benötigten mobilen Phase ins Gleichgewicht zu bringen (equilibrieren). Es ist dabei im Prinzip unwichtig, ob es sich um eine erste Inbetriebnahme oder einen Eluiermittelwechsel handelt.

Speziell beachtet werden müssen folgende Punkte:
- Keine zu grossen Polaritätssprünge (grosse Polaritätswechsel brauchen viel Zeit zur Gleichgewichtseinstellung).
- Aufeinanderfolgende Eluiermittel müssen in jedem Verhältnis miteinander mischbar sein.
- Folgen von Eluiermitteln, die beim Mischen zu starker Blasenbildung neigen (z. B. Wechsel Methanol → Wasser), nach Möglichkeit vermeiden.

3.1 Konditionieren trockengefüllter Säulen

Bei trockengefüllten Säulen wird in der Regel direkt mit der zur Trennung benötigten mobilen Phase konditioniert. Es ist jedoch empfehlenswert, jeweils die ersten 100–200 mL Flüssigkeit aus einer neu gefüllten Säule zu verwerfen und erst dann das Eluiermittel im Kreislauf zu pumpen. Dadurch wird vermieden, dass evtl. ausgeschwemmte feinste Kieselgelpartikel in die Pumpe gelangen. Sobald keine Luft mehr aus der Säule austritt und die Grundlinie des Detektors stabil ist, kann mit der Trennung begonnen werden.

In der Praxis ist ein Vorkonditionieren mit Methanol vorteilhaft. Dadurch werden eine bessere Reproduzierbarkeit und damit konstantere Werte erreicht.

Handelt es sich jedoch nicht um eine Erstkonditionierung sondern um einen Eluiermittelwechsel, darf das Eluiermittel erst dann im Kreislauf gepumpt werden, wenn die alte mobile Phase vollständig ersetzt ist (meist zwei bis drei Säulenvolumen).

3.2 Konditionieren nassgefüllter Säulen

Bei nassgefüllten Säulen muss das Eluiermittel, in welchem der Slurry angesetzt wurde, ersetzt werden. Dabei ist unbedingt auf gute Verträglichkeit der Eluiermittel untereinander zu achten.

Füllen einer Trennsäule

4. Säulentest

Trotz guter Füllvorschrift für Säulen und sachgemässer Durchführung kann man bezüglich Qualität der Säule praktisch keine Aussagen machen.

Um die Qualität neu gefüllter Säulen (oder Säulen mit langem Betriebsunterbruch) vor deren Einsatz zu kennen, ist eine Überprüfung mit einem Testgemisch empfehlenswert.

Es können weitverbreitete Testgemische verwendet werden (z. B. 5 mg Naphthalin und 0,5 mg Anthracen in 1 mL Petrolether Kp 30–50 °C; Eluiermittel Petrolether) oder Gemische bereits entwickelter Methoden von welchen Erfahrungswerte vorhanden sind: Die erhaltenen Testchromatogramme können mit früheren verglichen werden.

Bei optisch verschmutzten Säulen muss die Trennleistung nicht unbedingt schlecht sein; ein Testlauf bringt Klarheit und erspart evtl. ein Neufüllen der Säulen.

Mitteldruckchromatographie (MPLC)

Eluiermittel

1. Vorabklärung mittels Dünnschichtchromatographie

Die Vorabklärung mittels Dünnschichtchromatographie liefert relativ schnell und einfach hilfreiche Informationen für die Mitteldruckchromatographie. Bedingung ist: man verwendet bei beiden Methoden das gleiche Sorptionsmittel.

Aufgabe: Suchen geeigneter Eluiermittel oder Eluiermittel-Gemische, welche eine gute Trennung des zu untersuchenden Gemisches mit Rf-Werten zwischen 0,2 und 0,5 ergeben.

Die Rf-Werte der optimierten DC-Methode liefern dabei eine gute Aussagekraft für die Trennung auf der Säule. Wichtige Grössen dabei sind der Kapazitätsfaktor (k') und der Trennfaktor (α), welche sich aus den Rf-Werten errechnen lassen:

$$k' = \frac{1}{Rf} - 1 \qquad \text{grosse k'-Werte bedeuten lange Trennzeiten}$$
$$\text{kleine k'-Werte bedeuten kurze Trennzeiten}$$

$$\alpha = \frac{k'_2}{k'_1} \qquad \text{je grösser } \alpha, \text{ umso einfacher die Trennung}$$

Das Beispiel zeigt, dass mit steigenden k'-Werten die Anforderungen an die Trennleistung der Säule deutlich sinken.
Bei schwierigen Trennproblemen ist es daher empfehlenswert, die mobile Phase so zu optimieren, dass die k'-Werte im Bereich von ca. 1 bis 5 liegen; dies entspricht Rf-Werten zwischen 0,16 und 0,5.

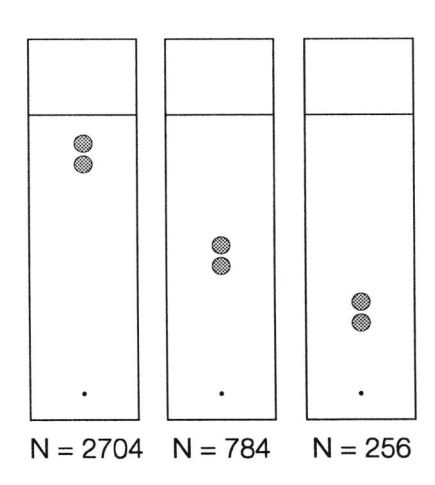

N = 2704   N = 784   N = 256

N = Anzahl theoretische Böden für eine Auflösung R = 1,0

Mitteldruckchromatographie (MPLC)

Eluiermittel

2. Abhängigkeit des Kapazitätsfaktors vom Rf–Wert

Substanzgemische mit tiefen Rf–Werten setzen für eine Trennung mit R = 1,0 eine geringere Anzahl theoretischer Böden voraus als solche mit hohen Werten; sie sind daher einfacher zu trennen.

Ein Optimum in Bezug auf notwendige Trennleistung und Zeitaufwand liegt etwa im Bereich von k'_2 = 1–5. Dies entspricht (s. Abbildung) Rf–Werten zwischen 0,2 und 0,5.

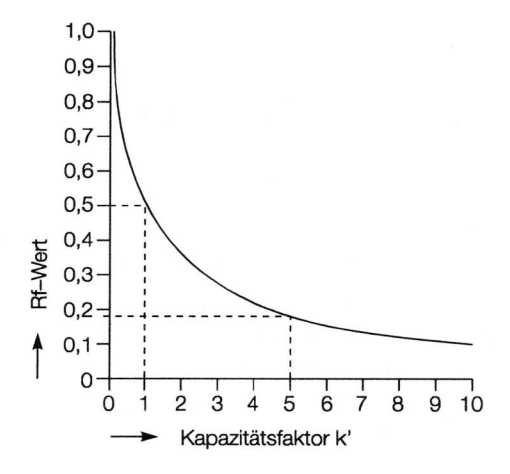

- Der Kapazitätsfaktor k'_2 beeinflusst die notwendige Trennleistung stärker als der Trennfaktor α
- Optimale k'_2–Werte liegen im Bereich 1–5
- Optimale α–Werte sind $\geq$ 1,15

3. Wahl des Eluiermittels

3.1 Suche mobiler Phasen mittels DC

Die Suche nach geeigneten mobilen Phasen soll mit möglichst geringem Zeit- und Materialaufwand, jedoch mit System erfolgen. Sehr hilfreich ist dazu das Selektivitätsdreieck nach Snyder.

Mitteldruckchromatographie (MPLC)

Eluiermittel

Beispiel einer Eluiermittel-Evaluation nach dem 3-Schrittverfahren

1. Schritt
Je ein Dünnschichtchromatogramm mit einem Eluiermittel der Selektivitätsgruppen I, II, V, VI und VIII durchführen

2. Schritt
Chromatogramme mit Rf-Werten > 0,8 wiederholen.
Die Polarität des Eluiermittels dabei durch Mischen mit n-Hexan im Verhältnis 1 + 3 bis 1 + 4 reduzieren (3 resp. 4 Teile n-Hexan).

3. Schritt
Das geeignetste (oder die geeignetsten) Eluiermittel auswählen.
Bei zwei oder mehreren Eluiermitteln diese zu gleichen Teilen mischen und das Dünnschichtchromatogramm wiederholen.
Bei Rf-Werten höher als 0,5 kann die Polarität durch Zugabe von n-Hexan reduziert werden.

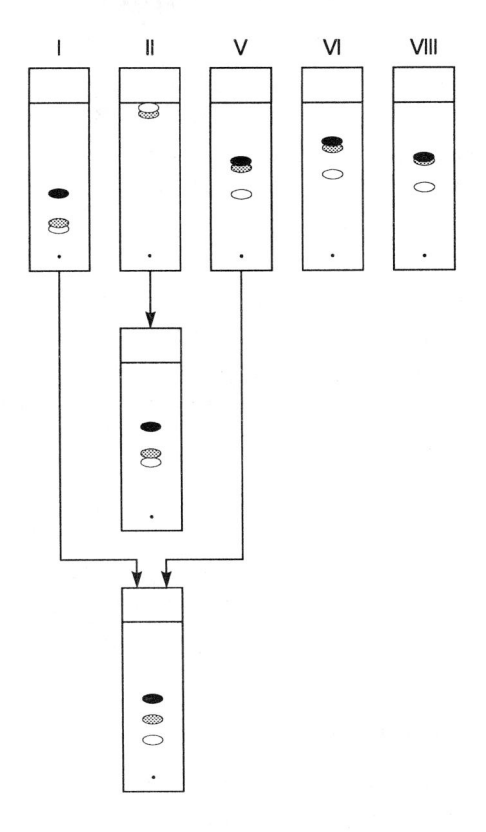

Mitteldruckchromatographie (MPLC)

Eluiermittel

Ist die mobile Phase wie vorgängig beschrieben optimiert, so kann man aus dem DC die für eine Trennung mit einer Auflösung von 1,0 notwendige theoretische Trennleistung der Säule berechnen:

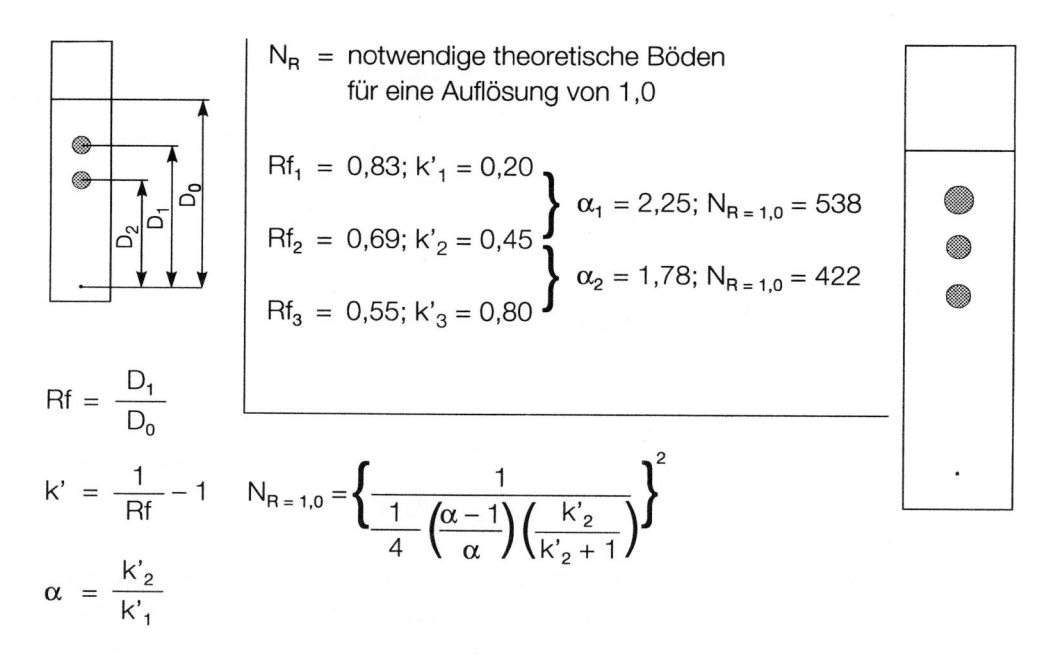

N_R = notwendige theoretische Böden für eine Auflösung von 1,0

$Rf_1 = 0{,}83;\ k'_1 = 0{,}20$
$Rf_2 = 0{,}69;\ k'_2 = 0{,}45$
$Rf_3 = 0{,}55;\ k'_3 = 0{,}80$

$\alpha_1 = 2{,}25;\ N_{R=1{,}0} = 538$
$\alpha_2 = 1{,}78;\ N_{R=1{,}0} = 422$

$$Rf = \frac{D_1}{D_0}$$

$$k' = \frac{1}{Rf} - 1$$

$$N_{R=1,0} = \left\{ \frac{1}{\frac{1}{4}\left(\frac{\alpha-1}{\alpha}\right)\left(\frac{k'_2}{k'_2+1}\right)} \right\}^2$$

$$\alpha = \frac{k'_2}{k'_1}$$

Die so gefundenen Werte sind keine Absolutwerte. Es bleiben immer einige Unterschiede zwischen DC– und Säulentrennung, welche die Trennung beeinflussen (z. B. Aktivität der stationären Phase, Qualität der Säulenfüllung, Säulenbeladung usw.). Die beschriebene Methode liefert nur Richtwerte: einerseits zur Wahl einer Säule mit entsprechender Trennleistung und andererseits zur Beurteilung, ob unter den gewählten Bedingungen ein Gemisch überhaupt erfolgreich getrennt werden kann.

Die Bedingungen erfolgreicher DC–Trennungen, deren RF–Werte im Bereich von 0,16–0,5 (k'–Werte 5–1) liegen, können in der Regel ohne Änderung für die Säulenchromatographie übernommen werden. Dabei ist zu berücksichtigen, dass bei sehr hohen Säulenbeladungen oder bei Aktivitätsverlust des Phasenmaterials (z. B. infolge Wassereinschleppung oder Verschmutzung) eine weitere Reduktion der Polarität bzw. Eluiermittelstärke notwendig ist.

Mitteldruckchromatographie (MPLC)

Detektion/Fraktionierung

Als Detektoren finden Anwendung:
- UV–Detektor
- Leitfähigkeitsdetektor
- Refraktometer

1. UV–Detektor

Der UV–Detektor ist die meistverwendete Form der Detektion in der MPLC, er ist selektiv und misst Substanzen, die bei gewählter Wellenlänge absorbieren.

Beispiele für UV-aktive Substanzen:
- aromatische Verbindungen
- Substanzen mit 2 und mehr konjugierten Doppelbindungen
- Substanzen mit Carbonylgruppen
- Substanzen mit Brom, Iod oder Schwefel

Detektoren mit fixer Wellenlänge messen meist bei 254 nm oder bei 280 nm, dabei gilt auch hier das Lambert–Beer'sche Gesetz: $E = \varepsilon \cdot c \cdot d$

Bei der Präparativen UV–Detektion liegt das Hauptproblem in der hohen Konzentration der aufgegebenen Probenmenge. Die daraus resultierende Extinktion kann so hoch sein, dass der Gültigkeitsbereich des Lambert–Beer'schen Gesetzes überschritten wird.
Folgende Massnahmen können Abhilfe schaffen:
- Küvette mit geringerer Schichtdicke verwenden
- Messung nicht direkt beim Absorptionsmaximum durchführen

2. Peakdetektor

Der Peakdetektor ist mikroprozessorgesteuert und steuert den Fraktionensammler. Er ist mit dem UV– oder Brechungsindex–Detektor gekoppelt.
Anwendungsbeispiele eines Peakdetektors:

Modus 1

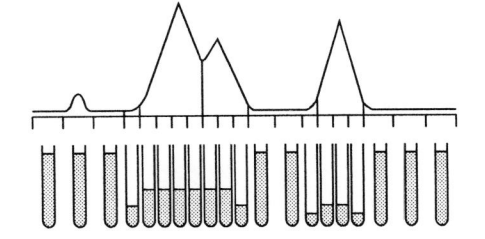

Gesamtes Chromatogramm wird mit dem Fraktionensammler aufgefangen; Feinfraktionierung im interessierenden Bereich.

Mitteldruckchromatographie (MPLC)

Detektion/Fraktionierung

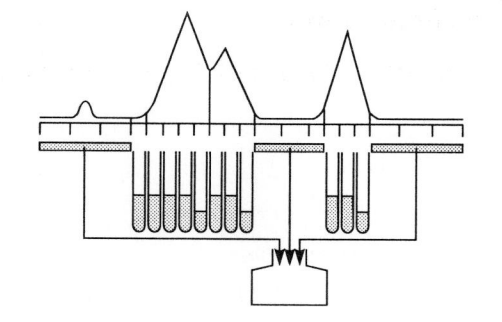

Modus 2

Nur diejenigen Teile des Chromatogramms, die von Interesse sind, werden gesammelt, der Rest geht in den Abfallbehälter.

3. Fraktionensammler

Der Fraktionensammler fängt die einzelnen Fraktionen auf. Die eingesetzten Auffanggläser haben Volumina von 20 mL bis 250 mL; pro Durchgang können mehrere Liter aufgefangen werden.

Der Wechsel der Fraktionen kann entweder mit einer Zeit/Takt–Schaltung oder mittels Peakdetektor gesteuert werden.

Da die Auffanggefässe nicht verschlossen sind und die aufgefangenen Lösungen mehr oder wenig flüchtig sind, empfielhlt es sich, den Fraktionensammler nach Möglichkeit im Abzug zu positionieren oder die Fraktionen fortlaufend zu entfernen, zu bezeichnen und bis zu deren Weiterverarbeitung im Abzug zu deponieren.

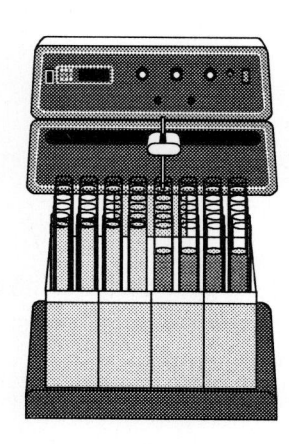

Auswerten

1. Auswerten der gesammelten Fraktionen

Zur qualitativen und quantitativen Auswertung eignen sich folgende Methoden:
- Gaschromatographie
- HPLC
- Dünnschichtchromatographie
- Photometrie

Gaschromatographie (GC)

Aufbau eines Gaschromatographen   287
    1. Komplette Anlage   287
    2. Funktion der verschiedenen Bauteile   287
    3. Aufbau eines Zweisäulengeräts   289

Trennsäulen   290
    1. Stationäre Phase   290
    2. Säulenfüllung   291
    3. Kapillarsäulen   291

Trennung   293
    1. Trennprinzip der Gaschromatographie   293
    2. Entstehung eines Peaks   294
    3. Einfluss der Temperatur auf die Trennwirkung   295
    4. Temperaturprogramm   296

Detektion   297
    1. Konzentrationsabhängige Detektoren   297
    2. Massenstromabhängige Detektoren   299
    3. Übersicht: Detektoren und ihr Einsatzgebiet   300

Vorgehensweise/Auswertung   301
    1. Die Kenngrössen des Chromatogramms   301
    2. Vorgehensweise zur Ermittlung einer GC–Methode   302
    3. Qualitative Auswertung   304
    4. Quantitative Auswertung   304
    5. Interpretationsbeispiele   308

Gaschromatographie (GC)

Der Unterschied zwischen Gaschromatographie und anderen chromatographischen Verfahren besteht in der Verwendung von Gasen als mobile Phase.
Als stationäre Phase dienen Adsorptionsmaterialien (Gas–Adsorptionschromatographie, GSC) oder Flüssigkeiten, welche auf Trägermaterialien aufgezogen sind (Gas–Verteilungschromatographie, GLC).
Da die GSC eher von geringerer Bedeutung ist, wird nachfolgend nur die GLC besprochen.

Der Vorteil gegenüber anderen Trennverfahren besteht darin, dass kleine Mengen eines Substanzgemisches im gleichen Arbeitsgang aufgetrennt und quantitativ bestimmt werden können.
Grundsätzlich soll die zu untersuchende Substanz unterhalb von 450°C verdampfbar sein. Bei schwerflüchtigen Substanzen (z. B. Makromoleküle) werden die Verbrennungsprodukte untersucht.
Eine weitere Möglichkeit bietet die Reaktionschromatographie, bei der auf einer Vorsäule die Substanz durch chemische Reaktion in eine flüchtige Verbindung umgesetzt wird sowie die Derivatisierung eines zu untersuchenden Substanzgemisches z. B. die Veresterung einer Carbonsäure.

Die Gaschromatographie wird angewendet für die:
- quantitative Bestimmung einzelner Komponenten eines Gemisches
- qualitative Bestimmung einzelner Komponenten eines Gemisches mit Hilfe von Vergleichssubstanzen, spezifischen Detektoren oder in Kombination mit anderen Nachweismethoden
- Kombination mit spektroskopischen Methoden, indem die aufgetrennten und quantitativ bestimmten Komponenten des Gemisches isoliert und spektroskopisch untersucht werden (z. B. mit Infrarotspektroskopie, Massenspektroskopie, Kernresonanzspektroskopie)
- Spurenanalyse
- Untersuchung von Reaktionsabläufen durch Konzentrationsbestimmung von Reaktionskomponenten in Abhängigkeit der Zeit
- Betriebs- und Prozesskontrollen (z. B. mit automatischer Einspritzvorrichtung)
- Rückstandsanalytik

Gaschromatographie (GC)

Aufbau eines Gaschromatographen

1. Komplette Anlage

Ein Gaschromatograph besteht im wesentlichen aus folgenden Bauteilen:

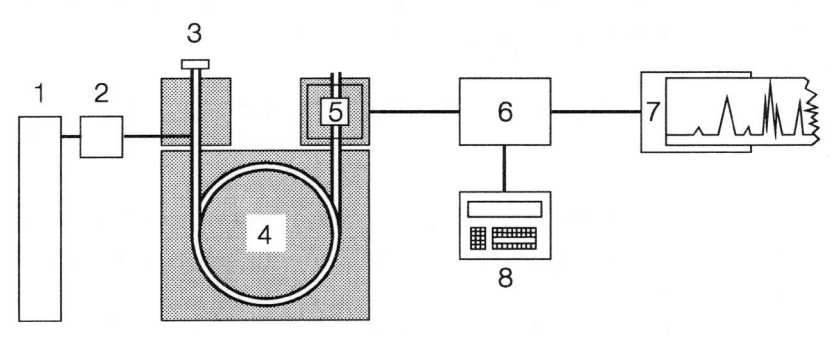

1	Trägergasquelle	5	Detektor
2	Trägergasregler	6	Verstärker
3	Injektor	7	Printer/Plotter
4	Ofen mit Trennsäule	8	Integrator oder Computer

▨ Thermostatisierte Teile (3, 4, 5) des Gaschromatographen mit unabhängiger, verstellbarer Temperatur

2. Funktion der verschiedenen Bauteile

2.1 Trägergasquelle
Als Trägergas in der Gaschromatographie wird meist Helium oder Stickstoff verwendet. Bei der Kapillarsäulentechnik verwendet man auch Wasserstoff als Trägergas.

2.2 Trägergasregler
Die Regelventile dienen zur Feineinstellung des Arbeitsdruckes und der Durchflussmenge.

2.3 Injektor
Der Injektor hat die Aufgabe, das eingespritzte Probengemisch zu verdampfen. Er ist mit der Säule verbunden und nach aussen hin mit einem Septum verschlossen. Der Injektor wird vom Ofen unabhängig beheizt.

Gaschromatographie (GC)

Aufbau eines Gaschromatographen

2.4 Trennsäule
Je nach Trennproblem gibt es die unterschiedlichsten Säulen, in den verschiedensten Dimensionen (0,5 m bis ca. 50 m Länge und einem Durchmesser von 0,25 mm bis 5 mm). Die verwendeten Materialien sind Glas, Quarzglas mit Kunststoffummantelung als Verstärkung sowie Stahlsäulen.
Man unterscheidet zwischen gepackten Säulen aus Glas oder Stahl und Kapillarsäulen.

Gepackte Säule — vollständig gefüllt mit Trägermaterial

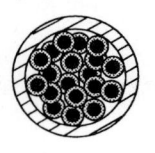

Kapillarsäule — nur an der Innenfläche beschichtet

2.5 Detektor
Der Detektor am Ende der Trennsäule misst die Menge der vorbeiströmenden einzelnen Komponenten. Das dabei entstehende elektrische Signal ist proportional zur jeweiligen Substanzmenge, die Ansprechempfindlichkeit der Detektoren ist jedoch nicht für alle Substanzen gleich.

2.6 Verstärker/Schreiber/Computer
Die vom Detektor erzeugten elektrischen Signale werden elektronisch verstärkt, mit dem Schreiber aufgezeichnet und manuell, mit Integratoren oder Computern ausgewertet. Mit dem Computer können Daten gespeichert und z. B. mit einer Datenbank verglichen werden.

Gaschromatographie (GC)

3. Aufbau eines Zweisäulengeräts

Bei der Durchführung eines Chromatogrammes mittels Temperaturprogramm (Temperatur steigt während einer gewissen Zeit auf einen bestimmten Wert) ist oft ein Driften der Basislinie zu beobachten; durch Gegeneinanderschalten von zwei gleichen Säulen in einem Zweisäulengerät, kann dies kompensiert werden.

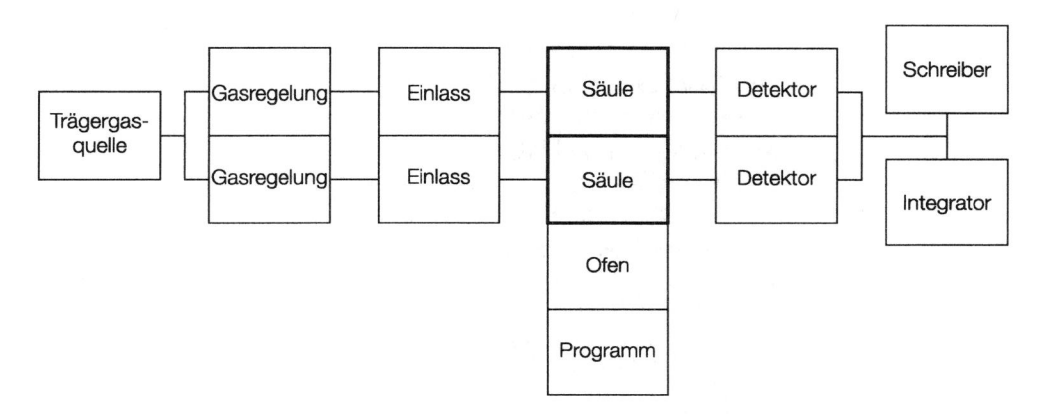

```
                    ┌─Gasregelung─┬─Einlass─┬─Säule───┬─Detektor─┬─Schreiber
Trägergas-          │             │         │         │          │
quelle  ────────────┤             │         │         │          │
                    └─Gasregelung─┴─Einlass─┴─Säule───┴─Detektor─┴─Integrator
                                            │  Ofen   │
                                            │Programm │
```

Die beiden Detektorsignale sind gegeneinander geschaltet. So heben sich die Driftsignale, die in gleicher Grösse von jeder der beiden Säulen kommen, auf. Die zu trennende Probe wird aber nur auf eine Säule gegeben, damit also nicht kompensiert und somit registriert.

Bei mikroprozessorgesteuerten Gaschromatographen kann der Basisliniendrift elektronisch kompensiert werden (automated bleed compensation). Das hat den Vorteil, dass ein Zweisäulengerät mit zwei verschiedenen Trennsäulen bestückt werden kann.

Gaschromatographie (GC)

Trennsäulen

Für die Gaschromatographie sind verschiedene Säulentypen erhältlich. Gepackte Säulen, Wide Bore, Kapillarsäulen etc. Diese können aus Quarzglas (ohne und mit Ummantelung), Stahl und anderen Materialien bestehen. Die Länge, der Durchmesser und die Belegungsdicke der Säulen ist unterschiedlich und richtet sich jeweils nach dem Trennproblem. Es ist praktisch für jedes Trennproblem eine Säule mit der entsprechenden Trennphase erhältlich.

1. Stationäre Phase

Stationäre Phase Polarität	Belegung % g/g	Trägermaterial	Temperaturbereich	Anwendung für	Chemische Struktur
• Reoplex 40 Polyester	3 % 10 % polar	Gaschrom Q 80–100 mesh	bis 200 °C	Stärker polare Substanzen als für Carbowax 20 M	
• Carbowax 1540 Polyethylenglykol Molmasse 15000	3 % 10 % polar		bis 170 °C	Niedersiedende polare Substanzen	
• Carbowax 20 M * Polyethylenglykol Molmasse 20000	3 % 10 % polar	Gaschrom Q 80–100 mesh	bis 200 °C	Höhersiedende polare Substanzen	HO−[−CH$_2$CH$_2$−O−]$_n$−H
• Silikonöl OV 225 * Cyano–methyl– propyl–silikon	3 % 10 % polar	Gaschrom Q 80–100 mesh	bis 250 °C	Mittelpolare Substanzen	
• Silikonöl OV 17 * Methylsilikon/ Phenylsilikon 1 + 1	3 % 10 % mittelpolar	Gaschrom Q 80–100 mesh	bis 320 °C	Mittelpolare Substanzen; aromatische Kohlenwasserstoffe	
• Silikonöl OV 101 * Methylsilikon	3 % 10 % unpolar	Gaschrom Q 80–100 mesh	bis 350 °C	Unpolare Substanzen; aliphatische Kohlenwasserstoffe	

* Mit diesen vier Säulentypen lassen sich rund 4/5 aller gaschromatographischen Probleme lösen.

Gaschromatographie (GC)

Trennsäulen

---

2. Säulenfüllung

Bei den gepackten Säulen ist das Füllen relativ einfach und mit wenig Aufwand zu realisieren. Man geht dabei wie folgt vor:
Die Säule wird mit ca. 10–20 mL Methanol gespült und mit Stickstoff getrocknet. Dieser Vorgang wird mit der gleichen Menge Dichlormethan wiederholt.

Am einen Ende der Säule setzt man einen dafür geeigneten Trichter auf, das andere Ende verschliesst man mit Quarzglaswatte.
Bei leichtem Unterdruck füllt man unter vorsichtigem Klopfen ca. 3 g Phasenmaterial (bei 2 m Säule) ein.
Wenn die Säule regelmässig und satt gefüllt ist, entfernt man den Anschluss zur Wasserstrahlpumpe und den Trichter; die Einfüllöffnung verschliesst man ebenfalls mit Quarzglaswatte.

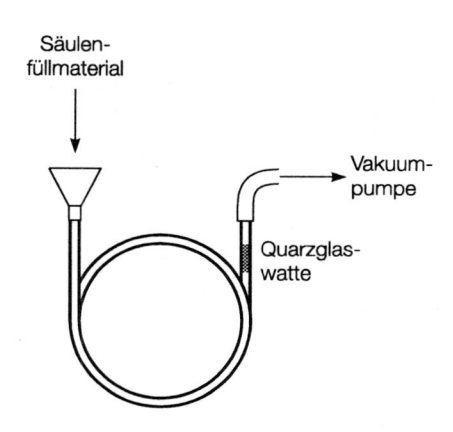

Nach dem Füllen der Säule ist diese mit einer geringen Heizrate (ca. 1°C/min) und bis ca. 5 °C unterhalb der Maximaltemperatur zu konditionieren.
Bei den Kapillarsäulen empfiehlt es sich, diese bereits belegt und konditioniert bei entsprechenden Anbietern zu beziehen, da das Belegen dieser Säulen relativ aufwendig ist und viel Erfahrung erfordert.

3. Kapillarsäulen

Kapillarsäulen sind im Gegensatz zu den mit Partikeln gefüllten "gepackten" Säulen offene Rohre ("open tubular columns") mit einem Innendurchmesser von weniger als 1 mm.

Die Trennleistung von Kapillarsäulen ist, bezogen auf eine Längeneinheit, etwa vergleichbar mit der guter gepackter Säulen. Wegen des geringeren Strömungswiderstands der Kapillaren können aber wesentlich längere Säulen verwendet werden, so dass auch ein höherer Trenneffekt erzielt wird.

Gaschromatographie (GC)

Trennsäulen

Kapillarsäulen wurden anfänglich aus Edelstahl gefertigt. Später wurden die Säulen aus Weichglas hergestellt.
Die heute meistens verwendeten Kapillaren sind aus Quarzglas ("fused silica"). Zum Schutz dieser sehr dünnwandigen Säulen wird auf die Aussenseite eine Polyimidschicht aufgezogen. Ein grosser Vorteil dieser Kapillarsäulen ist u. a. ihre Elastizität. Das Handling ist sehr einfach, die Bruchgefahr im Gegensatz zu den Weichglasmodellen minim.

Die Länge der Kapillarsäulen beträgt in der Regel 5–100 m, der Innendurchmesser 0,1–0,53 mm. Der Trennfilm (stationäre Phase) wird auf die Innenwand der Kapillare aufgezogen, die Filmdicke beträgt normalerweise 0,1–5 µm.

Als Trennphasen werden vor allem 100 % Dimethyl-polysiloxane (unpolar), Polysiloxane mit einem unterschiedlichen Gehalt von Diphenyl- resp. Methylresten (mittelpolar), Biscyanopropyl-phenylcyanopropyl–Polymere (polar) sowie Carbowax (polar) eingesetzt.
Als "Standard" hat sich die Trennflüssigkeit 95 % Dimethyl–/5 % diphenyl–Polysiloxan durchgesetzt. Dieser Säulentyp wird unter den Handelsbezeichnungen DB–5, HT–5, SPB–5, HP–5, Rtx–5 etc. vertrieben. Wird mit der Säulenlänge, dem Innendurchmesser und der Filmdicke variiert, so sind ein Grossteil aller GC–Probleme mit dieser "Standardsäule" zu lösen.

Gegenüber der Gaschromatographie mit gepackten Säulen hat die Kapillar–GC folgende Vorteile:
- bessere Auftrennung komplexer Gemische (Säulenlänge)
- grössere Sicherheit bei der Identifizierung (höhere Trennleistung)
- erhöhte Empfindlichkeit ("schlankere" und dadurch höhere Peaks)
- Verkürzung der Analysendauer (grössere Trägergasgeschwindigkeit möglich)
- gute Kopplungsmöglichkeiten an ein Massenspektrometer (geringere Flussraten)

Von Nachteil ist die geringere Probenkapazität der Kapillarsäule gegenüber der gepackten Säule.
Um die Säule nicht zu "Überladen", muss die Probe entsprechend verdünnt werden. Eine weitere Möglichkeit ist das sog. Splitten der Probe im Injektor, d. h., es gelangt nur ein Bruchteil der Substanz auf die Säule. Die in einem Kapillar–GC verwendeten Injektoren müssen aus diesem Grund entsprechend konstruiert sein.

Gaschromatographie (GC)

Trennung

1. Trennprinzip der Gaschromatographie

Ein Probengemisch wird verdampft und auf einer belegten Säule (stationäre Phase) mittels einem Trägergas (mobile Phase) aufgetrennt. Die nacheinander austretenden Einzelkomponenten werden durch einen Detektor erfasst und mittels Integrator und Schreiber in ein Chromatogramm überführt.

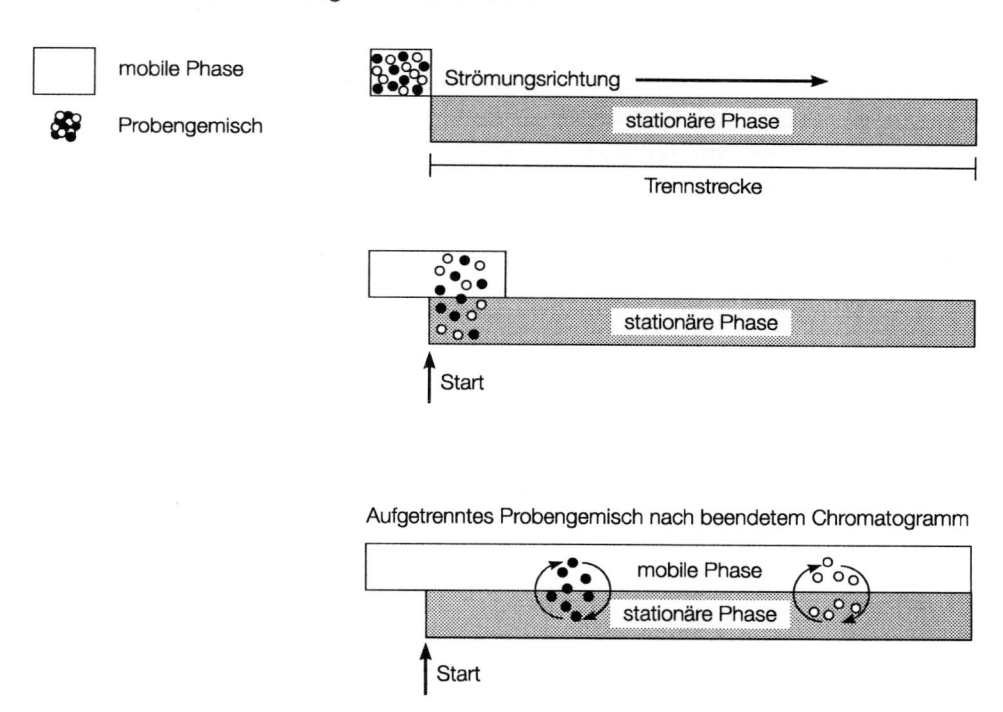

Bei diesem chemisch–physikalischem Vorgang wird unterschieden zwischen Adsorption und Verteilung.

Adsorption	Anlagerung eines Stoffes an die Oberfläche der festen, stationären Phase.
Verteilung	Bei der Verteilung beruht die Substanztrennung auf den unterschiedlichen Löslichkeiten der Gemischkomponenten in zwei mit einander nicht mischbaren Phasen. Bei der Gaschromatographie ist die stationäre Phase immer flüssig und die mobile Phase immer ein Gas.

Gaschromatographie (GC)

Trennung

2. Entstehung eines Peaks

Nach dem Verdampfen eines Probengemisches im Injektor wandern die einzelnen Komponenten mehr oder weniger schnell durch die Trennsäule. Dabei legen die einzelnen Teilchen der gleichen Substanz unterschiedliche Weglängen zurück, was eine Streuung bewirkt und als Peak auf dem Chromatogramm erscheint.

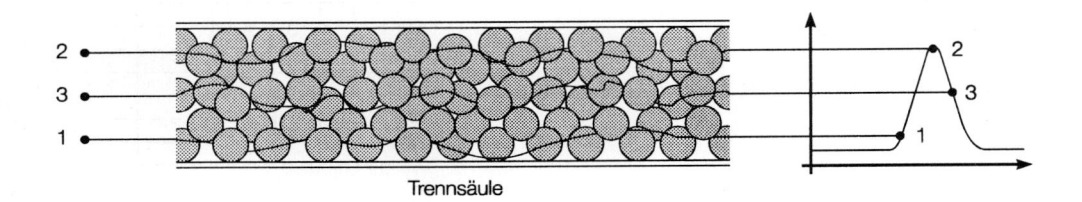

Beispiel der Trennung eines Zweiergemisches

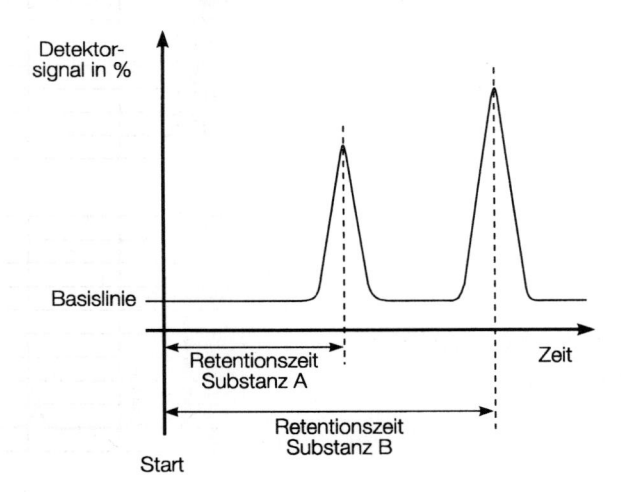

Im dargestellten Chromatogramm hat eine Trennung des Zweiergemisches stattgefunden und die entstandenen Peaks können nun qualitativ und quantitativ ausgewertet werden.

Gaschromatographie (GC)

Trennung

3. Einfluss der Temperatur auf die Trennwirkung

Anhand der Beispiele soll gezeigt werden, welchen Einfluss die Temperatur auf die Trennung eines Vier-Komponentengemisches hat.

Temperatur zu tief, Chromatogramm dauert zu lange

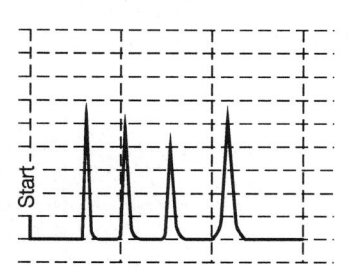

Temperatur zu hoch, die Auftrennung ist schlecht.

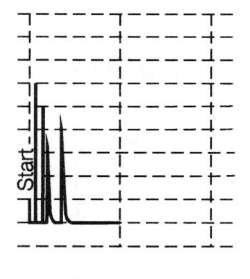

Die Temperatur ist für die ersten drei Komponenten richtig, für die vierte zu tief.

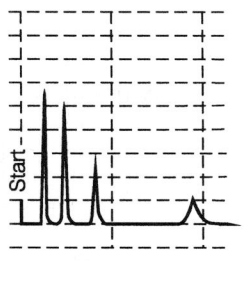

Die Temperatur ist für die letzte Komponente richtig, für die ersten drei zu hoch.

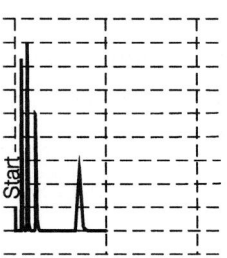

Gaschromatographie (GC)

Trennung

4. Temperaturprogramm

Die optimale Auftrennung dieses Vier–Komponentengemisches gelingt nur mit einem Temperaturprogramm.

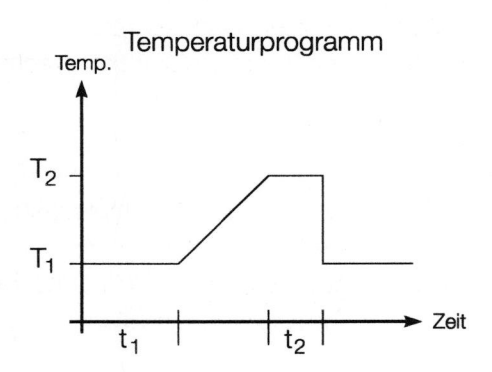

Das Temperaturprogramm startet bei einer konstanten Temperatur (isotherm) und hält diese eine bestimmte Zeit.
Nach Ablauf dieser Zeit beginnt ein linearer Temperaturanstieg von z. B. 15 °C/min bis zum Erreichen der Temperatur T_2. Diese Temperatur wird konstant gehalten bis das Chromatogramm beendet ist und geht dann zur Ausgangstemperatur T_1 (Basislinie) zurück.

Trennung mittels Temperaturprogramm optimal.

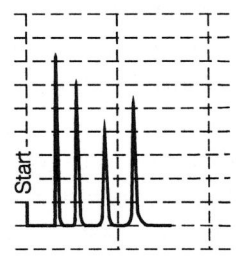

Die Trennwirkung wird ausser von der Temperatur auch noch von der Beschaffenheit der Säule und der Trägergasgeschwindigkeit beeinflusst.

Detektion

Verschiedene Messprinzipien ermöglichen einen kontinuierlichen Nachweis gasiger Verbindungen in einem Trägergas durch Erzeugen eines entsprechenden elektrischen Signals. Dieses Signal wird vom Detektor gemessen.
Ein Detektor soll folgende Eigenschaften aufweisen:
- Beheizbar sein, damit Substanzen nicht kondensieren
- Die Messung muss ohne Zeitverzögerung erfolgen (Ansprechzeit z. B. beim FID: 0,001 s)
- Breiter Temperaturbereich
- Hohe Empfindlichkeit
- Grosser, linearer Bereich (das erzeugte Signal soll über einen grossen Bereich proportional zur Menge an Substanz sein)
- Der Detektor soll auf alle Substanzen reagieren oder nur bei bestimmten Stoffklassen extrem empfindlich ansprechen (Spurenanalytik)

Da kein Detektor alle diese Bedingungen erfüllt, werden in der Praxis verschiedene Detektoren eingesetzt, die sich in zwei Gruppen einteilen lassen
- Konzentrationsabhängige Detektoren
- Massenstromabhängige Detektoren

1. Konzentrationsabhängige Detektoren

Ein erhaltenes Signal in Form einer Peakfläche wird bei gleicher Komponentenmenge kleiner, wenn der Trägergasstrom vergrössert wird, da sich die Konzentration im grösseren Trägergasvolumen verringert:
- Durch die Vergrösserung des Trägergasstromes verkürzt sich die Retentionszeit, was zu steileren Peaks mit geringerer Peakbreite führt.

Einen ähnlichen Effekt erhält man auch, wenn zwischen Säulenende und Detektor ein weiterer Gasstrom zur "Beschleunigung" des Stofftransportes zugemischt wird (make up Gas). Make up Gas ist dann erforderlich, wenn durch ein zu grosses Volumen des Detektors die Trägergasgeschwindigkeit herabgesetzt wird und dadurch eine Peakverbreiterung entsteht.

Wichtige konzentrationsabhängige Detektoren sind:
- Wärmeleitfähigkeitdetektor (WLD), Hot Wire Detektor (HWD), Thermal conductivity Detektor (TCD)
- Elektroneneinfangdetektor, Electron Capture Detector (ECD)
- Massenspektrometrischer Detektor, Single Ion Monitoring (SIM) bei GC–MS

Gaschromatographie (GC)

Detektion

1.1 Wärmeleitfähigkeitsdetektor (WLD)

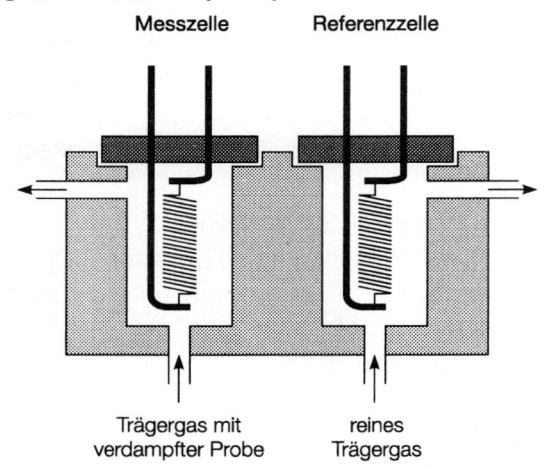

Messzelle   *Referenzzelle*

Trägergas mit verdampfter Probe   *reines Trägergas*

Messprinzip:
Beim WLD wird die Wärmeleitfähigkeit des reinen Heliums in einer Referenzzelle mit der Wärmeleitfähigkeit des Gasgemisches aus Helium und nachzuweisender Substanz in einer Messzelle verglichen (Differenzprinzip). Die Messzellen befinden sich in einem thermostatisierten Metallblock.
Solange nur reines Trägergas die beiden Zellen mit gleichem, konstantem Fluss durchströmt, werden die elektrisch beheizten Hitzdrähte (Filamente) entsprechend gekühlt und haben beide den gleichen elektrischen Widerstand → Null–Wert.
Sobald in der Messzelle eine Probenkomponente mit höherer Molmasse erscheint, verschlechtert sich die Wärmeleitfähigkeit, der Hitzdraht wird heisser und erhöht seinen Widerstand: Die beiden Messzellen sind nicht mehr abgeglichen; es fliesst ein Strom der als Signal registriert wird und proportional zur Stoffmenge ist.

Hinweise
- Wärmeleitfähigkeitsdetektoren dürfen nur unter Trägergasfluss aufgeheizt, betrieben und abgekühlt werden (Luft im Detektor könnte die Hitzdrähte durch Überhitzung und Oxidation zerstören).
- Die Detektortemperatur soll mindestens 50 °C über der Säulentemperatur sein, um eine mögliche Kondensation von Probenkomponenten zu verhindern.
- Aggressive Stoffe (z. B. Säurechloride und andere halogenhaltige Substanzen) können die Hitzdrähte beschädigen.
- Da nicht jede Substanz die gleiche Wärmeleitfähigkeit hat, erhält man von verschiedenen Stoffen gleicher Konzentration unterschiedliche Peakgrössen, die sich für quantitative Bestimmungen nach verschiedenen Methoden korrigieren lassen.

Gaschromatographie (GC)

Detektion

2. Massenstromabhängige Detektoren

Die Peakfläche eines Signals ändert bei grösserem oder kleinerem Trägergasstrom nur unwesentlich, weil das erzeugte elektrische Signal nur von der gemessenen Komponente (z. B. Anzahl erzeugte Ionen in der FID–Flamme) abhängig ist und nicht von einer Eigenschaft des Trägergases (z. B. Wärmeleitfähigkeit).

Wichtige massenstromabhängige Detektoren sind:
- Flammenionisationsdetektor, Flame Ionization Detector (FID)
- Phosphor–Stickstoffdetektor, Phosphorus Nitrogen Detektor (PND)

2.1 Flammenionisationsdetektor (FID)

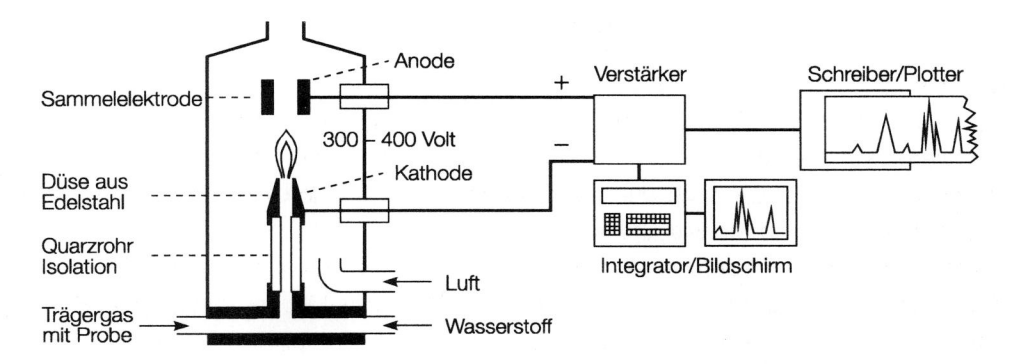

Messprinzip:
Beim FID entsteht ein elektrisches Signal durch Ionenbildung bei der Verbrennung von Substanzen, die C–C und C–H Bindungen aufweisen.
In der Wasserstoff–Flamme bilden sich aus den organischen Probenkomponenten zu einem kleinen Teil ionisierende Radikale. Die organischen Moleküle, Radikale und Ionen verbrennen zu CO_2 und H_2O, während die freien Elektronen durch ein elektrisches Feld an einer Sammelelektrode aufgefangen werden. Der dadurch erzeugte schwache Stromfluss ist proportional zur pro Zeiteinheit durchsetzten Substanzmenge. Er wird elektronisch verstärkt und registriert.
Das Brenngas Wasserstoff wird am Säulenende dem Trägergas zugemischt und der Brennerdüse zugeführt, während die Luft am Detektorfuss eingespeist wird und die Düse umspült.
Die Düse besteht aus einem isoliert montierten Metallröhrchen, an dem eine negative Vorspannung von ca. –200 V angelegt ist. Die oberhalb der Düse angebrachte Sammelelektrode erhält die entsprechende positive Vorspannung.

Gaschromatographie (GC)

Detektion

Vorteile:
- Der FID hat einen grossen linearen Bereich.
- Der Messwert wird kaum beeinflusst durch Temperatur- und Trägergasflussänderungen.
- Die Nachweisgrenze für Kohlenwasserstoffe liegt bei 10^{-11} g/s (der FID ist somit 1000 x empfindlicher als der WLD und eignet sich gut in der Spurenanalytik)

Hinweise:
- Wasserdampf und Luft werden nicht angezeigt
- Im Vergleich zum WLD ist die Installation aufwendiger (Brennergase!)
- Die Ionisierbarkeit der zu bestimmenden Stoffe ist sehr unterschiedlich. Daher erhält man von verschiedenen Stoffen gleicher Konzentration unterschiedliche Peakgrössen, die sich bei quantitativen Bestimmungen nach verschiedenen Methoden korrigieren lassen.

3. Übersicht: Detektoren und ihr Einsatzgebiet

Detektor	WLD	ECD	FID	PND
Prinzip	Wärmeleitfähigkeit	Elektroneneinfang	Flammenionisation	Thermionisch
Detektierbar	alle Substanzen	Cl, Br, NO_2 u. a.	C–C und C–H	N, P
Nachweisgrenze	10^{-8} g/s	10^{-14} g/s	10^{-11} g/s	10^{-13} g/s
Linearität	10^4	10^4	10^7	10^5
Trägergas	He	He, H_2 u. a.	He, H_2, N_2	He, N_2

Bei der Analyse komplexer Gemische können auch verschiedene Detektoren kombiniert eingesetzt werden (Doppeldetektion), wenn nicht alle Komponenten von einem Detektor mit ausreichender Empfindlichkeit angezeigt werden (z. B. ECD und FID).

Durch den Einsatz von spezifischen Detektoren lassen sich oftmals auch schlecht auftrennbare Peaks erfassen, wenn die beiden Komponenten von den beiden Detektoren mit unterschiedlicher Empfindlichkeit angezeigt werden.

Gaschromatographie (GC)

Vorgehensweise/Auswertung

1. Die Kenngrössen des Chromatogramms

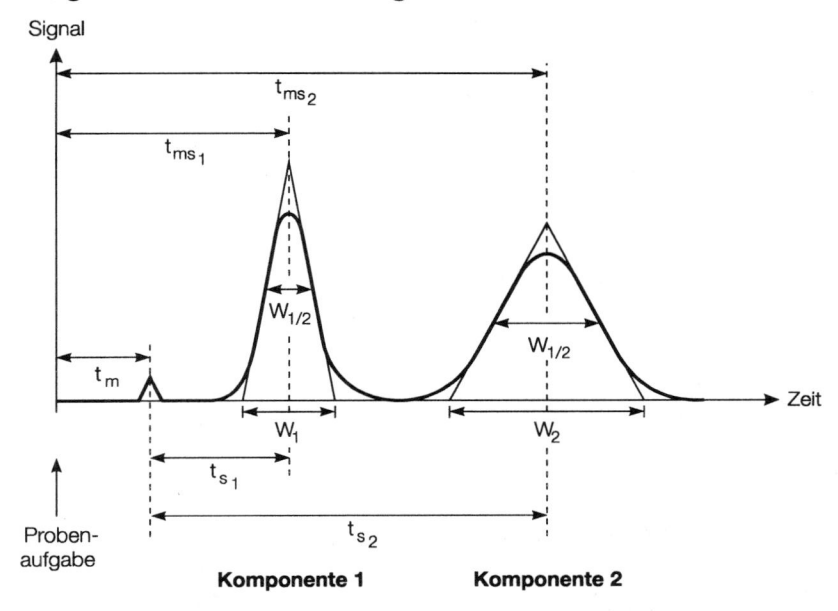

t_m = **Totzeit**
In der Gaschromatographie kann die Totzeit mit Substanzen, welche von der Trennsäule nicht verlangsamt werden — und daher mit der gleichen Geschwindigkeit wie die mobile Phase durch die Säule wandern — ermittelt werden (z. B. Luft bei WLD–, Methan bei FID–Detektor).

t_{ms} = **Bruttoretentionszeit**
Unter Bruttoretentionszeit (unkorrigierte Zeit) versteht man die gesamte Verweilzeit eines Stoffes vom Injektor bis zum Detektor.

t_s = **Nettoretentionszeit**
Unter Nettoretentionszeit (korrigierte Zeit) versteht man die Verweilzeit eines Stoffes in der stationären Phase. $\qquad t_s = t_{ms} - t_m$

$W_{1/2}$ = **Peakbreite in halber Höhe gemessen**

W = **Peakbreite auf der Basislinie**

Gaschromatographie (GC)

Vorgehensweise/Auswertung

2. Vorgehensweise zur Ermittlung einer GC–Methode

2.1 Überlegungen und Arbeiten vor Bearbeitung eines Prüfgemisches
- Was für eine Trennsäule wird benötigt (z. B. polar, unpolar)?
- Welcher Detektor (FID, WLD)?
- Trägergaszufuhr öffnen und Inhalt der Flasche überprüfen
- Ist das System dicht?
  Häufigste Fehlerquelle: Säulenverschraubungen und Septen
- Gerät einschalten, Trägergasstrom einstellen und Parameter (Injektor–, Detektor–, Ofentemperatur) eingeben.
- Basislinie überprüfen.

2.2 Manuelles Einspritzen der Prüflösung
Es gibt unterschiedliche Einspritztechniken, folgende Punkte sollten jedoch beachtet werden:
- Spritze und Kanüle müssen sauber sein.
- Spitze der Kanüle muss intakt sein (defekte Spitzen erschweren das Durchstossen des Septums).
- Prüflösung aufziehen (evtl. vorhandene Luft durch mehrmaliges Ausstossen und Aufziehen der Lösung entfernen).
- Kanüle der gefüllten Spritze durch ein Filterpapier stechen und in senkrechter Position die Flüssigkeit bis zur gewünschten Einspritzmenge ausstossen; anschliessend mit dem Filterpapier Kanüle abwischen.
- Septum im Injektor mit Kanülenspitze durchstechen bis die Spritze ansteht. Sofort ausstossen und Analysenlauf starten; anschliessend die Kanüle herausziehen.

Spritzenreinigung
Um einwandfreie Chromatogramme zu erhalten ist es absolut notwendig, die Spritze zu reinigen. Dazu wird ein geeignetes Lösemittel mehrmals aufgezogen und wieder ausgestossen; anschliessend wird die Spritze getrocknet (z. B. Duchsaugen von Luft am Vakuumhahn).
Es werden von verschiedenen Geräteherstellern Spritzenreinigungsgeräte angeboten, welche dafür eingesetzt werden können.

2.3 Entwickeln einer Gaschromatographie-Methode
Die einzelnen Komponenten des zu trennenden Prüfgemisches sind bekannt.

Qualitativ
- Aufgrund der Polarität der Komponenten im Prüfgemisch geeignete Säule und geeigneten Detektor wählen.
- Durch Einspritzen des Prüfgemisches abklären, ob die Trennung isotherm oder mittels einem Temperaturprogramm den gewünschten Erfolg bringt. Methode wenn nötig optimieren.
- Die Einzelkomponenten im Chromatogramm mittels Vergleichssubstanzen identifizieren.
- Komponentenliste mit entsprechenden Retentionszeiten erstellen.

Quantitativ (mittels Korrekturfaktoren)
- Nach der Identifikation ein Referenzgemisch mit bekannter Zusammensetzung erstellen.
- Festlegen eines Referenzpeaks, welcher Faktor 1 erthält.
- Mittels Referenzgemisch reproduzierbare Faktoren ermitteln.
- Ermittelte Faktoren zur Berechnung eingeben.
- Mit Referenzgemisch die Faktoren überprüfen.
- Methode benennen und abspeichern.
- Durchführen der Analyse.

Vorgehensweise/Auswertung

3. Qualitative Auswertung

Die qualitative Auswertung (Peakidentifikation) erfolgt durch Vergleichen der Retentionszeit des Prüfmusters mit der Retentionszeit einer reinen Vergleichssubstanz.

Durch Zumischen der vermuteten Substanz zum Prüfmuster kann bei einem weiteren Chromatogramm festgestellt werden, ob das Prüfmuster die gleiche Retentionszeit hat:
Bei Identität wird die Fläche des Peaks grösser.

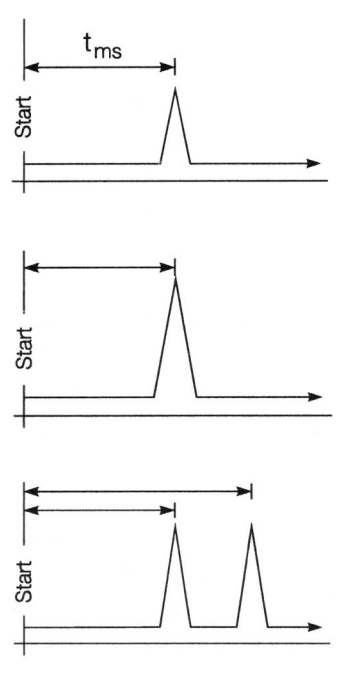

Ist das Prüfmuster mit der Vergleichssubstanz nicht identisch, entsteht ein neuer Peak.

Diese Methode eignet sich sehr gut für eine relativ schnelle Identifikation der zu untersuchenden Prüfmuster, sofern die im Gemisch möglicherweise vorhandenen Komponenten bekannt sind.

4. Quantitative Auswertung

Um ein Chromatogramm quantitativ auswerten zu können, müssen folgende Voraussetzungen erfüllt sein:
- das Substanzgemisch muss vollständig verdampfen
- die Komponenten müssen auftrennen
- die Linearität muss gewährleistet sein

Für die quantitative Auswertung benötigt man die Peakflächen der im Chromatogramm enthaltenen Peaks. Dies bedingt, dass alle in der Probe enthaltenen Komponenten die Säule passieren und vom Detektor vollständig erfasst werden.

Gaschromatographie (GC)

Vorgehensweise/Auswertung

4.1 Auswerten mit Integrator
Der Integrator erfasst alle im Chromatogramm enthaltenen Peakflächen als 100 %; um den Anteil der Einzelkomponenten zu ermitteln, dividiert der Integrator die Fläche der einzelnen Peaks mit der Gesamtfläche.
Diese Methode nennt man Gesamtfläche ohne Korrekturfaktoren.

$$\text{Prozentuale Peakfläche von A} = \frac{\text{Fläche Substanz A}}{\text{Gesamtfläche aller Peaks}} \cdot 100$$

Da die Ansprechempfindlichkeit des Detektors für jede Substanz unterschiedlich ist, entstehen bei gleichen Substanzmengen unterschiedlich grosse Flächen. Dieser Messfehler kann z. B. durch Bestimmen und Einsetzen von Flächenkorrekturfaktoren (Responsefaktoren) eliminiert werden.

4.2 Korrekturfaktoren (Responsefaktoren)
Die Notwendigkeit von Korrekturfaktoren zeigt folgendes Beispiel:
Ein Gemisch aus vier Komponenten von je 25 % (Massenanteil in Prozent) pro Komponente wird chromatographiert. Da die vier Komponenten zu gleichen Teilen vorhanden sind, werden vier gleich grosse Peaks erwartet.

Aufgrund der unterschiedlichen Ansprechempfindlichkeit des Detektors sieht das Chromatogramm jedoch wie folgt aus:

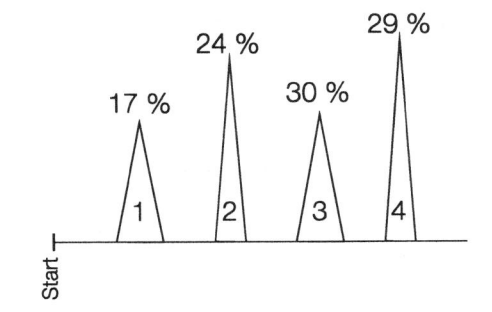

Berechnung der Faktoren
Für das Errechnen der Korrekturfaktoren werden benötigt:
- Flächenprozente oder Flächen der Einzelkomponenten
- Massenanteile in Prozent der Einzelkomponenten
- Massenanteil und Fläche der Komponente für welche Faktor 1 gesetzt wurde

Gaschromatographie (GC)

Vorgehensweise/Auswertung

Substanz 3 = Faktor 1
Gesucht Faktor für Substanz 1

$$\text{Faktor der Substanz 1} = \frac{30\ \%\cdot 25\ \%}{25\ \%\cdot 17\ \%} = 1{,}7647$$

Setzt man nun die errechneten Faktoren ein, würde das Chromatogramm theoretisch so aussehen:

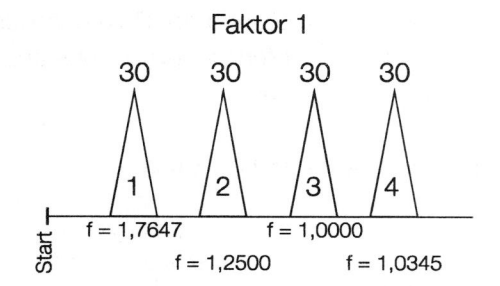

Faktor 1

Peaks 1, 2, 3, 4 jeweils mit Höhe 30
f = 1,7647 (Peak 1)
f = 1,2500 (Peak 2)
f = 1,0000 (Peak 3)
f = 1,0345 (Peak 4)

Die Flächenkorrektur erfolgt durch Multiplikation des Faktors mit der Peakfläche:

Flächenkorrektur Substanz 1 = 1,7647 · 17 = 30

Die Summe aller korrigierten Flächen (SKF) ergibt in diesem Beispiel 120.

Massenanteilberechnung

Im Beispiel wurden die Faktoren und die Summe aller korrigierten Flächen berechnet. Aufgrund dieser Angaben kann jetzt der Massenanteil ermittelt werden:

$$\text{Massenanteil in \%} = \frac{\text{Peakfläche}\cdot \text{zugehöriger Korrekturfaktor}\cdot 100\ \%}{\text{Summe aller korrigierten Flächen}}$$

$$\text{Massenanteil Substanz 1} = \frac{17\cdot 1{,}7647\cdot 100\ \%}{120} = 25\ \%$$

Gaschromatographie (GC)

Vorgehensweise/Auswertung

Weitere Auswertmethoden sind:

4.3 Interner Standard

Die Probenlösung besteht aus mehreren Komponenten (A, B, C, ...). Der Massenanteil der Komponente A soll mittels internem Standard bestimmt werden.
Zum Ermitteln des Korrekturfaktors wird eine Referenzlösung der Komponente A hergestellt. Zur Lösung der Referenzsubstanz (A) und der Prüflösung (P) wird jeweils eine bestimmte Menge Bezugssubstanz (I) zugegeben, welche nicht in der Probenlösung enthalten ist.

Berechnung der Faktoren

$$\text{Korrekturfaktor Substanz A (KA)} = \frac{\text{Einwaage Referenzsubstanz A (WA)} \cdot \text{Fläche Interner Standard (FI)} \cdot \text{Massenanteil Referenzsubstanz A in \% (\% A)}}{\text{Einwaage Interner Standard (WI)} \cdot \text{Fläche Referenzsubstanz A (FA)} \cdot 100}$$

Massenanteilberechnung

$$\text{Massenanteil Substanz A} = 100 \cdot \frac{\text{Einwaage Interner Standard (WI)} \cdot \text{Fläche Referenzsubstanz A (FA)} \cdot \text{Korrekturfaktor Substanz A (KA)}}{\text{Einwaage Probe (WP)} \cdot \text{Fläche Interner Standard (FI)}} \, \%$$

4.4 Externer Standard

Durch Einspritzen von bekannten Mengen Substanz bestimmt man die Anzeigeempfindlichkeit (Fläche pro Menge), z. B. als Kalibrierkurve. Die Anzeige der Probe wird auf Grund der Kalibrierung in den Massenanteil umgerechnet.

$$\text{Massenanteil Substanz A} = \frac{\text{Fläche Substanz A (FA)}}{\text{Durch Kalibrierung ermittelte Anzeigeempfindlichkeit der Substanz A (EA)}}$$

Gaschromatographie (GC)

Vorgehensweise/Auswertung

Dieser Bestimmungsmethode sind durch die Genauigkeit der Probenaufgabe Grenzen gesetzt (Einspritzmenge).
Von der zu bestimmenden Komponente muss eine Referenz in reiner oder bekannter Konzentration vorliegen.
Die apparativen Bedingungen müssen konstant gehalten und durch geeignete Reihenfolge der Einspritzungen von Referenz- und Prüflösung überprüft werden.

Diese Methode wird für Spurenbestimmungen oder die quantitative Erfassung einzelner Komponenten in einem Chromatogramm, welches den Einsatz einer internen Bezugssubstanz nicht zulässt, angewendet.

5. Interpretationsbeispiele

5.1 Fehlerhafte Chromatogramme

Erscheinungsbild	Mögliche Ursachen	Prüfungen und/oder Abhilfen
Schlechte Empfindlichkeit bei normalen Retentionszeiten	Falsche Attenuation	Attenuation verringern
	Ungenügende Probemenge	Probemenge vergrössern
	Schlechte Einspritztechnik	Einspritztechnik überprüfen
	Undichtigkeit der Spritze oder am Septum	Entsprechenden Teil ersetzen
	Undichtigkeit im Trägergassystem	Undichtigkeit suchen und beheben
	zu geringe Detektorempfindlichkeit	WLD: Hitzdrahtstrom erhöhen, Detektortemperatur erhöhen; anderes Trägergas verwenden; Hitzdrähte mit höherem Widerstand verwenden
		FID: Grössere Wasserstoff-, Luft- oder Trägergasströmung versuchen; Auffangelektrode näher an die Flamme bringen; Detektor reinigen
Zu hohe Empfindlichkeit bei normalen Retentionszeiten	Falsche Attenuation	Attenuation erhöhen
	Zu grosse Probemenge	Probemenge verkleinern
Schlechte Empfindlichkeit bei erhöhter Retentionszeit	Zu geringe Trägergasströmung	Trägergasströmung erhöhen; eventuelle Verstopfungen im Trägergassystem beheben
	Undichtigkeit nach dem Verdampfer	Undichtigkeit suchen und beheben
	Dauernde Undichtigkeit des Septums	Septum auswechseln

Gaschromatographie (GC)

Vorgehensweise/Auswertung

Erscheinungsbild	Mögliche Ursachen	Prüfungen und/oder Abhilfen
Unregelmässige Abweichung der Null–Linie (Driften)	Gerät nicht richtig geerdet	Sicherstellen, dass GC und Schreiber gut geerdet sind
	"Säulenbluten"	Säule gemäss Angaben in der Gebrauchsanweisung konditionieren (gewisse stationäre Phasen werden bei hohen Empfindlichkeiten immer ein gewisses "Säulenbluten" aufweisen)
	Undichtigkeit im Trägergassystem (evtl. undichtes Septum)	Undichtigkeit suchen und beheben
	Schlechte Trägergasregelung	Reduzierventil und Strömungsregler auf richtige Funktion überprüfen; sicherstellen, dass genügend Gas (und Druck) vorhanden ist
Peaks mit Schwanzbildung (tailing peaks)	Verdampfertemperatur zu tief oder zu hoch	Richtige Verdampfertemperatur einstellen
	Verschmutztes Verdampferrohr	Verdampferrohr mit Lösemittel und Bürste reinigen; bei Bedarf komplettes Einlass–System ersetzen.
	Säulenofentemperatur zu tief	Temperatur erhöhen, Maximaltemperatur für die Säule jedoch nicht überschreiten
	Schlechte Einspritztechnik	Einspritztechnik überprüfen
	Falsche Säule; Reaktion zwischen Probe und Trägermaterial und/oder stationärer Phase	Andere Säule verwenden; höhere Belegung der Säule, polarere stationäre Phase oder inerteres Trägermaterial versuchen
	Trägergasströmung zu tief	Trägergasströmung erhöhen
Peaks mit flachem Anstieg (heading peaks)	Säule überladen; zu grosse Probemenge für Säulenabmessungen	Kleinere Probemenge verwenden
	Kondensieren der Probe im System	Sicherstellen, dass Verdampfer- und Detektortemperatur richtig eingestellt sind
	Schlechte Einspritztechnik	Einspritztechnik überprüfen
Unaufgelöste Peaks	Zu hohe Säulentemperatur	Säulentemperatur verringern
	Zu kurze Säule	Längere Säule verwenden
	Stationäre Phase zwischen dem Trägermaterial "zusammengebacken"	Neue Säule verwenden
	Falsche Säule Falsche stationäre Phase und/oder falsches Trägermaterial	Andere Säule versuchen
	Trägergasströmung zu tief	Trägergasströmung erhöhen
	Schlechte Einspritztechnik	Einspritztechnik überprüfen

Sachwortverzeichnis

	Seite/Band		Seite/Band
Abbé Refraktometer	87/2	Broensted	69/4
Abdestillieren	152/3	Bromidionen–Nachweis	11/4
Ablaufzeit	17/2	Büchner–Trichter	9/3
Abrauchen	134/4	Büretten	23/2
Absolutieren	40/3	Carbonatinen–Nachweis	8/4
Absorption	141/4; 159/4; 193/4	Carbowax	400 158/1
Absorptionsgesetz	142/4	Celite	8/3
Absorptionsmaxima	258/3	Chemisches Verschiebung	256/4
Absorptionsspektren	137/4	Chloridionen–Nachweis	11/4
Abzug	3/1	Chromophor	160/4
Adhäsion	25/3	Dampfdruck	103/3; 108/3; 171/3
Adsorptionschromatographie	206/3	Dampfdruckerniedrigung	143/1
Affinitätschromatographie	203/3	Dampfentwickler	155/1
Aggregatzustand	51/2; 103/3	Derivativ–Spektroskopie	182/4
Aggregatzustandsübergänge	52/2	Destillationsapparatur	115/3
Akkreditierung	84/1	Destillationskolonnen	132/3
Aktivieren	181/3	Destilliervorstoss	122/3
Alkalifehler	48/4	Detektion	257/3; 281/3; 297/3
Ammoniumionen–Nachweis	6/4	Detektoren	257/3; 297/3
Amorph	51/2; 89/3	Deutsche Härte	123/4
Amperometrie	53/4	Dichtebestimmung	32/2
Amphiprotische Lösemittel	69/4	Dilutor	27/2
Analysenwaagen	10/2	Direkte Titration	30/4; 64/4; 115/4
Anionen	3/4	Dispenser	25/2
Anionenaustauscher	178/3	Dispergiergeräte	132/1
Ankerrührer	128/1	Dispersive IR–Spektrometer	198/4
Anschütz–Thermometer	42/2	Doppelbindungsäquivalente	218/4
Aprotische Lösemittel	69/4	Dosierschlaufe	254/3
Äquivalenzpunkt	57/4	Dosimat	24/2
Äquivalenzpunktbestimmung	61/4	Drahtwendel	139/3
Aräometer	32/2	Drehschieberpumpe	172/1
Atemschutz	18/1	Dreihalsrundkolbenapparatur	117/1
ATR–Technik	214/4	Dreischeidetrichter–Verfahren	51/3
Ausreissertest	103/1	Druck	73/2
Autoprotolyse	69/4	Druckabhängigkeit	31/2
Azeotropaufsatz	152/3	Druckbereiche	73/2
Azeotropdestillation	42/3	Druckdosen	186/1
Azeotrope Gemische	111/3	Druckgasflaschen	184/1
Basenstärke	77/3	Drucknutschen	12/3
Becherglasapparatur	116/1	Druckregelgeräte	178/1
Betriebsfeuerwehr	16/1	Dünnschichtplatten	219/3
Bezugselektrode	42/4	Durchflussmessgeräte	79/2
Bimetallthermometer	46/2	Duroplaste	77/1
Blasenzähler	187/1; 79/2	Eddy–Diffusion	213/3
Blaugel	30/3	EDTA–Komplex	114/4
Bodenhöhe	215/3	Einmalfilter	21/3
Bodenzahl	141/3; 215/3	Einschlüsse	91/3
Bolzman–Verteilung	251/4	Einspritzventil	254/3
Brandausbreitung	21/1	Einstabmesskette	48/4
Brandausbruch	22/1	Einstrahl–Spektrophotometer	163/4
Brandbekämpfung	25/	Eintauchfilter	15/3
Brandentstehung	21/	Eis–Kochsalz Mischung	161/1
Brandklassen	24/1	Eisen–II–Ionen–Nachweis	7/4
Brandverhütung	22/1	Eisen–III–Ionen–Nachweis	7/4
Brechungsindex	84/2	Elastomere	7
Brennbare Gase	153/1	Elastoplaste	78/1

Sachwortverzeichnis

	Seite/Band		Seite/Band
Elektroden	105/2; 37/4	Gasspürgerät	189/1
Elektronegativität	82/4	Gaswäscher	39/3
Elektrostatische Aufladung	32/1	Gaswaschflasche	39/3
Elementaranalyse Kjeldahl	17/4	Gefahrensymbole	29/1
Eluiermittel	223/3; 247/3; 256/3; 277/3	Gefässarten	6/1
Eluotrope Reihe	206/3	Gefriertrocknung	41/3
Emission	43/1	Gelchromatographie	202/3
Emissionsspektren	137/4	Genauigkeit	99/1
Entsorgung von Chemikalien	48/1	Gerätefehler	18/2
Erlenmeyerkolbenapparatur	116/1	Gesamthärte	124/4
Erstarren	52/2	Gesättigte Lösungen	142/1
Erstarrungspunkt	64/2	Gewichtskraft	3/2
Erstarrungspunktdepression	64/2	Giftklassen	28/1
Erste Hilfe	19/1	Gitterkräfte	135/1
Eutektikum	57/2	Glaselektrode	103/2
Exsikkator	34/3	Gleichgewichtsdiagramm	110/3
Externer Standard	307/3	Gleichgewichtskurve	135/3
Extinktion	143/4	GLP	83/1
Extinktionskoeffizient	180/4	Glühen	129/4
Extrahieren	54/3	Glührückstand	132/4
Extrakt	47/3	Gradient	265/3
Extraktionsmethoden	51/3	Gravimetrie	127/4
Extraktionsmittel	47/3	Griechisches Alphabet	93/1
Extrationsgut	47/3	Hahn und Weiler	51/4
Fabrikvakuum	170/1	Halbankerrührer	128/1
Fadenriss	43/	Halbelement	40/4
Fällen	72/3; 128/4	Halogenidionen–Nachweis	10/4
Fällungsanalyse	107/4	Härtegrad Wasser	123/4
Fehlerarten	99/1	Heissluftgebläse	152/1
Feuchtigkeitsformen	25/3	Heizplatten	152/1
Filterarten	6/3	Heizschlangen	151/1
Filterhilfsmittel	8/3	Heterogene Systeme	124/1
Filtermaterialien	6/3	Hochgeschwindigkeitszentrifuge	194/3
Filtrationsgeräte	9/3	Holmiumoxidfilter	167/4
Flammenionisationsdetektor	299/3	Homogene Systeme	124/1
Flammpunkt	21/1	HPLC–Anlage	252/3
Flashchromatographie	242/3	Hydranal–Composite	102/4
Fluchtfilter	18/1	Hydratation	135/1
Fluchtweg	18/1	Hydrate	91/3
Flügelrührer	128/1	Hydronium–Ionen	57/4
Fourier–Transformations–IR–Spektrometer	201/4	Hydroxid–Ionen	57/4
Fraktionensammler	282/3	Hysterese	43/2/3
Fraktionieren	118/3	Ideale Gemische	108/3
Französische Härte	123/4	Indikatoren	101/2; 37/4
Frequenz	139/4	Indikatorwahl	59/4
Frequenzbereiche	138/4	Indirekte Titration	31/4; 65/4; 116/4
Fritten	9/3	Inertelektrode	45/4
Füllkörper	139/3	Inertgas	164/3
Galvanisches Element	40/4	Infrarot–Lampe	152/1
Gasalarm	25/1	Infrarot–Temperaturmessgeräte	47/2
Gasapparatur	195/1	Injektor GC	287/3
Gasausbruch	25/1	Inneres Chromatogramm	210/3
Gasbrenner	153/1	Interner Standard	307/3
Gaschromatograph	287/3	Iodidionen–Nachweis	10/4
Gasgesetze	181/1	Iodometrie	91/4
Gaskenndaten	196/1	Ionenaustauschchromatographie	202/3

Sachwortverzeichnis

	Seite/Band
Ionenaustauscherharze	177/3
Ionenpaarchromatographie	202/3
Ionenselektive Elektrode	46/4
IR–Frequenzbereiche	197/4
IR–Spektrometer	198/4
ISO 9001	83/1
Isokratisch	256/3
Kältethermostat, Kryostat	165/1
Kammersättigung	226/3
Kapillarsäulen	291/3
Katalyse	186/3
Kationen	3/4
Kationenaustauscher	178/3
Kenngrössen des Chromatogramms	301/3
Kieselgel	30/3
Kjeldahl	16/4
Klärfiltration	13/3
Klarpunkt	59/2
Kolbenhubpipetten	26/2
Kolloidale Lösung	136/1
Kolonne	138/3
Kolonnenbelastung	136/3
Kolonnenkopf	145/3
Kombinierte Glaselektrode	103/2
Komplexbildner	113/4
Komplexe	113/4
Kondensieren	53/2; 103/3
Konjugierte Base	69/4
Konjugierte Säure	69/4
Kontinuierliches Extrahieren	59/3
Konzentrationsangaben	89/1
Kopplungskonstante	260/4
KPG–Rührverschluss	130/1
Kristalle	89/3
Kristallform	89/3
Kristallisieren	100/3
Kristallstruktur	90/3
Kristallsystem	89/3
Kristallwasser	25/3
Kritische Daten	182/1
Kryostat	165/1
Kugelmühle	126/1
Kühlbäder	163/1
Kühlen	159/1
Kühler	163/1
Kühlfallen	164/1
Kühlgeräte	163/1
Kühlmittel	161/1
Kühlschränke	165/1
Kupferionennachweis	6/4
Küvetten	173/4
Laborthermometer	42/2
Labortische	3/1
Laborunterhalt	9/1
Laborzentrifugen	193/3
Lambert–Beer'sches Gesetz	143/4

	Seite/Band
Lichtbrechung	83/2
Ligand	113/4
Löschdecke	20/1
Löschgeräte	22/1
Löschmittel	24/1
Lösemittel	49/1; 139/1; 72/4; 101/4; 172/4; 205/4
Lösereagenzien	76/3
Löslichkeit	137/1; 48/3; 65/3
Löslichkeitsprodukt	107/4
Lösungen	136/1
Lyophilisation, Lyophilisieren	41/3
Magnetfeld NMR	148/4
Magnetfelder	36/1
Magnetrührstäbchen	129/1
Magnetrührwerk	127/1
MAK–Wert	30/1
Manometer	75/2
Maschendrahtring	139/3
Massenanteil	142/1
Massenanteilberechnung Titration	36/4
Massenkonzentration	142/1
Massenwirkungsgesetz	107/4
Masslösung	27/4
Maximumazeotrop	113/3
Maximumazeotrop–Destillation	151/3
Membranfilter	19/3
Membranpumpe	171/1
Meniskus	17/2
Messelektrode	44/4
Messkette	102/2
Messkolben	22/2
Messpipetten	20/2
Messzylinder	20/2
Metallausdehnungsthermometer	46/2
Microcaps	26/2
Mikroinjektionsspritzen	27/2
Mikropipetten	26/2
Mikrowaagen	11/2
Mikrowellenofen	152/1
Mikrozirkulationstechnik	223/3
Minimumazeotrop	111/3
Minimumazeotrop–Destillation	152/3
Mischbarkeit von Lösemitteln	207/4
Mischkristalle	91/3
Mischschmelzpunkt	58/2
Mitteldruckchromatographie	265/3
Mixer	125/1
Mobile Phase	201/3; 223/3
Molarer Extinktionskoeffizient	180/4
Molekularsieb	30/3
Molvolumen	181/1
Monochromator	163/4
Motorkolbenbürette	24/2
MPLC–Anlage	265/3
Muffelofen	37/3
Nachweisreaktionen für Ionen	3/4

Sachwortverzeichnis

	Seite/Band
Neutralisation in nichtwässrigem Medium	69/4
Neutralisationsreaktion	57/4
Niederdruck–Gradientenmischung	252/3
NMR–Spektrometer	243/4
Normal–Phase–Chromatographie	205/3
Normschliffe	111/1
Nutschen	9/3
Öldiffusionspumpe	174/1
Oxidation	81/4
Oxidationsmittel	81/4
Oxidationszahl	82/4
Peakdetektor	281/3
Peakentstehung	212/3
Peakverbreiterung	212/3
pH–Messung mit Indikatoren	101/2
pH–Messung potentiometrisch	47/4
pH–Meter	106/2
pH–Wert	96/2
Phasendiagramm	183/1
Photodiodenarray–Spektrophotometer	165/4
Piezoresistive Vakuummeter	77/2
Pipettierhelfer	28/2
Piranimeter	76/2
Planparallele Platten	84/2
Planschliffapparatur	119/1
Plattenfedermanometer	75/2
Polarisationsspannung	53/4
Polarität	139/1
Polaritätsreihe	140/1; 206/3
Potentiometrie	38/4
Präzision	99/1
Präzisionswaagen	9/2
Presslinge	206/4
Protokollführung	80/1
Protolyse	94/2
Protonenakzeptoren	69/4
Protonendonatoren	69/4
Puffer	99/2
Pulsationsdämpfer	254/3
Pumpen	253/3
Pyknometer	33/2
Qualitätsbezeichnungen	88/1
Quellschicht	103/4
Radialbeschleunigung	191/3
Radioaktive Strahlung	37/1
Raschigring	139/3
Recycling	51/1
Redoxäquivalenzahl	85/4
Redoxgleichung	87/4
Redoxsystem	81/4
Reduktion	81/4
Reduktionsmittel	81/4
Refraktometer	87/1
Reibschale	126/1
Reinheitsbezeichnungen	88/1
Reitmayer	121/3

	Seite/Band
Rektifikation	144/3
Relaxation	253/4
Reversed Phase–Chromatographie	205/3
Rf–Wert	278/3
Richtigkeit	99/1
Ring–Regel	218/4
Röhrenfedermanometer	75/2
Rollbank/Taumelmischer	126/1
Rotameter	79/2
Rotationsverdampfer	36/3
Rotoren	196/3
Rücklaufverhältnis	137/3
Rücktitration	30/4; 66/4; 116/4
Rührer	129/1
Rührkupplungen	131/1
Rührstabführung	130/1
Rührverschluss	130/1
Rührwerk	172/1
Rundkolben	12/3
Rundkolbenapparatur	117/1
Sattelkörper	139/3
Sättigungsgrad	138/1
Saugflasche	11/3
Saugrohr	12/3
Säulenchromatographie	241/3
Säuren und Basen	93/2
Säurestärke	77/3
Schaufelrührer	128/1
Scheidetrichter	54/3
Schlauchverbindungen	115/1
Schliffdichtungsmittel	113/1
Schliffverbindungen	111/1
Schmelzen	52/2
Schmelzintervall	59/2
Schmelzpunkt	56/2
Schmelzpunktbestimmung	60/2
Schmelzpunktdepression	56/2
Schmelzpunktmikroskop	62/2
Schraubverbindungen	114/1
Schüttelmaschine	132/1
Schutzbrille	18/1
Schutzeinrichtungen	22/1
Schutzmasken	18/1
Schwerkraft	3/2
Schwingungsarten (IR)	194/4
Selektivität	180/3
SI–Einheiten	90/1
Siccacide	30/3
Sicherheitsdokumentationen	34/1
Sicherheitsdusche	20/1
Sieb	126/1
Siebzentrifuge	194/3
Sieden	105/3
Siedepunkt	68/2
Siedepunktdepression	68/2
Siedepunkterhöhung	143/1; 68/2

Sachwortverzeichnis

	Seite/Band
Siedetemperatur	105/3
Siedeverhalten	108/3
Siedeverzug	117/3
Silikonöl	158/1
Simultanbestimmung	109/4
Sinterpunkt	59/2
Siwoloboff	69/2
Solvatation	135/1
Solvate	91/3
Sorptionsmittel	219/3
Soxhlet	61/3
Spannungsreihe	41/4
Spin–Quantenzahl	242/4
Spin–Spin Kopplungskonstanten	283/4
Stammlösung	34/4
Staubmasken	18/1
Steilheit Elektrode	104/2; 48/4
Stickstoffbestimmung nach Kjeldahl	17/4
Stockthermometer	41/2
Stoffklassen	53/1
Stufentechnik	235/3
Sublimation	53/2; 173/3
Sublimationsapparat	173/3
Sublimationspunkt	172/3
Substitutions–Titration	115/4
Substitutionswaage	5/2
Sulfatasche	134/4
Sulfationen–Nachweis	9/4
Sulfidionen–Nachweis	8/4
Sulfierkolbenapparatur	118/1
Sumpftemperatur	117/3
Supraleitfähigkeit	267/4
Taumelmischer	126/1
Teclubrenner	154/1
Teilentsalzung	184/3
Temperaturmessfühler	44/2
Temperaturmessgeräte	40/2
Temperaturregelgeräte	157/1
Temperaturskalen	39/2
Thermoelemente	45/2
Thermometerflüssigkeiten	41/2
Thermoplaste	76/1
Tischzentrifugen	193/3
Titer	28/4
Titration	27/4
Titrationsarten	30/4
Titrationsmethoden	32/4
Totalreflexion	84/2
Transmission	143/4
Trennkammer	226/3
Trennsäulen	255/3; 268/3; 290/3
Trennstufe	136/3
Trennstufenhöhe	136/3
Trennwirkung	133/3; 295/3
Trichter	9/3
Trockenblock	36/3

	Seite/Band
Trockeneis	162/1
Trockenmittel	28/3
Trockenpistole	36/3
Trocknungsverlust	131/4
Trockungsmethoden	33/3
TRT–Technik	236/3
Tyndall–Phänomen	136/1
Überdrucksicherung	187/1
Überleiten von Gasen	190/1
Ultraschall	37/1
Ultraschallbad	132/1
Ultrazentrifuge	194/3
Umfällung	64/3
Umkristallisieren	92/3
Umwälzpumpen	166/1
Umweltschutz	43/1
Unterdrucksicherung	187/1
Urtiter	27/4
UV–Detektor	281/3
UV/VIS–Spektrophotometer	163/4
Vakuummeter	76/2
Vakuumregler	177/1
Vakuumtrockenschrank	35/3
Vakuumtrockenschrank	35/3
Variationskoeffizient	103/1
Verdampfen	53/2; 103/3
Verdampfungswärme	107/3
Verdrängungs–Titration	115/4
Verdunsten	105/3
Verfestigen	52/2
Verteilungsprinzip	48/3
Vibromischer	132/1
Vollentsalzung	183/3
Vollpipetten	22/2
Voltammetrie	53/4
Volumenanteil	142/1
Volumenkontraktion	137/1
Volumenkonzentration	142/1
Volumenmessgeräte	16/2
Vorlage	122/3
Vorsäule	255/3; 271/3
Waagetypen	7/2
Wägehilfsmittel	7/2
Wägeprinzipien	4/2
Wärmeaustausch	159/1
Wärmekapazität	149/1
Wärmeleitfähigkeitsdetektor	298/3
Wärmestrahlungsmessgeräte	47/2
Wärmeübertragung	150/1
Wärmeübertragungsmittel	158/1
Wartezeit	18/2
Wasserabscheider	152/3
Wasseraufbereitung	183/3
Wasserbestimmung	101/4
Wasserdampf	154/1
Wasserdampfdestillation	83/3; 154/3

Sachwortverzeichnis

	Seite/Band
Wasserdampfflüchtigkeit	83/3
Wasserdampfflüchtigkeit	76/3
Wasserhärte	122/4
Wässerstrahlpumpe	170/1
Wellenlänge	139/4
Wellenzahl	139/4
Werksicherheitsdienst	15/1
Widerstandsthermometer	44/2
Wirkung einer Zentrifuge	191/3
Zahlwörter	93/1
Zeichenerklärungen	93/1
Zentrifugalkraft	189/3
Zentrifugen	193/3
Zündtemperatur	21/1
Zweisäulengerät GC	289/3
Zweistrahl–Spektrophotometer	164/4

Inhaltsübersicht "Laborpraxis"

Band 1: Einführung, Allgemeine Methoden

Das Chemische Labor
Grundeinrichtungen, Aufbewahren von Chemikalien, Laborunterhalt

Sicherheit
Organisation Sicherheit, Mittel zum persönlichen Schutz, Verhalten bei Unfällen mit Personenschaden, Brandausbruch, Gasausbruch, Gefahren beim Umgang mit Chemikalien, Andere Gefahrenquellen

Umweltschutz
Allgemeine Grundlagen, Gesetzliche Grundlagen, Firmainterne Weisungen, Recycling, Entsorgen, Übersichtsschema Entsorgung/Recycling im chemischen Betrieb, Entsorgen spezieller Chemikalien

Werkstoffe im Labor
Metallische Werkstoffe, Nichtmetallische Werkstoffe, Natürliche organische Werkstoffe, Synthetische organische Werkstoffe

Protokollführung, Wort- und Zeichenerklärungen
Protokollführung, Worterklärungen, Zeichenerklärungen, Fachliteratur

Bewerten von Analysenergebnissen
Grundlagen, Zuverlässigkeit von Messresultaten

Apparaturenbau
Grundlagen, Versuchsapparaturen

Zerkleinern/Mischen/Rühren
Theoretische Grundlagen, Zerkleinern und Mischen von Feststoffen, Rühren von Flüssigkeiten, Mischen von Flüssigkeiten

Lösen
Theoretische Grundlagen, Lösemittel, Herstellen von Lösungen, Physikalisches Verhalten von Lösungen

Heizen/Kühlen
Physikalische Grundlagen Heizen und Kühlen, Heizmittel und Heizgeräte, Temperaturregelgeräte, Wärmeübertragungsmittel
Allgemeine Grundlagen Kühlen, Kühlmittel, Kühlgeräte, Spezielle Kühlmethoden, Hilfsmittel

Arbeiten bei vermindertem Druck
Physikalische Grundlagen, Erzeugen von vermindertem Druck, Regulieren von vermindertem Druck

Arbeiten mit Gasen
Physikalische Grundlagen, Technisch hergestellte Gase, Umgang mit Gasen, Gaskenndaten

Band 2: Messmethoden

Wägen
Physikalische Grundlagen, Allgemeine Grundlagen, Präzisionswaagen, Analysenwaagen, Mikrowaagen

Inhaltsübersicht "Laborpraxis"

Volumenmessen
Physikalische Grundlagen, Allgemeine Grundlagen, Volumenmessgeräte, Volumenmessen im Mikrobereich, Hilfsmittel

Dichtebestimmung
Physikalische Grundlagen, Dichtebestimmung von Flüssigkeiten

Temperaturmessen
Allgemeine Grundlagen, Flüssigkeitsausdehnungsthermometer, Elektrische Temperaturmessfühler, Metallausdehnungsthermometer, Wärmestrahlungsmessgeräte

Thermische Kennzahlen, Grundlagen
Die Aggregatzustände

Schmelzpunktbestimmung
Grundlagen, Bestimmung in der Kapillare, Spezielle Methoden

Erstarrungspunktbestimmung
Grundlagen, Bestimmung nach Pharmacopoea (Ph. Helv. VI)

Siedepunktbestimmung
Grundlagen, Bestimmung

Druck- und Durchflussmengenmessung von Gasen
Physikalische und allgemeine Grundlagen, Mechanische Manometer, Elektronische Manometer, Flüssigkeitsmanometer, Durchfluss Anzeige- und Messgeräte

Bestimmen der Refraktion
Physikalische Grundlagen, Das Refraktometer, Messen im durchfallenden Licht, Messen im reflektierten Licht

pH–Messen
Theoretische Grundlagen, Visuelle Messung, Elektrometrische Messung

Band 3: Trennungsmethoden

Filtrieren
Allgemeine Grundlagen, Filter und Filterhilfsmittel, Filtrationsgeräte, Filtration bei Normaldruck, Filtration bei vermindertem Druck, Filtration mit Überdruck, Filtration mit Filterhilfsmitteln, Arbeiten mit Membranfiltern

Trocknen
Theoretische Grundlagen, Trockenmittel, Trocknen von Feststoffen, Trocknen von Flüssigkeiten, Trocknen von Gasen, Spezielle Techniken

Extrahieren
Allgemeine Grundlagen, Portionenweises Extrahieren von Extraktionsgut–Lösungen, Kontinuierliches Extrahieren von Extraktionsgut–Lösungen, Kontinuierliches Extrahieren von Feststoffgemischen

Umfällen
Theoretische Grundlagen, Allgemeine Grundlagen, Umfällen eines Rohprodukts

Chemisch–physikalische Trennungen
Allgemeine Grundlagen, Trennen durch Extraktion, Trennen durch Wasserdampfdestillation

Inhaltsübersicht "Laborpraxis"

Umkristallisieren
 Physikalische Grundlagen, Allgemeine Grundlagen, Reinigen eines Rohprodukts, Spezielle Methoden

Destillation, Grundlagen
 Allgemeine Grundlagen, Siedeverhalten von binären Gemischen, Durchführen einer Destillation

Gleichstromdestillation
 Allgemeine Grundlagen, Destillation von Flüssigkeiten bei Normaldruck, Destillation von Flüssigkeiten bei vermindertem Druck, Destillation von Feststoffen

Gegenstromdestillation
 Allgemeine Grundlagen, Destillationskolonnen, Rektifikation ohne Kolonnenkopf, Rektifikation mit Kolonnenkopf

Destillation azeotroper Gemische
 Maximumazeotrop–Destillation, Minimumazeotrop–Destillation, Wasserdampfdestillation

Spezielle Gleich- und Gegenstromdestillationen
 Abdestillieren, Destillation unter Inertgas, Destillation unter Feuchtigkeitsausschluss

Sublimieren
 Physikalische Grundlagen, Sublimation eines Feststoffgemisches

Ionenaustausch
 Theoretische Grundlagen, Allgemeine Grundlagen, Wasseraufbereitung, Spezielle Methoden

Zentrifugieren
 Physikalische Grundlagen, Laborzentrifugen

Chromatographie, Grundlagen
 Die chromatographische Trennung, Trennung durch Adsorption, Trennung durch Verteilung, Polarität der mobilen Phasen, Stationäre Phasen, Chromatographische Trennverfahren, Peakentstehung, Kenngrössen des Chromatogramms

Dünnschichtchromatographie (DC)
 Dünnschichtplatten, Eluiermittel, Entwickeln, Auswerten, Spezielle Techniken

Säulen-/Flashchromatographie (SC/LC)
 Apparaturen, Trennsäule, Eluiermittel, Trennen und Aufarbeiten, Auswerten, Entsorgen des Sorptionsmittels

Hochleistungsflüssigchromatographie (HPLC)
 Aufbau einer HPLC–Anlage, Trennsäulen, Eluiermittel, Detektion, Vorgehensweise/Auswertung

Mitteldruckchromatographie (MPLC)
 Aufbau einer MPLC–Anlage, Trennsäulen, Füllen einer Trennsäule, Eluiermittel, Detektion/Fraktionierung, Auswerten

Gaschromatographie (GC)
 Aufbau eines Gaschromatographen, Trennsäulen, Trennung, Detektion, Vorgehensweise/Auswertung

Inhaltsübersicht "Laborpraxis"

Band 4: Analytische Methoden

Nachweis von Ionen in Lösungen
Allgemeine Grundlagen, Kationen, Anionen, Zusammenfassung des praktischen Vorgehens

Organisch–quantitative Elementaranalyse
Bestimmung von Stickstoff nach Kjeldahl

Titration, Grundlagen
Reagenzlösungen, Titrationsarten und Methoden, Arbeitsvorbereitung, Berechnungen, Endpunktbestimmung, Potentiometrie, Voltammetrie/Amperometrie

Neutralisations–Titrationen in wässrigem Medium
Theoretische Grundlagen, Titration von Säuren oder Basen

Neutralisations–Titrationen in nichtwässrigem Medium
Allgemeine Grundlagen, Titration von schwachen Basen mit Perchlorsäure, Titration von schwachen Säuren mit Tetra–n–butylammoniumhydroxid

Redox–Titrationen in wässrigem Medium
Chemische Grundlagen, Titration von oxidierbaren Stoffen mit Kaliumpermanganat, Titration von oxidierbaren Stoffen mit Iod, Bestimmung von reduzierbaren Stoffen mit Iodid

Redox–Titration in nichtwässrigem Medium
Wasserbestimmung nach Karl Fischer

Fällungs–Titrationen
Allgemeine Grundlagen, Bestimmung von Halogenidionen mit Silbernitrat

Komplexometrische–Titrationen
Chemische Grundlagen, Allgemeine Grundlagen, Direkte Titration von Kupfer–II–Ionen, Direkte Titration von Magnesium– oder Zink–Ionen, Direkte Titration von Calcium–Ionen, Substitutions–Titration von Barium–Ionen, Bestimmung der Wasserhärte

Gewichtsanalytische Methoden
Gravimetrie, Bestimmen des Trocknungsverlusts, Bestimmen des Glührückstands, Bestimmen des Massenanteils an Asche, Bestimmen der Sulfatasche

Spektroskopie, Grundlagen
Theoretische Grundlagen, Spektroskopische Methoden

UV/VIS–Spektroskopie
Grundlagen, UV/VIS–Spektrophotometer, Herstellung/Konzentration von Lösungen, Lösemittel, Küvetten, Messmethoden, Quantitative Bestimmung, Qualitative Spektreninterpretation organischer Verbindungen

IR–Spektroskopie
Physikalische Grundlagen, IR–Spektrometer, Bestimmung mit IR–Spektrometern, Spezielle Methoden, Auswerten eines Spektrums

^{1}H–NMR–Spektroskopie
Grundlagen, Experimentelle Hinweise, Interpretation von Spektren, Verwendete Literatur, Spektren